本书为国家社会科学基金项目"我国城市居民PM2.5减排行为影响因素及支持政策研究"（15CGL043）、西南科技大学博士基金（18sx7111）和四川循环经济研究中心项目（XHJJ-2006）的成果。

城市居民PM2.5减排行为影响因素与路径选择

影响因素与路径选择

史海霞 著

中国社会科学出版社

图书在版编目（CIP）数据

城市居民 PM2.5 减排行为影响因素与路径选择／史海霞著 . —北京：
中国社会科学出版社，2020.8
ISBN 978 - 7 - 5203 - 6924 - 4

Ⅰ.①城… Ⅱ.①史… Ⅲ.①可吸入颗粒物—污染防治—研究—
中国 Ⅳ.①X513

中国版本图书馆 CIP 数据核字（2020）第 146524 号

出 版 人	赵剑英	
责任编辑	王 琪	
责任校对	周 昊	
责任印制	王 超	

出 版	中国社会科学出版社	
社 址	北京鼓楼西大街甲 158 号	
邮 编	100720	
网 址	http://www.csspw.cn	
发 行 部	010 - 84083685	
门 市 部	010 - 84029450	
经 销	新华书店及其他书店	

印 刷	北京明恒达印务有限公司	
装 订	廊坊市广阳区广增装订厂	
版 次	2020 年 8 月第 1 版	
印 次	2020 年 8 月第 1 次印刷	

开 本	710×1000 1/16	
印 张	18	
插 页	2	
字 数	285 千字	
定 价	99.00 元	

序

　　伴随着我国工业化和城镇化进程的加快，雾霾作为 21 世纪以来最具代表性的大气污染受到社会各界的广泛关注。党的十八大和十九大均提出加大环境保护和生态文明建设，先后将包括雾霾环境治理在内的生态文明建设提高到"五位一体"总布局和"千年大计"。2018 年全国生态环境保护大会正式确立习近平生态文明思想，要求坚决"打赢蓝天保卫战"。近几年，在国家紧锣密鼓地加大治霾力度后，尽管雾霾治理成效初显，但雾霾天气仍不时出现，空气质量与 WHO 标准相距甚远，雾霾治理依旧任重道远。对于城市区域来说，随着国家率先发起的对工业企业的针对性治理，工业生产领域的 PM2.5 减排边际效应已逐步递减；逐步地，随着居民多元化需求呈现和生活用能的增长，城市居民日常消费活动成为工业企业之外的重要排放源。相关部门和学界意识到："积极参与公共交通出行，购买新能源汽车，调整冬季取暖方式，减少露天烧烤、燃放烟花爆竹和室内吸烟"等相关日常消费活动和行为都是基于居民层面的有效的 PM2.5 减排手段。这也是对生态环境部提出的"政府主导、部门联动、企业尽责、公众参与"的中国雾霾治理模式的响应。故引导与鼓励居民的 PM2.5 减排行为对于当前城市雾霾治理具有重要意义。

　　本书作为作者国家社会科学基金项目的研究成果，正是对上述问题进行的实证研究。本书聚焦居民 PM2.5 减排行为视角，重点围绕居民 PM2.5 减排行为影响因素及影响机制，探索我国城市雾霾治理的新思路。既从理论上充实包括居民 PM2.5 减排行为在内的个人亲环境行为研究体系，又从实践上助力城市居民 PM2.5 减排和打赢蓝天保卫战。本书的特色主要表现在以下几个方面。

　　（1）着重提出基于居民 PM2.5 减排行为研究视角来深化城市雾霾治

理。以工业企业或建筑扬尘等污染大户为规制重点，以调整产业结构和能源结构为治理目标是我国当前雾霾治理的共识。然而，随着雾霾治理的推进，大量企业的外搬，居民日常消费活动成为城市雾霾治理的重要污染源，且城镇化进程的持续增长，更凸显了居民生活领域的 PM2.5 减排潜力。然综观相关文献，不管是从理论层面还是实践层面，对居民生活领域 PM2.5 减排的关注都非常有限，故本书着重提出：居民 PM2.5 减排行为是当前城市雾霾治理的重要手段。此视角从实践上弥补了当前雾霾治理规制对象的缺漏，符合生态环境部提出的中国雾霾治理模式。

（2）尝试界定了"居民 PM2.5 减排行为"的概念和内涵。城市居民 PM2.5 减排行为研究还处于探索阶段，本书充分参考并借鉴已有国内外个人亲环境行为研究成果，对居民 PM2.5 减排行为进行了初步界定，指出其本质仍属于特定领域的个人亲环境行为研究范畴，是一个复合概念。并进一步依据《大气十条》等雾霾治理政策的阐述以及国内外学者们的研究，梳理和总结出居民层面的代表性减排行为，包括"积极参与公共交通出行，购买新能源汽车，调整冬季取暖方式，减少露天烧烤、燃放烟花爆竹和室内吸烟"等。这些日常消费方式和行为都是基于居民层面的有效的 PM2.5 减排手段减排行为，也是本书城市居民 PM2.5 减排行为的具体内容。

（3）收集并整理了居民 PM2.5 减排相关的数据材料，为居民 PM2.5 减排提供数据基础。通过多次大样本问卷调查，获取我国居民 PM2.5 减排行为的第一手资料，客观了解我国居民 PM2.5 减排的现状，居民对此所持态度、意愿和对各类政策的评价，以及可能的居民 PM2.5 减排行为教育模式；通过对 2010 年至今的雾霾治理政策的梳理和文本分析，明确了我国 PM2.5 减排政策的实施状况，以及三大雾霾污染严重区域的 PM2.5 减排政策的整体布局；通过对专业网站数据的搜索和整理，了解了京津冀、长三角和成渝地区 9 个城市的雾霾污染程度以及相关人口、经济、交通等统计指标的最新数据，并进一步结合调研数据分析了三大区域居民雾霾感知的空间差异性。

（4）全方面剖析了居民 PM2.5 减排行为的影响因素与机制，构建了居民 PM2.5 减排行为的影响机制。尝试基于大规模的问卷调查和经典的亲环境行为理论，识别我国城市居民 PM2.5 减排行为的各类影响因素，其中，关键影响因素涵盖心理类因素、感知控制类因素、外部政策类因素、社会人口统计类因素等；更重要的是，根据这些影响因素对居民PM2.5减排行为的作用方式，构建居民PM2.5减排行为的深层影响机制，"精准"制定干预路径和政策建议，通过调整并增强此类影响因素进而引导和促进居民积极参与日常的PM2.5减排行为。

本书系统且不失深刻地论述了我国城市居民PM2.5减排行为的影响因素及影响机制，研究内容丰富，逻辑清晰，结构规范，体现了作者严谨的治学态度和创新精神，书中亦有不少观点和解决问题的方法颇有新意，故本书是兼具理论创新性与实践可操作性的研究著作，对于居民层面城市雾霾深入治理，以及我国打赢蓝天保卫战，美丽中国建设和生态文明思想传承都具有重要的学术价值和实践价值。本书的问世也必将有助于包括我国居民PM2.5减排在内的个人亲环境行为研究体系的不断完善。当然，书中亦会有一些不成熟和不完善之处，作者从自身研究视角和方法提出的观点和见解，也只是一家之言，有些研究还值得更加深入和扎实地探讨，但瑕不掩瑜，书中认真、求实、敢于探索和创新的科研精神是值得肯定的。

胡 健

2020 年 6 月于西南科技大学

前　　言

近年来，雾霾在我国大范围频繁出现，十面"霾"伏深入人心，雾霾污染已成为 21 世纪以来我国最严重的大气污染问题之一。"呼吸之痛"警示世人：雾霾治理迫在眉睫。在我国生态文明建设以及"打好蓝天保卫战"和"打赢蓝天保卫战"的呼吁下，雾霾治理攻坚战正逐步推进。尽管国内外雾霾治理的研究至今仍是错综复杂，但毋庸置疑的是：解决雾霾污染关键在于 PM2.5 的源头减排。事实显示，对城市区域来说，居民诸多日常消费活动是 PM2.5 的重要排放源，对雾霾污染负有不可推卸的责任。因此，充分重视居民层面的 PM2.5 排放，并致力于引导城市居民的 PM2.5 减排行为是当前有效的雾霾污染控制措施。按照行为干预策略的观点，基于个体行为的诱因可以事半功倍地影响行为。然而，当前国内外关于居民 PM2.5 减排行为及其影响因素的研究还非常有限。考虑到居民 PM2.5 减排行为属于个人亲环境行为的范畴，本书借鉴亲环境行为的相关理论与研究成果，结合对京津冀、长三角和成渝三大雾霾污染区域的城市居民的问卷调查数据，着重对居民 PM2.5 减排行为各类影响因素及相应影响机制展开规范的实证研究，完善雾霾治理的理论内涵与研究体系。在实践中，期望通过制定精准措施以针对性调整相应的影响因素促使居民积极参与 PM2.5 减排行为，从而改善城市雾霾污染。研究的主要结论、主要创新和政策建议概述如下。

一　研究的主要结论

（1）关于 PM2.5 减排政策梳理与文本分析。我国包括雾霾治理在内的大气污染治理政策体系逐步搭建并稳步推进，雾霾治理政策体系粗具雏形。2013—2014 年和 2017—2018 年的两个时间段政策发布密集，与我国雾霾污染现状以及国家生态文明战略思想整体布局相吻合，国家和三大雾霾严重区域发文量都相对均衡；但当前雾霾治理体系构架尚有不足，表现在：忽视居民层面日常消费活动的 PM2.5 减排，直接以"雾霾治理或 PM2.5 减排"为规制对象的雾霾专门政策屈指可数，起提供具体方案作用的程序政策在雾霾治理攻坚阶段仍捉襟见肘，基层法律法规有待补充；居民层面 PM2.5 减排政策可初步提炼为命令控制型、经济激励型和教育引导型三类主范畴。

（2）关于三大区域雾霾现状及居民感知的空间差异分析。我国幅员辽阔，由于地理位置、经济、文化等众多原因，京津冀、长三角和成渝三大雾霾严重区域的经济社会发展统计指标与居民雾霾感知调查指标存在空间差异。特定区域或特定城市的雾霾污染程度和当地的人口规模、经济发展、交通、城镇化程度、产业结构和能源结构调整呈现出一致的关系。京津冀和长三角地区的人口规模、经济发展水平、交通和城镇化程度都较高，第二产业比重和能源消耗强度也普遍较大，成渝区域的交通、产业结构和能源消耗强度相对较高；京津冀地区居民的 PM2.5 减排实际行为和意愿都明显高于成渝和长三角地区，且实际行为差距更大。对五大类具体 PM2.5 减排行为，京津冀地区相对于成渝和长三角地区居民都表现出更好的参与积极性。对心理影响因素，三大区域居民的生态价值观、社会规范和道德规范等心理因素在三大区域间表现出显著的差异性，京津冀地区相对于成渝和长三角地区表现出更高的水平。但环境信念、态度和感知行为控制等心理因素在三大区域间无显著差异。

（3）关于城市居民 PM2.5 减排行为影响因素研究。城市居民的 PM2.5 减排行为作为个人亲环境行为的一种，影响因素较为复杂，涵盖了个体心理类、行为控制类和外部政策情境等类别，大部分变量通过 PM2.5 减排意愿作用于实际行为。其中，个体心理类变量包括理性变量（态度、社会规范、感知行为控制）和感性变量（价值观、环境关注、道德规范）两部分，分别直接或间接地影响居民的 PM2.5 减排意愿和行为，意味着在居民 PM2.5 减排治理中要注意"法治"和"德治"的结合；行为控制类主要是指感知行为控制变量，除了直接正向影响居民的 PM2.5 减排意愿外，还显著调节居民 PM2.5 减排意愿和实际行为的关系；外部政策情境变量包含命令控制型、经济激励型和教育引导型三类政策，分别对居民 PM2.5 减排意愿到实际行为的转化产生不同程度的调节作用。

（4）关于不同居民 PM2.5 减排行为的影响因素差异分析。城市居民 PM2.5 减排行为是一个复合概念，不同居民 PM2.5 减排行为的具体影响因素会不尽相同。在雾霾污染治理中，既要有全局观，统一行动，又要注意对不同行为区别对待。选择公共交通出行和新能源汽车购买两种居民交通 PM2.5 减排行为进行深入的对比分析。研究发现，态度、社会规范、道德规范等个体心理类因素都会显著影响两种交通 PM2.5 减排行为，两种行为间差异不大；但感知行为控制变量对两种交通 PM2.5 减排行为的影响有所差异。感知行为控制包含"自我效能"和"感知控制"两方面的内涵，分别或直接或间接地影响 PM2.5 减排意愿的发生。但其处于不同的水平时，对不同的行为影响结果也会有所差异。即对于不同的 PM2.5 减排行为，尤其需要关注感知行为控制变量。

（5）关于双重环境教育对大学生 PM2.5 减排行为的影响机制研究。鉴于大学生群体对于雾霾治理的特殊价值，深入剖析双重环境教育和社会规范对大学生 PM2.5 减排行为的影响机制，结果发现：双重环境教育对大学生 PM2.5 减排行为影响机制包括两条主要作用路径："学校环境教育→环境后果＋环境责任感→大学生道德规范→减排意愿（行为）"和"家庭环境教育（父母主观规范＋父母描述性规范）→大学生主观规范→减排意愿（行为）"；道德规范和主观规范均能显著促进大学生 PM2.5 减排意愿，道德规范可从心理内部激发大学生的环境责任感，主观规范是外部驱动力。道德规范的影响相对更强，但主观规范能在很大程度上促进道德规范。

（6）关于政策因素对城市居民 PM2.5 减排行为的动态干预研究。我国雾霾治理政策处于不断完善的动态过程，也在不断地影响居民的减排行为。核心居民主体的 PM2.5 减排意愿受其周围居民的社会规范影响，并最终长期稳定在一个较高水平；从长期来看，三类 PM2.5 减排政策都能促进 PM2.5 减排意愿向实际行为的转化，但效果不同。其中，命令控制型政策相对来说效果最好，其次为教育引导型政策；政策组合对于 PM2.5 减排政策干预也是有益的途径，命令控制型和教育引导型政策组合以及命令控制型和经济激励型政策组合这两种组合对 PM2.5 减排行为影响效果相对更好。

二　研究的主要创新

（1）研究视角的拓展。雾霾治理迫在眉睫，当前我国雾霾治理的共识是：以工业企业或建筑扬尘等污染大户为规制重点，以调整产业结构和能源结构为治理目标。然而，随着近几年雾霾治理的大力推进，城市中心区域大量企业外搬，居民日常消费活动成为城市雾霾治理的重要污染源。另外，城镇化进程的持续增长，居民生活用能显著增加，更加剧了居民领域的 PM2.5 减排空间。但迄今为止，关于居民领域 PM2.5 减排的研究，不管是从理论视角还是实践领域都屈指可数。因此，本书着重提出：城市交通、冬季燃煤取暖、厨房餐饮（含露天烧烤）、燃放烟花爆竹与室内吸烟等居民日常消费活动是城市雾霾的重要污染源，故积极参与公共交通出行，购买新能源汽车，调整冬季取暖方式，减少露天烧烤、燃放烟花爆竹和室内吸烟等居民 PM2.5 减排行为成为城市雾霾治理的重要途径，同时界定了其内涵与外延。此居民 PM2.5 减排行为视角从实践上弥补了当前雾霾治理规制对象的缺漏，符合当前居民消费需求侧改革的国家大趋势；从理论上拓展了雾霾治理的内涵，丰富了个人亲环境行为的内容，为我国打赢蓝天保卫战和生态文明建设布局提供新视角和新思路。

（2）理论模型的创新。鉴于影响因素的复杂性，本研究借鉴四大经典亲环境行为理论与国内外学者的研究成果，分别从不同方面构建了我国居民 PM2.5 减排行为理论模型和相应的调查量表。主要理论模型包括：第一，借鉴西方亲环境行为研究方法，基于 TPB、VBN 和 ABC 理论构建了城市居民 PM2.5 减排行为概念模型。该模型作为一个整合模型，变量涉及多，关系复杂，涵盖了个体心理类、行为控制类和政策情境变量等多类变量，厘清了不同类型变量对居民 PM2.5 减排行为的影响机制。第二，基于上述结论，对感知行为控制和政策情境变量进行更深入的独立研究与探讨：借助居民交通 PM2.5 减排行为模型对不同居民 PM2.5 减排行为影响因素的差异性进行分析，重点探讨感知行为控制因素；基于态度—行为—情境理论和模拟仿真方法，构建基于多 Agent 的城市居民 PM2.5 减排行为仿真模型，识别三类外部政策因素对居民 PM2.5 减排行为选择机制的长期动态干预效果。第三，结合计划行为理论和规范激活理论建立基于双重环境教育的大学生群体 PM2.5 减排行为模型，探索家庭和学校教育对于居民 PM2.5 减排行为的潜在影响路径。所有的 PM2.5 减排行为模型从不同的侧重点分别对 PM2.5 减排行为的各类影响因素进行检验，这些模型集合既构建了大量的居民 PM2.5 减排模型和理论基础，又丰富了个人亲环境行为理论内涵。

（3）研究方法的拓展。基于问卷调查的实证研究是本研究的主体方法。文本分析和模拟仿真分析等是有力补充。扎实的文本分析和扎根理论分析主要用于梳理当前雾霾治理政策现状，为实证研究探索打下基础。实证研究受到个人亲环境研究者们欢迎，已形成规范的研究体系，包含内容也较为广泛。在本研究中，根据具体研究问题的不同采用了多种实证方法，包括：对 PM2.5 减排行为现状的描述性分析，对不同组别借助 ANOVA 分析探索组别差异性；借助 Smart-PLS 针对心理因素和环境教育分别展开结构方程分析；借助 SPSS 软件，对交通 PM2.5 减排行为展开多层回归分析和调节效应分析；除此之外，考虑到问卷调查的横剖数据特征和静态分析局限性，本研究借助多 Agent 的模拟仿真分析方法分析三类政策对居民减排行为的长期动态干预效果。问卷调查是针对个体的微观层面的数据分析，基于多 Agent 的模拟仿真是基于政策制定主体的宏观层面的数据分析。对于居民 PM2.5 减排行为来说，微观个体的变化是整个宏观系统变化的基础，宏观政策的变化又会影响个体具体的 PM2.5 减排行为。实证分析和模拟分析的结合可以多角度地探索居民 PM2.5 减排行为的影响因素。

三　研究的政策建议

秉承精准施策理念，本书基于居民 PM2.5 减排行为影响因素及其作用机制的实证分析结果，提出基于个体心理因素、行为控制因素、外部政策情境因素和社会人口统计因素的四大干预路径，并进一步给出具体的六条对策建议，为管理部门实现居民 PM2.5 减排和打赢蓝天保卫战提供参考。

1. 重视并出台居民层面 PM2.5 减排政策

从思想上全方位高度重视居民层面 PM2.5 减排；加强居民层面 PM2.5 减排立法机制，尝试制定《居民 PM2.5 减排法》和加大宣传并更新《公众防护 PM2.5 宣传手册》。

2. 区别对待并建立各居民 PM2.5 减排行为的专门条例

梳理居民层面 PM2.5 源排放清单，针对不同减排行为制定专门条例；考虑根据不同行为的天然地域差异，采取不同的措施，如北方冬季的燃煤取暖，南方的空调制冷和取暖，成渝地区的露天烧烤；考虑根据不同减排行为自身的特点，采取针对性措施，如减少露天烧烤是饮食习惯的调整，燃放烟花爆竹是对传统风俗文化的调整。

3. 强化个体心理类因素，提升居民 PM2.5 减排心理感知

（1）继续强化积极的居民 PM2.5 减排态度。通过全方位普及 PM2.5 减排知识、强化对居民 PM2.5 减排行为的正面评价与引导，发挥正向口碑相传的传播效用、加强宣传手段的多样化与组合使用等。

（2）提升居民 PM2.5 减排的社会规范。继续强化政府对雾霾治理和居民 PM2.5 减排的规定和呼吁，提升官方组织的主观规范力量；有意识地挖掘显著人群或公众人物努力参与减排行为的事迹，塑造正面榜样和标杆形象并给予大力宣传，激发普通居民向榜样学习的热情；强化企业 PM2.5 减排义务并督促其严格执行 PM2.5 减排任务，加入淘汰机制，塑造一批典型节能环保企业。

（3）坚持法治，强化"德治"力量，追求"德治"和"法治"的大力结合。着力塑造和培养居民的环境道德规范，让其成为一种风气和潮流；强化居民雾霾后果认知和人人参与的责任感，提升道德规范。

（4）构建正确环境价值观养成长远计划。继续强化居民的生态价值观，适当引导其利己价值观，并探索利他价值观对亲环境行为的协同效应。

（5）强化环境教育力度，全方位增强居民减排认知。重视学校和家庭双重环境教育的主渠道，并适当拓展社区、网络等渠道；加大学校环境教育力度，合理配置环境教育课程，做到显性课程和隐性课程有效结合。

4. 健全资源保障，提升居民行为控制能力

管理部门应全力为居民 PM2.5 减排行为的实施提供切实可行的资源保障和外部条件。鉴于 5 个具体的减排行为相互间有较大差异，需对各行为进行针对性分析，探索和提供基于各个行为的精准支持。如对公共

交通出行，建设足够的公交车、地铁及其他轨道交通公共设施，满足巨大的居民出行需求；跟进配套设施的建设、科学的运行线路以及时间管理；实现公交车加装空调的全覆盖，以增加绿色出行的舒适感；充分利用共享单车，解决好"最后一公里"问题，同时，与共享单车运营商合作强化共享单车的日常管理；改善步行和骑车环境，鼓励居民短距离步行或骑车出行。

5. 完善外部政策因素，发挥政策干预力量

（1）完善命令控制型政策，充分利用其强制性和见效快的特点。如城市中心区域禁止露天烧烤和燃放烟花爆竹；执行"减少私家车出行总量"禁令，对传统燃油汽车每月出行天数进行强制要求，以 20 天为限，建议给予灵活变通，可允许居民自由选择具体出行时间。

（2）积极拓展经济激励型政策，但应注意分群体区别对待。如对厨房设备、拼车等绿色出行方式给予补贴；对突出减排行为设置"环保贡献奖"等政府奖励；对新能源汽车开展"直接上牌""不限号"、停车费用减免和停车场地优先等变相奖励；对不作为者以增加税收或罚款的形式进行惩罚；改革和细化税收类别，对传统汽车增加保有税和使用税。

（3）重视并从长远视角构建教育引导型政策。通过学校课程、组织宣传等多元化教育途径，环境后果和行动知识等全面教育内容共同构建长远教育。

（4）注意政策组合策略的运用，并加强反馈机制建设。

6. 探索基于社会人口统计因素的群体细分政策

针对性采取差异性措施引导不同细分人群的减排行为。继续普及全民环境教育，但针对性加强硕士以上人群的生态文明教育；通过榜样示范、集中组织教育等力量强化高收入居民群体的减排行为支付意愿；广泛借鉴学校环境教育的经验，通过社区、电视、网络以及专业网站等多种媒介渠道加强除学生外其他居民群体的减排行为。

总之，我们希望通过研究居民 PM2.5 减排行为影响因素及影响机制，形成有关居民 PM2.5 减排行为影响机制的独到见解，进一步完善居民 PM2.5 减排相关的理论内涵，同时，从实践上对居民层面城市雾霾治理提供指导，助力打赢蓝天保卫战。但是由于包括我国居民 PM2.5 减排行为在内的个人亲环境行为研究还处于摸索阶段，对居民 PM2.5 减排行为

的认识还有一个过程,更由于我们的理论素养和实践经验的不足,文中有些观点可能不妥或存在错误,敬请同行专家和学者批评指正。

《城市居民 PM2.5 减排行为影响因素与路径选择》是西南科技大学史海霞博士主持的国家社会科学基金项目(15CGL043)成果之一,本书的完成还受到西南科技大学博士科研基金(18sx7111)、四川循环经济研究中心项目(XHJJ – 2006)龙山学术人才科研支持计划(18LSX503、17LSX607)的支持。在本书编写过程中,我们参阅、借鉴、引用了部分学者同行的研究成果,吸取了许多极其宝贵的观点和意见,特此说明。在调研、写作、修改和完善过程中得到了中国科学技术大学赵定涛教授和王善勇副教授的精心指导,也得到了四川外国语大学徐亮副教授、西南科技大学张飞副教授和张莉博士的大力支持,在此一并表示诚挚的感谢!

作　者
2020 年 2 月于四川

目　　录

第 一 章

导　论

第一节　研究背景

一　我国雾霾污染现状

当前，我国正处于国民经济和社会发展的关键时期。作为世界第二大经济体国家，经济保持稳定增长；"十三五"规划逐步推进，工业化、城镇化以及现代化进程进入快车轨道；人民生活水平日益提高，日常消费更加丰富化和多元化。同时，与之相伴的就是我国能源需求与能源消费的持续增长，包括我国的传统能源主体——煤炭能源，最终空气质量和水污染、土壤污染、垃圾围城等诸多环境问题日益凸显。其中，雾霾作为21世纪以来我国最具代表性的大气污染受到社会各界的广泛关注。党的十八大和十九大先后将包括雾霾环境治理在内的生态文明建设提高到"五位一体"总布局和"千年大计"的战略高度，2018年全国生态环境保护大会正式确立习近平生态文明思想，要求坚决"打赢蓝天保卫战"。

雾霾是一种常见于城市的大气污染状态，是对空气中各种悬浮颗粒物含量超标的笼统阐述，包括氮氧化物、二氧化硫和可吸入颗粒物，前两者是气态污染物，而可吸入颗粒物被认为是导致雾霾天气的罪魁祸首。可吸入颗粒物（Fine Particulate Matter），又称作细颗粒物，是对空气动力学当量直径不超过 2.5μm 的污染颗粒物的总称，人们更常称其为"PM2.5"。这些PM2.5颗粒自身既是污染物，又因其直径小，表面积大的特点，成为多环芳烃和重金属等有毒物质的有力载体，且还具备在空气中长时间停留和远距离传输的特点，进而加大对空气质量和人体健康的威胁。因此，环境科学领域学者们常用单位体积空气中的PM2.5含量表示雾霾污染的程度，PM2.5 值越大代表着雾霾污染程度越严重，"PM2.5"成为雾霾天气的代名词，PM2.5 减排也往往被等同于雾霾治理。

雾霾污染是经济发展和能源过度消耗的产物，西方发达国家在其历史发展中同样经历过雾霾污染问题。20 世纪 40 年代到 60 年代，美国洛杉矶、日本四日和英国伦敦先后遭遇严重雾霾污染，一度陷入雾霾治理危机，受到世界范围内各国关注。进入 21 世纪，雾霾污染逐渐在我国凸显，近 10 年以来，雾霾天气发生频率和严重程度骤然增加，覆盖区域日趋广阔，雾霾污染以凶猛的势头进入公众和政府视野，并持续至今。2009 年，一些中国人开始关注由美国大使馆公布的北京 PM2.5 数据，当年最高峰值为 712 微克/立方米。2010 年，百度百科首次出现相关 PM2.5 词条，但含义不明确。2011 年，一场大范围雾霾天气侵害我国诸多城市而引发社会各界关注，雾霾首次入选为"十大天气气候事件"，"PM2.5"作为科技新词逐步进入公众视野。2012 年，PM2.5 开始被纳入我国空气质量指标。2013 年，大规模严重雾霾天气在我国多次爆发，持续时间长，当年平均雾霾天数创 52 年以来的历史最高纪录。覆盖范围广，几乎大半个中国遭遇十面"霾"伏。多个城市的空气质量指数都达六级严重污染级别，多区域 PM2.5 值超过 500 微克的上限值，纷纷爆表，瞬时浓度甚至达到 943 微克/立方米。"雾霾"一跃成为我国 2013 年年度关键词，第一次被我国减灾办和民政部纳入 2013 年自然灾害予以通报。此"空气灾难"影响了中国人，也受到各国关注。美国福布斯中文网指出雾霾污染是当年全球气候和能源领域的五大话题事件之一。美国《大西洋月刊》也指出，2013 年"空气灾难"深切影响了中国人。英国广播公司（BBC）也将我国雾霾认定为年度十大气象问题予以公布。之后几年，雾霾持续猖獗，2014 年包括京津冀、长三角、成渝地区在内的 19 个省、自治区和直辖市成为雾霾重点污染区域，占国土面积的 13.8%。2015 年和 2016 年全国均出现 10 次左右大范围、持续性雾霾天气，71 个城市曾达重度及以上污染，石家庄 PM2.5 指数超过 1000，雾霾红色预警、橙色预警仍会发布。近两年为了"打好蓝天保卫战"和"打赢蓝天保卫战"，实现我国生态文明建设，国家雾霾治理措施和治理力度加大，雾霾治理效果也初步展现。我国气象局大气环境气象公报和环境监测站数据显示，2017 年雾霾天气减少幅度为近几年最大，平均霾天数减至 27.6 天，2018 年为 20.5 天，2018 年 PM2.5 平均浓度较 2017 年下降 9.3%。尽管如此，雾霾在秋冬季节仍频繁出现，"雾霾" 仍持续成为近几年的年度关键词。雾霾的根治仍任重道远。

雾霾天气在本质上属于空气污染范畴，给人类健康、交通、农业发展等诸多方面带来难以估计的负面影响，[①] 其对国民经济和社会环境的潜在危害不容忽视。国内外学者和相关机构都对此进行了论证。[②③] 2009 年，美国环保署发布《关于空气颗粒物综合科学评估报告》，指出毒害性强的细颗粒物会直接影响人类肺功能及结构，危害其呼吸系统和心血管系统，进而加剧慢性病发生，影响生殖能力及改变人类自身免疫结构，最终危害人类健康和提高死亡率。据北京卫生局统计，当重雾霾天气时，呼吸科就诊患者数量可增加 20%—50%，就诊人数与雾霾天气有正向影响关系。国家气候中心气候与气候变化服务室高荣也指出 PM2.5 对婴儿早产率和致畸率有显著影响。由北京大学公布的《危险的呼吸——PM2.5 的健康危害和经济损失评估研究》也宣称，空气污染致死并不是危言耸听。中国工程院院士钟南山曾指出，我国肺癌患病率近 30 年内上升 4 倍之多，可能与雾霾污染有一定关系。而且，雾霾天气引起的城市光化学烟雾现象，会直接降低大气的能见度，阻碍陆面、水面和空中交通。2016 年 12 月雾霾高发时，山东高速公路几乎全部临时关闭，航空停运。雾霾带来的低能见度极易造成交通堵塞和引发交通事故，2013 年 2 月 4 日雾霾期间，河南、四川、甘肃、贵州四省在短短 24 个小时先后发生特大交通事故，近 50 人丢失生命。除此之外，雾霾天气还会直接影响农作物生长和整个生态环境。总之，雾霾污染导致的直接和间接经济损失是难以估量和惊人的。亚洲开发银行和清华大学共同发布《迈向环境可持

---

① Park, S. K., O'Neill, M. S. Vokonas, P. S., et al., "Effects of Air Pollution on Heart Rate Variability: The VA Normative Aging Study", *Environmental Health Perspectives*, Vol. 113, No. 3, 2005, p. 304.

② 刘鸿志：《雾霾影响及其近期治理措施分析》，《环境保护》2013 年第 15 期。

③ Van Donkelaar, A., Martin, R. V., Brauer, M., et al., "Global Estimates of Ambient Fine Particulate Matter Concentrations from Satellite-Based Aerosol Optical Depth: Development and Application", *Environmental Health Perspectives*, Vol. 118, No. 6, 2010, p. 847.

续的未来中华人民共和国国家环境分析》，指出"每年度内，空气污染给我国 GDP 带来的损失巨大，基于疾病成本估算损失会达到 1.2%，基于支付意愿估算则高达 3.8%"。

可见，我国严峻的雾霾污染态势与后果，对国家和普通公众都是难以承受的心肺之患与切肤之痛，引发了全社会对于"PM2.5"的热议。"厚德载雾，自强不吸""人肉吸尘器"等各种恶搞段子充斥网络，是人们对环境的质问，更表达了公众对雾霾的无奈与忧虑。《穹顶之下》纪录片、每年"雾霾"两会议题、国家"打好蓝天保卫战"和"打赢蓝天保卫战"的宣言，是从普通公众，到专业人士，到国家管理部门不同层面个人或组织对雾霾治理的呼吁与实践。雾霾来势汹汹，铺天盖地，雾霾治理作为最大的环境污染问题之一，引起了我国政府的重点关注。痛定思痛，近年来，我们可谓举全国之力为蓝天常在而努力。党的十八大和十九大都对环境保护和生态文明建设进行了浓墨重彩的描述，先是将包括雾霾环境治理在内的生态文明建设提高到国家战略层面，又将建设生态文明提升为"千年大计"。五年有余的大力推进，尽管雾霾治理已初见成效，但无疑雾霾治理探索之路仍然漫长。为了从根本上实现"让蓝天常在"，从长远上实现"生态文明建设"，雾霾治理依旧任重道远。

二　居民 PM2.5 减排行为是重要的雾霾治理手段

尽管雾霾治理实践困难，且 PM2.5 减排理论研究错综复杂，但毋庸置疑，PM2.5 的源头减排是雾霾污染治理的关键。PM2.5 源解析结果显示，PM2.5 细颗粒物源主要来自硫酸盐、硝酸盐以及铵盐等化合物生成的二次污染物以及其相互反应。[1][2][3] 而除气象条件外，这些大多归咎于人类自身的消费活动，来自人类在日常消费活动中对能源的过度消耗，

---

[1]　童玉芬、王莹莹:《中国城市人口与雾霾:相互作用机制路径分析》,《北京社会科学》2014 年第 5 期。

[2]　Odman, M. T., Hu, Y., Russell, A. G., et al., "Quantifying the Sources of Ozone, Fine Particulate Matter, and Regional Haze in the Southeastern United States", *Journal of Environmental Management*, Vol. 90, No. 10, 2009, pp. 3155 – 3168.

[3]　Yin, J., Harrison, R. M., Chen, Q., et al., "Source Apportionment of Fine Particles at Urban Background and Rural Sites in the UK Atmosphere", *Atmospheric Environment*, Vol. 44, No. 6, 2010, pp. 841 – 851.

尤其是煤炭能源的消费，如工业生产、机动车尾气排放和冬季燃煤取暖等，更何况煤炭又是我国的传统主体能源。在我国工业化和城镇化的过程中，能源消费巨大。伴随着我国社会经济的迅速发展，"生产型社会"完成向"生活型社会"的转型，居民生活消费需求增长且呈多元化趋势。相应地，居民生活能源消费在总能源消费中扮演日益突出的角色（杨树，2015）。[①] 我国统计年鉴数据显示，我国 2016 年居民生活能源消费（54209 万吨标准煤）占能源消费总量（435819 万吨标准煤）的 12.4%。详见图 1—1。

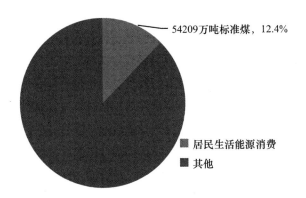

54209 万吨标准煤，12.4%

■ 居民生活能源消费
■ 其他

图 1—1 我国能源消费情况（2016 年）

实践表明，城市是雾霾天气的高发区域。对于城市区域来说，尽管工业是 PM2.5 排放的主要来源，但随着国家率先发起的针对性治理，工业领域的 PM2.5 减排边际效应已逐步递减，且随着大量污染企业搬离城市，工业企业 PM2.5 减排的潜在空间降低。逐步地，随着居民领域用能的增长，城市居民日常消费活动成为工业企业之外的重要排放源，成为城市雾霾治理的又一有力抓手。主要表现在：

首先，城市居民 PM2.5 排放多元化，且总量多。现阶段，我国居民消费需求呈多元化发展态势。PM2.5 排放与居民群体的这些日常消费活动紧密相关，包括城市交通，燃煤取暖，厨房餐饮（包括露天烧烤），燃

---

① 杨树：《中国城市居民节能行为及节能消费激励政策影响研究》，博士学位论文，中国科学技术大学，2015 年，第 1—4 页。

放烟花爆竹，室内吸烟等，可见涵盖吃、穿、住、用、行等人类生活的方方面面。以居民赖以生存的交通出行为例，迄今为止，居民的交通出行需求急剧增加，交通工具的多元化和舒适度需求也相应增加。我国生态部提供数据显示，北京交通 PM2.5 排放几乎占总排放量的 22%，上海的比例为 25%。美国等国家也纷纷指出道路交通机动车尾气的 PM2.5 排放量都占总排放量的 20%—30%。[1][2] 其他行为的 PM2.5 排放相关阐述详见第二章。因此，居民作为社会个体，除了是雾霾的受害者，他们作为商业社会的重要参与者，更是雾霾污染的直接实施者。打好蓝天保卫战，人人不能置身事外，居民也应积极扛起保护蓝天的旗帜，居民、企业、国家三者作为共同体"同呼吸，共责任"。越来越多的个人亲环境行为研究学者们指出，居民是否愿意调整自己的相关日常消费活动将在很大程度上影响城市居民 PM2.5 排放。

其次，伴随着我国城镇化进程的突飞猛进，我国城市居民数量突增，且至今依然保持快速增长态势。与之相伴得到快速增长的是居民的可支配收入和能源消费总量等多个相关指标，都使得城市居民潜在 PM2.5 排放激增成为现实。我国是全球第一人口大国，孕育着全球 14 亿的人口。城市居民总量相对其他国家更多，居民的能源消费对 PM2.5 排放量影响会很显著。国家统计局公布数据显示，[3] 截至 2017 年底，我国城镇人口已高达 81347 万人。城镇化举措，使得我国城镇人口快速增长，2013—2017 年的平均城镇人口增长率达 2.8%，详见表 1—1。同时，城市居民的可支配收入也逐步增长，2017 年为 36396.2 元，近四年的平均可支配收入增长率为 9.3%。据公安部交通管理局官方发布的数据，我国私家车保有量持续快速增长，截至 2017 年年底，保有量达 1.85 亿辆。城市居民的生活能源消费量也总体增长，2016 年为 54209 元，这三年的平均生活能源消费增长率为 6.4%。

---

[1] Hasheminassab, S., Daher, N., Ostro, B. D., et al., "Long-term Source Apportionment of Ambient Fine Particulate Matter (PM 2.5) in the Los Angeles Basin: a Focus on Emissions Reduction from Vehicular Sources", *Environmental Pollution*, Vol. 193, 2014, pp. 54 – 64.

[2] Pekey, H., Pekey, B., Arslanbaş, D., et al., "Source Apportionment of Personal Exposure to Fine Particulate Matter and Volatile Organic Compounds using Positive Matrix Factorization", *Water, Air, & Soil Pollution*, Vol. 224, No. 1, 2013, p. 1403.

[3] 国家统计局：《年度数据》（http//data. stats. gov. cn/easyquery. htm? cn = C01）。

表1—1　　　　　　　我国2013—2017年相关指标统计

年份	2013	2014	2015	2016	2017
城镇人口（万人）	73111	74916	77116	79298	81347
城镇居民人均可支配收入（元）	26467.0	28843.9	31194.8	33616.2	36396.2
私人汽车拥有量（万辆）	10501.7	12339.4	14099.1	16330.2	18515.1
生活能源消费量（万吨标准煤）	45531	47212	50099	54209	—

总之，巨大的城市居民数量，日益丰富的居民消费需求和多样化日常消费活动，背后是巨大的潜在居民生活用能消费以及难以估量的PM2.5排放，城市雾霾污染的威胁仍不能掉以轻心，城市居民PM2.5排放是城市雾霾污染的重要源头。相应地，促进和引导居民的PM2.5减排行为也成为现阶段重要的雾霾污染控制手段。当前，社会各界应加强对城市居民PM2.5减排行为的重视程度，这个基于城市居民PM2.5减排行为视角对城市雾霾治理进行的探索也是本书的初始贡献。这也是对生态环境部提出的"政府主导、部门联动、企业尽责、公众参与"的中国雾霾治理模式的呼应。

三　国内外研究现状及问题提出

综观雾霾治理相关实践活动，不难发现，不论是雾霾治理政策发布，还是各级政府的管理举措，雾霾治理的关注点都是宏观的产业结构和能源结构调整，规制的目标仍是以工业企业PM2.5排放为主。比如，国务院在2013年颁布的《大气污染防治行动计划》，针对工业企业大气污染治理、深化面源污染治理、强化移动源污染防治等进行全面规定，也就产业结构升级、加快能源结构调整、增加清洁能源供应、优化产业空间布局等提出具体行动计划。国务院在2018年发布的《打赢蓝天保卫战三年行动计划》的突出特点就是更注重源头治理、精准施策，计划确定调整产业结构、能源结构、运输结构和用地结构四大结构持久大幅削减污染排放。当然，尽管居民日常消费行为相关的国家政策和管理举措仍有限，但随着雾霾治理的深入推进，国家也开始关注。比如，生态环境部颁布的《环境保护公众参与办法》，以及各省层面的《河北省环境保护公众参与条例》和《江苏省环境保护公众参与办法（试行）》等。除此之外，部分政策也在专门章节对居民行为进行引导，比如《北京市人民政府关于进一步健全大气污染防治体制机制推动空气质量持续改善的意见》

就提道:"促进全民共同治污。引导公众从自身做起、从小事做起,自觉践行绿色生活理念,加快实现生活方式和消费模式向勤俭节约、绿色低碳、文明健康转变。"

在理论研究方面,国内外学者也围绕 PM2.5 减排展开如火如荼的诸多研究。研究内容主要集中在以下几方面。

第一,基于技术视角着重对 PM2.5 的污染特征组分分析、形成机制和源解析进行探索。首先,PM2.5 的污染特征组分分析包括浓度监测、污染水平、时空分布及粒径分布等。世界卫生组织率先在 2005 年公布《空气质量准则》,同时宣布了在过渡时期的三个 PM2.5 浓度标准。PM2.5 监测工作在各国陆续展开,我国也于 2012 年开始了雾霾的监测,详见表1—2。Megaritis 等[1]和朱倩茹等[2]指出 PM2.5 浓度与温度、相对湿度、风速、降雨量、气压等气象因素紧密相关,Sax 等[3]和钱峻屏[4]通过对智利圣地亚哥和中国广州的 PM2.5 的跟踪测量,发现 PM2.5 浓度呈现出明显的季节趋势。不同的研究者还分别通过不同的手段对不同微环境进行了对比分析,如不同的交通方式、[5] 城乡区域、[6] 室内和室外环境等。[7] 其次,PM2.5 的形成机制研究,对此,各界不存在太大争议。学者

---

[1]　Megaritis, A. G., Fountoukis, C., Charalampidis, P. E., et al., "Response of Fine Particulate Matter Concentrations to Changes of Emissions and Temperature in Europe", *Atmospheric Chemistry and Physics*, Vol. 13, No. 6, 2013, pp. 3423 – 3443.

[2]　朱倩茹、刘永红、徐伟嘉:《广州 PM2.5 污染特征及影响因素分析》,《中国环境监测》2013 年第 2 期。

[3]　Sax, S. N., Koutrakis, P., Ruiz Rudolph, P. A., et al., "Trends in the Elemental Composition of Fine Particulate Matter in Santiago, Chile, from 1998 to 2003", *Journal of the Air & Waste Management Association*, Vol. 57, No. 7, 2007, pp. 845 – 855.

[4]　钱峻屏等:《广东省雾霾天气能见度的时空特征分析:季节变化》,《生态环境》2006 年第 6 期。

[5]　Kaur, S., Nieuwenhuijsen, M. J., Colvile, R. N., "Fine Particulate Matter and Carbon Monoxide Exposure Concentrations in Urban Street Transport Microenvironments", *Atmospheric Environment*, Vol. 41, No. 23, 2007, pp. 4781 – 4810.

[6]　Yin, J., Harrison, R. M., Chen, Q., et al., "Source Apportionment of Fine Particles at Urban Background and Rural Sites in the UK Atmosphere", *Atmospheric Environment*, Vol. 44, No. 6, 2010, pp. 841 – 851.

[7]　Kundu, S., Stone, E. A., "Composition and Sources of Fine Particulate Matter Across Urban and Rural Sites in the Midwestern United States", *Environmental Science: Processes & Impacts*, Vol. 16, No. 6, 2014, pp. 1360 – 1370.

们认为：PM2.5 主要是由二次气溶胶组成，二次气溶胶是由硝酸盐、硫酸盐和铵盐等化合物生成的二次污染物，是一次气溶胶和大气中的水汽以及诸多有机化合物光化学反应的结果。而这些大多要归咎于人类自身的消费活动。因此，Herrmann 等①借助综合评价模型指出对 SOx、NOx 和 COx 等污染物的控制可明显减少 PM2.5 颗粒。最后，PM2.5 的源解析，对此，学者间仍很难达成共识。目前，比较普遍的看法是：工厂排放、建筑扬尘、交通、厨房餐饮（包括露天烧烤）、生活垃圾燃烧处理等是 PM2.5 的主要排放源（Geelen 等，2013；Pekey 等，2013）。对于北方城市来说，冬季的燃煤取暖也是重中之重。另外，Semple 等②指出吸烟，尤其是在密闭空间内，可以散发并积聚大量的 PM2.5 颗粒。这些研究是对 PM2.5 浓度进行的初步探索，对如何减少 PM2.5 等后续研究提供技术基础。不过，相关技术仍不成熟，况且雾霾本身复杂的组成成分和相互反应，及不确定的气象影响因素，致使雾霾具体的成因仍是扑朔迷离，近期内，仅仅依靠技术突破还不足以达到治理雾霾的预期目标。

表1—2　　　　　　　　我国PM2.5 排放标准的实施进度计划

2010 年	发布增加 PM2.5 浓度极限值的《环境空气质量标准》（征求意见稿）
2011 年	发布《环境空气质量标准》（二次征求意见）
2012 年	在京津冀、长三角、珠三角等重点区域以及直辖市和省会城市开展PM2.5 监测
2013 年	113 个环境保护重点城市和国家环保模范城市开展 PM2.5 监测
2015 年	所有地级以上城市开展 PM2.5 监测
2016 年	全国实施新标准

第二，PM2.5 对环境、经济和社会发展的危害分析，重点包括PM2.5

---

① Herrmann, H., Brüggemann, E., Franck, U., et al., "A Source Study of PM in Saxony by Size-Segregated Characterisation", *Journal of Atmospheric Chemistry*, Vol. 55, No. 2, 2006, pp. 103 – 130.

② Semple, S., Creely, K. S., Naji, A., et al., "Secondhand Smoke Levels in Scottish Pubs: the Effect of Smoke-Free Legislation", *Tobacco Control*, Vol. 16, No. 2, 2007, pp. 127 – 132.

浓度与人体健康的相关关系。[1][2] 在国外健康类权威期刊尤其受关注。Boldo 等（2014）借助浓度—反映函数计算出西班牙由于 PM2.5 导致的心肺疾病数据。

第三，雾霾治理机制探索。国内学者更多基于定性分析手段或经验方法，尝试对雾霾治理的机制构建进行分析，[3] 并提出管理建议，寻求雾霾治理途径，在雾霾治理初期也有一定实用价值。

可见，不管是国家政策设计实践，还是理论学术研究中，立足于城市居民 PM2.5 减排行为视角进行雾霾治理的研究仍然非常有限。尽管如此，居民 PM2.5 减排行为的实质隶属于个人亲环境行为范畴，西方学者对于诸多个人亲环境行为的研究已非常成熟，积累了大量有价值的成果。Abrahamse 和 Steg（2009）、Lizin 等（2017）、Kiatkawsin 和 Han（2017）对家庭节能行为、垃圾分类行为、绿色旅游行为展开了一系列实证研究，剖析了各亲环境行为的影响因素，并指出态度、社会规范、道德规范和价值观等对个人环境行为的影响机制。近几年国内学者也就居民节能行为、低碳消费行为等个人亲环境行为的研究开始探索，并取得了初步的进展。王建明（2015）认为环境情感通过影响其动机可促进消费者碳减排行为。李文博等（2017）也借助 Logit 模型对消费者新能源汽车购买行为的影响因素进行了探索。总的来讲，国内外相关个人亲环境行为研究也逐步从宏观经济、技术层面转向微观消费主体；微观主体行为的研究方法也从初始的经济学视角转向社会学、心理学相结合的视角（杨树，2015）。这些研究将为本书居民 PM2.5 减排行为研究提供强有力的借鉴基础。

如前所述，居民 PM2.5 减排行为是我国城市雾霾治理的重要手段，鼓励居民的 PM2.5 减排行为对于当前雾霾治理具有重要意义。因此，城

---

① Hutchinson, E. J., Pearson, P. J. G., "An Evaluation of the Environmental and Health Effects of Vehicle Exhaust Catalysts in the UK", *Environmental Health Perspectives*, Vol. 112, No. 2, 2004, p. 132.

② Tainio, M., Tuomisto, J. T., Hänninen, O., et al., "Health Effects Caused by Primary Fine Particulate Matter (PM2.5) Emitted From Buses in the Helsinki Metropolitan Area, Finland", *Risk Analysis*, Vol. 25, No. 1, 2005, pp. 151 – 160.

③ 刘华军、雷名雨：《中国雾霾污染区域协同治理困境及其破解思路》，《中国人口·资源与环境》2018 年第 10 期。

市雾霾治理的关键就是如何促进居民 PM2.5 减排行为的产生。那么本研究最主要的问题就聚焦在:

第一,如何促进居民 PM2.5 减排行为的实施?学者们指出个体行为的调整或改变通常都比较困难,考虑到居民 PM2.5 减排行为的复杂性和消费习惯的难以改变性,居民 PM2.5 减排行为的实施更是错综复杂。但是根据行为干预策略的观点,学者们认为基于个体行为的主要诱因采取针对性的干预措施可有效改变或引导个体行为 (Greaves 等,2017;Juvan 和 Dolnicar,2013;陈凯和李华晶,2012;韩娜,2015)。

第二,居民 PM2.5 减排行为的影响因素有哪些?根据国内外居民节能行为、绿色消费行为等个人亲环境行为研究结论,结合社会学、心理学理论,心理影响因素、外部政策影响因素和社会人口统计因素都有可能成为居民 PM2.5 减排行为的潜在影响因素。在中国文化背景下,在雾霾治理研究背景下,哪些是居民 PM2.5 减排行为的影响因素?哪类影响因素的效果更胜一筹?有必要基于不同的视角对居民 PM2.5 减排行为影响因素进行更加全面的挖掘,并探索关键影响因素。

第三,不同类型的影响因素都是如何影响居民 PM2.5 减排行为?尽管计划行为理论、规范激活理论等经典亲环境行为理论都在一定程度上刻画了各因素对环境行为的影响机制,但面对更加复杂的各类影响因素和居民 PM2.5 减排行为,各类因素对居民 PM2.5 减排行为的具体影响机制同样非常关键。

鉴于此,本研究将面对我国城市雾霾治理,基于个人亲环境行为相关理论、文献检索和问卷调查方法,采用规范的文本分析和实证研究方法,并结合动态模拟方法,尝试基于不同视角识别我国城市居民 PM2.5 减排行为的各类影响因素,其中,关键影响因素涵盖心理影响因素、外部政策因素、社会人口统计因素等;更重要的是,根据这些影响因素对居民 PM2.5 减排行为的作用方式,构建居民 PM2.5 减排行为的深层影响机制。根据研究结果,针对性地制定管理举措和相应政策,通过调整相关影响因素来鼓励和引导居民积极参与日常 PM2.5 减排行为,既从理论上充实包括居民 PM2.5 减排行为在内的个人亲环境行为研究体系,又从实践上助力城市居民 PM2.5 减排和打赢蓝天保卫战。

第二节　研究目的与意义

一　研究目的

本研究以城市居民雾霾治理为研究对象，通过实证分析和模拟仿真，识别影响城市居民参与 PM2.5 减排行为的各类影响因素与主要影响机制。并欲基于研究结果，因势利导构建针对性的居民 PM2.5 减排政策和管理建议，为政府雾霾治理决策提供参考。反过来，配套的支持政策又可以高效的督促城市居民参与 PM2.5 减排行为，从而提升 PM2.5 减排的效果，改善空气质量。最终可直接减少雾霾对经济、气候、环境、人体健康等方面的危害，具有很大的潜在社会效益。研究目的具体如下：

第一，对我国当前 PM2.5 减排政策进行梳理，并进行文本分析和扎根理论分析，既可了解居民 PM2.5 减排行为相关政策与政府的管理现状，又为探索政策因素对 PM2.5 减排行为的影响打下基础。

第二，基于计划行为理论、规范激活理论和价值—信念—规范理论等经典心理环境行为理论，构建城市居民 PM2.5 减排行为模型，探索并对比分析态度、道德规范、价值观等心理因素、行为控制类因素和外部政策因素对居民 PM2.5 减排行为的影响，识别各类因素对居民 PM2.5 减排行为影响的潜在区别。对整合的居民 PM2.5 减排行为得出有意义的结论。

第三，基于计划行为理论和规范激活理论，构建城市居民交通 PM2.5 减排行为意愿概念模型，通过分层回归分析和调节效应揭示不同行为间影响因素的关键区别。

第四，双重环境教育对居民 PM2.5 减排行为的影响机制研究。基于心理因素研究结论，环境教育是促进态度、道德规范等居民感知，甚至行为意愿的重要的促进措施，故基于计划行为理论和规范激活理论，建立基于双重环境教育的 PM2.5 减排行为理论模型，剖析学校和家庭双重环境教育对居民 PM2.5 减排行为的影响路径和潜在价值。

第五，基于态度—行为—情境理论，居民 PM2.5 减排行为是态度和外部政策共同作用的结果。雾霾治理和外部政策完善是一个长期动态的过程，着重分析三类居民 PM2.5 减排政策对居民 PM2.5 减排行为的长期动态效果,寻求最佳雾霾治理政策。

二 研究意义

面对当前打赢蓝天保卫战和实现生态文明建设的大背景,我国雾霾污染仍未得到根治,雾霾治理依旧任重道远。本研究意在聚焦城市居民PM2.5减排行为以探索城市雾霾治理,在理论意义和实践价值上均可提供参考。

第一,聚焦于居民PM2.5减排行为视角寻求我国城市雾霾污染治理之路,此视角充实了现有雾霾治理研究体系。综观现有文献,不管是学术研究还是实践活动中,我国当前雾霾规制重点都围绕工业企业、建筑扬尘等污染大户,以调整能源结构和产业结构为目标。事实上,对城市区域来说,尤其是随着污染企业的大量外搬,居民在日常生活中的消费行为产生的PM2.5排放更不容忽视。随着能源供给侧改革转向需求侧改革,居民的日常消费活动成为PM2.5排放的重要污染源,居民PM2.5减排行为对于城市雾霾治理的意义凸显。另外,考虑到我国城市人口数量惊人且城镇化进程保持快速发展的特点,居民日常消费领域PM2.5减排空间远远可期。在一定程度上,此居民PM2.5减排行为的视角,能有效弥补雾霾治理规制对象的缺漏,完善雾霾治理研究体系。

第二,居民PM2.5减排行为的实质隶属于个人亲环境行为。国内外居民PM2.5减排行为研究都非常有限,通过借鉴现有个人亲环境行为的理论和方法,并结合我国本土化文化背景和雾霾治理背景,建立我国居民PM2.5减排行为研究模型,分别从心理因素、个人控制能力因素、政策因素和社会人口统计因素等方面探索居民PM2.5减排行为的影响因素与影响机制,并剖析关键影响因素,这些研究将弥补国内居民PM2.5减排行为理论的不足。同时,我国个人亲环境行为涵盖了节能行为、绿色消费行为等复合范畴,居民PM2.5减排行为的研究更丰富了个人亲环境行为的内涵,为个人亲环境行为的扩展提供参考。

第三,我国居民PM2.5减排行为研究文献非常有限,本研究通过对京津冀、长三角、成渝三大雾霾严重区域居民展开大样本问卷调查,获取了我国居民PM2.5减排行为的第一手资料,可有效揭示我国城市居民PM2.5减排行为各指标的基本现状,以及空间差异性,了解居民对于参与减排行为的态度、意愿、对各类政策的响应,以及可能的居民 PM2.5 减排行为教育模式。

第四,居民个体行为改变往往比较困难,对于涉及面更加广泛的居民 PM2.5 减排行为来说更是如此。根据行为干预策略的观点,基于居民 PM2.5 减排行为影响因素结论,针对性地通过调整主要影响因素以引导居民 PM2.5 减排行为的产生,将取得事半功倍的雾霾治理效果,包括生态价值观塑造、减排态度培养、塑造榜样示范力量、提升居民的感知控制能力等。基于相应影响因素"精准"制定行政管理和政策建议,提供了事实依据,将更符合客观实际情况。另外,我国居民层面雾霾治理政策并不充足,据此提出的政策建议可很好地完善现有雾霾治理政策体系,为十八届四中全会提出的"依法治国"提供法律基础。

第五,如前所述,雾霾污染对人类健康、交通、农业生产等危害巨大,城市居民 PM2.5 减排行为将具有非常大的潜在环境、社会和经济效益。城市雾霾污染的缓解或有效治理将明显地改善当地居民的大气生存环境,让蓝天常在,让"蓝天不是也不应是奢侈品"。青山绿水蓝天,完美的宜居环境,体现的更是生态文明建设的成果和社会的进步。集中搞好生产建设,交通畅通,农业丰收,增强身体素质,都可直接或间接地增强经济效益。

第三节　研究思路、内容与方法

一　研究思路

根据预期研究目标,本书将运用行为经济学、社会心理学和公共政策等领域的方法,并借鉴经典个人亲环境行为理论,构建居民 PM2.5 减排行为研究模型,着力探索居民 PM2.5 减排行为的各类影响因素及相应影响机制。首先,对计划行为理论等五大经典亲环境行为理论进行阐述,同时梳理亲环境行为的影响因素,为全文分析打下坚实的理论基础。其次,对我国当前雾霾治理政策进行全面梳理,并借助扎根理论重点分析居民 PM2.5 减排行为相关政策,在了解雾霾治理现状的基础上,剖析城市居民 PM2.5 减排政策的主要类别。然后,通过统计年鉴数据和问卷调查数据,分析三大区域雾霾治理现状和居民 PM2.5 减排行为的空间差异性。接下来，构建不同的城市居民 PM2.5 减排行为模型，从不同侧重点对居民 PM2.5 减排行为的各类影响因素与影响机制展开全面且深入的分析。最后，针对上述研究结论，尝试精准制定城市居民 PM2.5 减排政策建议，为城市雾霾治理提供事实依据和参考。技术路线详见图 1—2。

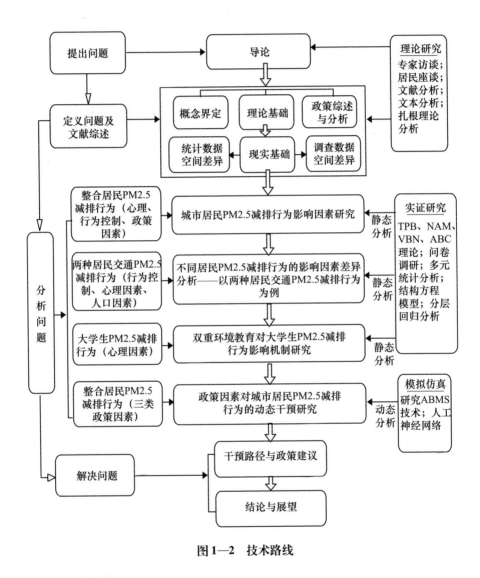

图1—2 技术路线

其中，城市居民 PM2.5 减排行为各类影响因素及相应影响机制的探索是本研究的核心内容，具体包含四部分：首先，对整合的城市居民

PM2.5 减排行为影响因素进行一般性研究，在此部分研究中会综合验证个体心理、行为控制、外部政策情境三大方面的影响因素；其次，对不同居民 PM2.5 减排行为影响因素的差异性进行分析，因为 PM2.5 减排行为是一个复合概念，包括若干不同的行为，影响因素必会有所差异，更值得关注。在此，选择两种交通 PM2.5 减排行为进行针对性研究，着重讨论行为控制类变量的差异，兼顾心理感知变量；再次，环境教育是提升居民心理感知和减排行为的有效手段，故尝试探索学校和家庭双重环境教育对居民 PM2.5 减排行为的影响机制，在此以大学生 PM2.5 减排行为为研究对象；最后，基于动态模拟视角重点验证三类政策因素对居民 PM2.5 减排行为的动态干预效果。另外，前三部分内容是基于实证研究的静态分析，基于相关亲环境行为理论，借助问卷调研、结构方程和分层回归分析等方法完成。第四部分的模拟仿真研究是一种动态分析，采用 ABMS 技术与人工神经网络方法实现。

二　研究内容

根据上述研究思路，本研究共分为十一章。各章具体安排如下。

第一章：导论。简要回顾我国雾霾污染和治理背景，基于国内外研究现状提出居民 PM2.5 减排行为是重要的雾霾治理手段，以及关于居民 PM2.5 减排行为的主要研究内容，明确全文的研究思路、方法与创新。

第二章：城市居民 PM2.5 减排行为概述。基于当前亲环境行为研究，对居民 PM2.5 减排行为的内涵和外延进行界定，并对 5 类具体的 PM2.5 减排行为进行阐述。

第三章：理论基础及文献综述。梳理相关的四大经典亲环境行为理论，并初步整理相关个人亲环境行为的主要影响因素。

第四章：PM2.5 减排政策梳理与分析。在梳理国家层面以及三大区域内 9 个城市的雾霾治理政策基础上，借助文本分析方法系统整理当前雾霾治理政策现状。并采用扎根理论方法，进一步分析居民 PM2.5 减排行为政策的范畴和类别。

第五章：三大区域雾霾现状及居民感知的空间差异分析。借助我国统计年鉴数据，梳理三大区域经济社会指标和雾霾污染状况，初步分析相关经济、社会指标和雾霾污染状况的关系。同时，借助数理统计方法，采用 ANOVA 分析探索三大区域居民对雾霾治理感知的差异性。

第六章：城市居民 PM2.5 减排行为影响因素研究。基于居民 PM2.5 减排行为影响因素对个体行为进行引导是居民 PM2.5 减排的有效途径。为探索居民 PM2.5 减排的影响因素，本章将基于 TPB、VBN 和 ABC 理论，构建城市居民 PM2.5 减排行为概念模型，并参考国内外成熟量表制定正式量表，选择合适的调研方案开展调查和收集数据。最后，运用结构方程模型和分层回归分析等数理统计方法验证假设的因果关系，并特别对感知行为控制和外部政策情境因素的调节效应进行分析，对整合的居民 PM2.5 减排行为得出有意义的结论。

第七章：不同居民 PM2.5 减排行为的影响因素差异分析。城市居民 PM2.5 减排行为是一个复合概念，不同的 PM2.5 减排行为其影响因素可能有所差异。为研究其主要的区别，本章将在第六章广泛分析的基础上，选择"公共交通出行和新能源汽车购买"两种居民交通 PM2.5 减排行为进行深入的对比分析。本章基于 TPB 和 NAM 理论，构建城市居民交通 PM2.5 减排行为意愿概念模型，通过分层回归分析和调节效应揭示不同行为间影响因素的关键区别。

第八章：双重环境教育对大学生 PM2.5 减排行为的影响机制研究。基于心理因素研究结论，环境教育是重要的促进措施，有必要进一步探索"环境教育 + PM2.5 减排行为"的路径。基于计划行为理论和规范激活理论，建立基于双重环境教育的 PM2.5 减排行为理论模型，借助结构方程模型剖析学校和家庭环境教育对居民 PM2.5 减排行为的影响路径和效果，挖掘环境教育对居民 PM2.5 减排行为的潜在价值。鉴于学校环境教育的主体性，在此以大学生群体为调研对象。

第九章：政策因素对城市居民 PM2.5 减排行为的动态干预研究。本章将弥补实证研究对于调研横剖面数据只能静态分析的局限，同时，兼顾居民与其他居民、外部环境间的交互，对外部政策因素的动态干预进行模拟仿真分析。根据实证分析的结果，构建基于多 Agent 的城市居民 PM2.5 减排行为仿真模型，借助 Matlab 平台和人工神经网络对居民 PM2.5 减排行为选择的机制进行模拟仿真，以论证三类外部政策因素对居民 PM2.5 减排行为的动态影响，以探求有效的政策干预机制。

第十章：城市居民 PM2.5 减排行为干预路径与实现策略。基于上述研究结论，结合主要影响因素和影响路径，尝试"精准"制定居民 PM2.5 减排政策和管理建议，此针对性建议对于充实和完善当前居民 PM2.5 减排政策体系具有较大价值。

第十一章：结论与展望。系统归纳和整理全文主要研究结论，进一步思考未来可改进之处和潜在研究方向。

三　研究方法

本研究主要围绕居民 PM2.5 减排行为影响因素分析展开，研究方法以基于问卷调查的实证研究方法为主，并结合具体研究问题辅以文本分析、多主体模拟仿真研究等多种相关方法。实证研究是针对个体的微观层面的静态分析，模拟仿真研究是基于政策制定主体的宏观层面的动态分析。在分析方法上尝试做到静态和动态、微观和宏观的有机结合。具体包括如下。

第一，文献分析法。主要用于梳理现有 PM2.5 治理研究进展、现有雾霾污染治理政策以及亲环境行为理论和居民 PM2.5 减排行为影响因素等几个方面的相关文献，也为本书概念模型的建构提供支持。

第二，文本分析法和扎根理论分析。文本分析法用于梳理现有雾霾治理政策的现状，在此基础上，进一步采用扎根理论分析方法探索其中的居民 PM2.5 减排行为政策的性质和规律，挖掘政策范畴。

第三，专家访谈与居民座谈。现阶段我国居民 PM2.5 减排行为研究成果有限，且个人亲环境行为理论和相关调查量表主要是西方学者的研究成果。在对其借鉴并结合我国研究背景进行本土化改进时，需充分吸收专家意见及居民反馈，最终建立适合我国的居民 PM2.5 减排行为理论模型和调查量表。专家访谈与居民座谈有助于结合实际情况对研究问题进行改进。

第四，问卷调查法。问卷调查是规范实证研究的常用方法，可获得相关研究问题的第一手数据。本研究以城市居民为调查对象，围绕居民的 PM2.5 减排行为全面展开，问卷调查将是主要的研究方法。居民对 PM2.5 减排行为的意愿和方方面面的评价都是通过问卷调查而获得。

第五，结构方程模型与多元统计分析。二者都属于实证分析范畴，主要对问卷回收数据进行各种数据分析和假设检验，是本书的核心研究方法。根据具体研究目的，将涉及结构方程分析、多层回归分析、描述性分析和 ANOVA 分析，分别借助 SPSS 和 Smart-PLS 等软件对居民 PM2.5 减排行为和各类影响因素的直接和间接关系展开探索。

第六，基于多主体的模拟仿真分析。区别于实证研究的静态分析特点，模拟仿真分析以动态分析为目标，模拟三类外部政策对居民 PM2.5 减排行为的动态干预效果。我国个人 PM2.5 减排政策正处于逐步完善过程中，考虑到政策的长期调整性和居民减排行为的复杂性，本书主要模拟三类政策情境因素对城市居民 PM2.5 减排行为的外在调节效果的变化，模拟分析是实证分析的有力补充。

第四节　研究创新之处

本书的创新点阐述如下。

1. 研究视角拓展

雾霾污染是当前最具代表性的大气污染，我国当前雾霾治理的共识是：以工业企业或建筑扬尘等污染大户为规制重点，以调整产业结构和能源结构为治理目标。然而，随着雾霾治理的大力推进，城市中心区域大量企业的外搬，居民日常消费活动成为城市雾霾治理的重要污染源。另外，城镇化进程的持续增长，更加剧了居民领域的 PM2.5 减排空间。且综观相关文献，不管是从理论视角还是实践领域，居民领域 PM2.5 减排的关注都非常有限。因此，本研究着重提出：城市交通、冬季燃煤取暖、厨房餐饮（含露天烧烤）、燃放烟花爆竹与室内吸烟等居民日常消费活动是城市雾霾的重要污染源，故积极参与公共交通出行，购买新能源汽车，调整冬季取暖方式，减少露天烧烤、燃放烟花爆竹和室内吸烟等居民 PM2.5 减排行为成为城市雾霾治理的重要途径，同时界定了其内涵与外延。此居民 PM2.5 减排行为视角从实践上弥补了当前雾霾治理规制对象的缺漏，符合当前居民消费需求侧改革的国家大趋势；从理论上拓展了雾霾治理的内涵，丰富了个人亲环境行为的内容，为我国打赢蓝天保卫战和生态文明建设布局提供新视角和新思路。

2. 理论模型创新

国外和国内学者针对居民 PM2.5 减排行为的研究成果仍非常有限，

鉴于其隶属于个人亲环境行为范畴，本研究对相关亲环境行为理论和方法进行了大量借鉴，并结合我国居民和雾霾治理实际背景对相关理论和调查量表进行相应改进。鉴于影响因素的复杂性，本研究基于不同理论分别从不同方面构建了我国居民 PM2.5 减排行为理论模型和相应的调查量表。主要理论模型包括：

第一，借鉴西方亲环境行为研究方法，基于 TPB、VBN 和 ABC 理论构建了城市居民 PM2.5 减排行为概念模型。该模型作为一个整合模型，变量涉及多，关系复杂，涵盖了个体心理类、行为控制类和政策情境变量等多类变量，厘清了不同类型变量对居民 PM2.5 减排行为的影响机制。其中，个体心理类变量包括了理性变量（态度、社会规范、感知行为控制）和感性变量（价值观、环境后果、道德规范）两部分，分别直接或间接地影响居民的 PM2.5 减排意愿和行为，强调了在个人 PM2.5 减排治理中"法治"和"德治"结合的必要性；感知行为控制作为行为控制变量既直接影响居民的 PM2.5 减排意愿，还作为其他变量发挥作用的边界条件，间接地调节意愿和行为的关系；政策情境变量又被细分为命令控制型、经济激励型和教育引导型三类，探讨不同类型政策工具对 PM2.5 减排行为的调节效应。第二，基于上述结论，对感知行为控制和政策情境变量进行更深入的独立研究与探讨：借助居民交通 PM2.5 减排行为模型对不同居民 PM2.5 减排行为影响因素的差异性进行分析，重点探讨感知行为控制因素；基于态度—行为—情境理论和模拟仿真方法，构建基于多 Agent 的城市居民 PM2.5 减排行为仿真模型，识别三类外部政策因素对居民 PM2.5 减排行为选择机制的长期动态干预效果，使个人 PM2.5 减排行为理论模型更加丰富与充实。第三，结合计划行为理论和规范激活理论建立基于双重环境教育的大学生群体 PM2.5 减排行为模型，探索家庭和学校教育对于居民 PM2.5 减排行为的潜在实施路径。

所有的 PM2.5 减排行为模型从不同的侧重点分别对 PM2.5 减排行为的各类影响因素进行检验。这些模型集合既构建了大量的居民 PM2.5 减排模型和理论基础，又丰富了个人亲环境行为理论内涵。

3. 研究方法拓展

基于问卷调查的实证研究是本研究的主体方法。文本分析和模拟仿真分析等是有力补充。扎实的文本分析和扎根理论分析主要用于梳理当前雾霾治理政策现状，为实证研究探索打下基础。实证研究受到个人亲环境研究者们欢迎，已形成规范的研究体系，包含内容也较为广泛。在本研究中，根据具体研究问题的不同采用了多种实证方法，包括：对PM2.5减排行为现状的描述性分析，对不同组别借助 ANOVA 分析探索组别差异性；借助 Smart-PLS 针对心理因素和环境教育分别展开结构方程分析；借助 SPSS 软件，对交通 PM2.5 减排行为展开多层回归分析和调节效应分析；除此之外，考虑到问卷调查的横剖数据特征和静态分析局限性，本研究借助多 Agent 的模拟仿真分析方法分析三类政策对居民减排行为的长期动态干预效果。问卷调查是针对个体的微观层面的数据分析，基于多 Agent 的模拟仿真是基于政策制定主体的宏观层面的数据分析。对于居民 PM2.5 减排行为来说，微观个体的变化是整个宏观系统变化的基础，宏观政策的变化又会影响个体的具体的 PM2.5 减排行为。实证分析和模拟分析的结合可以多角度地探索居民 PM2.5 减排行为的影响因素。

第 二 章

城市居民 PM2.5 减排行为概述

第一节　城市居民 PM2.5 减排行为概念界定

一　个人亲环境行为

居民层面雾霾治理还处于探索阶段，城市居民 PM2.5 减排行为是本研究提出的与之对应的新概念，故首先阐释其内涵和外延。从本质上而言，居民 PM2.5 减排行为隶属于个人亲环境行为范畴。亲环境行为缘起于 20 世纪 70 年代社会环境科学的蓬勃发展，是西方学者广泛关注的研究术语，相关研究已经非常成熟，近年来，国内亲环境行为研究也逐步展开。

亲环境行为（Pro-environmental Behavior），在此指狭义环境行为，是为了追求个体、组织或环境福利增加和减少环境不良后果进而解决特定环境问题的行为（薛嘉欣等，2019；Gatersleben，2002）。不同学者基于不同观测角度对亲环境行为进行定义，通常也可称为环境行为、[1] 负责任的环境行为、[2] 生态行为[3]或具有环境意义的行为[4]等。尽管命名彼此有

① Poortinga, W., Steg, L., Vlek, C., "Values, Environmental Concern, and Environmental Behavior: a Study into Household Energy Use", *Environment and Behavior*, Vol. 36, No. 1, 2004, pp. 70 – 93.

② Hines, J. M., Hungerford, H. R., Tomera, A. N., "Analysis and Synthesis of Research on Responsible Environmental Behavior: a Meta-analysis", *The Journal of Environmental Education*, Vol. 18, No. 2, 1987, pp. 1 – 8.

③ Kaiser, F. G., Wölfing, S., Fuhrer, U., "Environmental Attitude and Ecological Behaviour", *Journal of Environmental Psychology*, Vol. 19, No. 1, 1999, pp. 1 – 19.

④ Stern, P. C., "Towards a Coherent Theory of Environmentally Significant Behavior", *Journal of Social Issues*, Vol. 56, No. 3, 2000, pp. 407 – 424.

所差异，但内涵无本质区别，都是有利于环境保护、对生态环境施加积极影响的行为。其中，学者 Stern（2000）提出亲环境行为可细分为 4 个类别：私人领域内的环境行为（购买节能产品）、组织内环境行为（设计环保产品）、公共领域非激进行为（环保组织）和激进的环境行为（环保抗议游行），这一分类受到普遍的认同。

个人亲环境行为，特指上述私人领域环境行为，具体而言，指家庭或个人层面对周围环境施加的有影响的行为，比如个人日用品的购买、使用和丢弃。个人亲环境行为关注的是家庭或个人，显著特征为：单独个体对环境施加的影响微乎其微，但若成千上万个体行为一致而对环境产生的聚合力量将难以估量。① 伴随生活消费市场扩大和消费者需求多样化，私人领域的环境污染问题日益凸显，各界逐渐认识到环境质量的提高与个体的消费行为方式密切相关。国内外学者逐步聚焦于个体在生态环境保护中的重要作用，个人亲环境行为价值得到很高关注。除了探讨一般意义上的个人亲环境行为（王建明，2015；Kiatkawsin 和 Han，2017；Stern，2000；薛嘉欣等，2019），特定领域的个人亲环境行为同样进入学者们的视野，并获得了初步发展，比如居民节能行为（杨树，2015；Abrahamse 和 Steg，2009；岳婷，2014）、绿色消费行为（Han，2015；韩娜，2015；盛光华等，2019；Kim 和 Choi，2005）、居民低碳消费行为（王建明，2011）和居民源头垃圾分类行为（徐林和凌卯亮，2019）。

二 城市居民 PM2.5 减排行为

城市居民 PM2.5 减排行为的目标是通过调整居民的日常消费行为减少 PM2.5 的排放，解决近几年日益严峻的城市雾霾污染问题。因此，严格来说，城市居民 PM2.5 减排行为同样属于特定领域的个人亲环境行为研究范畴。参考相关个人亲环境行为研究文献，将城市居民 PM2.5 减排行为定义为：基于个人态度、道德情感、责任感与价值观，通过有意识地引导城市居民个人层面的日常消费行为来降低 PM2.5 细颗粒物，最终达到改善雾霾污染的目的（Shi 等，2017；Kuo 和 Dai，2012）。

---

① 黄小乐、姜志坚：《价值—信念—规范理论对我国学校环保教育的启示》，《教育与教学研究》2010 年第 2 期。

具体来说，像诸多其他个人亲环境行为一样，城市居民 PM2.5 减排行为也是一个复合概念。事实上，伴随着生产型社会向生活型社会过渡，个人生活领域在国民经济中扮演着越来越重的角色，个人行为方式与环境治理更是前所未有的密切。广大居民群体，作为社会消费主体之一，具有城市雾霾实施者与承受者双重身份。在一定程度上来说，居民的日常生活和 PM2.5 排放息息相关，可谓涉及吃、穿、住、用、行等方方面面。[①] 2013 年 9 月，国务院颁布《大气污染防治行动计划》[②] 致力于大气污染治理，其中对涉及 PM2.5 排放的主要居民日常消费进行了总结，包括：城市交通、冬季燃煤取暖、厨房餐饮（含露天烧烤）、燃放烟花爆竹与室内吸烟。国内外相关文献也对这些行为从技术视角进行了讨论与科学论证（Huang 等，2014；Clougherty 等，2011；Donald 等，2014；Pekey 等，2013）。学者们指出，引导居民调整上述行为而采用更加亲环境的行为方式，具有重要意义。故"积极参与公共交通出行，购买新能源汽车，调整冬季取暖方式，减少露天烧烤、燃放烟花爆竹和室内吸烟"等所有日常消费方式和行为都是基于居民层面的有效的 PM2.5 减排手段（Alam 等，2018；Donald 等，2014；Huang 等，2014；Shi 等，2017），也是本研究城市居民 PM2.5 减排行为的具体内容。

第二节　城市居民 PM2.5 减排行为梳理

对于各个城市居民 PM2.5 减排行为，具体阐述如下。

一　城市交通

机动车尾气排放是城市雾霾污染的重要污染源，此观点得到多数学者的认同，纷纷指出其 PM2.5 排放会占到总排放量的 20%—30%（Sawyer 等，2010；Shi 等，2017；Wang 等，2014）。据环保部网站公布的

---

① Greaves, M., Zibarras, L. D., Stride, C., "Using the Theory of Planned Behavior to Explore Environmental Behavioral Intentions in the Workplace", *Journal of Environmental Psychology*, Vol. 34, 2013, pp. 109 – 120.

② 《大气污染防治行动计划》（http://www.mee.gov.cn/zcwj/gwywj/201811/t20181129_676555.shtml）。

《公众防护 PM2.5 科普宣传册》显示：北京地区 PM2.5 排放源中，机动车排放占 22%，上海占 25%。归根结底，传统燃油汽车在我国的巨大保有量是造成交通 PM2.5 排放的罪魁祸首。高达 2 亿多辆燃油汽车在道路上飞奔，行驶与怠速过程中都会释放大量尾气。尾气中的硫化物、卤化物和氮氧化物皆是 PM2.5 的重要化学成分。且近年来，我国汽车产量与拥有量均居世界第一，据官方数据显示，截至 2019 年 3 月底中国汽车保有量达 2.46 亿辆，小汽车已作为代步车进入寻常百姓家。当然，汽车尾气排放也变得稳定且数量可观，城市污染也由 "烟囱" 型污染逐渐转为 "尾气" 型污染。总之，燃油汽车的巨大保有量且依旧与日俱增的态势，和燃油汽车占绝对优势的汽车结构，使得交通 PM2.5 减排受到普遍关注。

比如，在交通 PM2.5 减排中，尽管国家同时出台限购和限号系列政策控制传统燃油汽车，出台补贴政策鼓励个人新能源汽车购买，但结果未达预期：燃油汽车保有量依旧快速递增，不乏大排量汽车；公众新能源汽车市场仍然十分低迷。据公安部交管局统计，2019 年 3 月底，我国汽车保有量为 2.46 亿辆，且北京、上海和成都等 11 个城市的保有量大于 200 万辆。同时，新能源汽车作为一个新兴产物，居民对其质量仍有一丝疑虑，况且现有配套设施的建设及跟进也不能让公众满意，新能源汽车只占不足 2%。总之，在购买新能源汽车时，传统燃油汽车的诱惑仍是居高不下，新能源汽车仍是观望居多。

同样地，我国也出台了相关政策大力鼓励居民乘坐公共交通工具或骑自行车出行。公共交通网络建设也是逐步展开，地铁或轨道交通在各大城市都加快建设。自行车配备也在完善中。但相对于我国庞大的人口基数，公交设施仍是相对不足。致使公共交通的拥挤程度让大多居民望而却步，乘坐环境及舒适度更是可望而不可即的事情。自行车出行也是障碍重重：城市道路设计忽视自行车车道，城市高架坡度大且往往无自行车行驶空间，地铁口和居民区等居民活动场所未留自行车保管设施而屡屡丢失。相对于私家车出行，绿色出行仍需很长的路要走。

二　燃煤取暖

我国能源消费构成一直依赖煤炭能源，北方燃煤取暖是重要的煤炭消费源之一。煤的直接燃烧所导致的环境污染一直是现代社会密切关注的重点。因为煤在燃烧中会释放大量烟尘、重金属和氧化物等，这些均为细颗粒物的构成成分，同时也是导致近年来雾霾变得越来越严重的原因。而燃煤的目的主要是用于发电、供热、工业生产和居民取暖等与居民生产生活密不可分的行业，以煤为主的能源消费结构是导致大气污染的主要原因。[①] 且早在 20 世纪 80 年代初，我国就有许多学者意识到造成城市环境空气污染的主要原因是居民生活用煤，建议用天然气取代燃煤从而达到保护城市环境的目的。但直至今日，北方地区燃煤取暖依然是煤炭的重要消费源。据悉，我国长江以北十七个省份依靠燃煤供暖过冬，采暖人口甚至超过 7 亿。据保守估算，每年冬季仅仅用于取暖所消耗的煤炭折合人民币近 700 亿元，约占全国能源总消耗的 1/4。对首都北京来说，约 600 万吨煤炭要用于居民冬季的取暖。专家称，在秋冬供暖季，燃煤取暖污染物排放大幅增加是造成京津冀及周边地区大范围 PM2.5 重污染的重要原因。

政府在《打赢蓝天保卫战三年行动计划》中重点指出，宜结合电、气、煤、热，有效推进北方清洁取暖。这无疑说明要想完全做到煤改气、煤改电，以中国现有状况——富煤贫油少气来看仍有很长的一段路需要走。如在煤改气方面，据统计，2018 年全球天然气消费 3.86 万亿方，相当于 52 亿吨的商品煤的能效，中国全年用煤 39.8 亿吨，如果中国全部改成天然气，意味着全世界的天然气仅能满足我国的需求量。这显然是不可能的结果，也说明无论是在能源保障方面，还是从经济的角度出发，结果都是得不偿失；而在煤改电方面，即便电是未来的发展方向且具有更高的便利性，但殊不知现在电的主要获取途径是燃煤，现在想要将电取代煤，可能会耗费更多的煤，致使更多的污染。因此，在中短期内国民的经济、民生发展都对燃煤避无可避。

三　厨房餐饮（包括露天烧烤）

中国信奉"民以食为天"，饮食文化悠久。中国家庭烹饪较为频繁，或日常居家饮食，或在饭店同事朋友聚餐。中国饮食习惯特点为：饮食

---

① 张东辉、庄烨、朱润儒等：《燃煤烟气污染物超低排放技术及经济分析》，《电力建设》2015 年第 5 期。

结构以烹炸煎炒为主，高温、多油，煎炒烹炸过程中相伴而生大量油烟，厨房内也随之聚集大量 PM2.5 颗粒物。餐饮油烟作为与工业废气、机动车尾气相当的城市三大"污染杀手"之一，其成分极为复杂，不同品种的食用油经过高温分解后会产生多达 20 种的污染物，包含醛类、酮类、烃、脂肪酸、芳香族化合物及杂环化合物等，且不同的食物在高温下会分解出不同种类、高挥发性的物质。其次，油烟中的易挥发性物质一旦与空气中的氮氧化物发生反应，就会产生大量臭氧，又进一步对环境进行二次污染。因此餐饮油烟是 PM2.5 排放的直接源头之一。学者们也从技术视角论证厨房餐饮成为室内细颗粒物重要源头。[①] 2015 年，柴静在纪录片《穹顶之下》中也提到造成雾霾的众多因素里，餐饮油烟的危害不可小觑。除此之外，城市区域露天烧烤盛行，尤其是成渝地区，更是其饮食的一大特色。烧烤在烹饪过程中，由于燃料的不完全燃烧也会随之产生大量 PM2.5 颗粒物，成为雾霾污染来源之一。

对于厨房餐饮以及露天烧烤，国家也采取诸多措施。如倡导个人形成更加健康的烹饪方式，少吃烧烤食品，也鼓励居民家庭购买通风设备等减少厨房 PM2.5 的排放。同时，推动用餐文明和按量就餐饮食方式的宣传，做到减少餐桌浪费。随着我国居民生活水平的提高以及环境意识的增强，居民对高品质生活的追求也在逐步提升，但是居民个人的饮食习惯、日常偏好根深蒂固，改变难度非常大，更固执地认为厨房餐饮 PM2.5 排放有限，不应该被规制。增加相关厨房设备，另外的投资也意味着家庭的更多额外支出。城市居民的餐饮减排难度不容忽视。

四　燃放烟花爆竹

每逢传统节日，我国均有燃放烟花爆竹的习俗。鉴于此，我国烟花爆竹的生产与销售在国际范围内远近闻名。专家指出，烟花爆竹燃放期间，会生成氮氧化物、二氧化硫、一氧化碳与二氧化碳等多类有害气体，以及金属氧化物和碳粒等烟尘，它们均为 PM2.5 颗粒物的主要构成成分，故加重雾霾污染。有研究指出，PM2.5 浓度在烟花爆竹燃放后，会迅速

---

① 吴鑫等：《烹饪过程中细颗粒物和黑碳颗粒物的排放特征》，《绿色建筑》2014 年第 3 期。

蹿升至燃放前的 10 倍。且短时内不易彻底消散，比如春节期间。如若适逢雾霾天气，烟花爆竹燃放生成的有害物质更不易扩散而加剧污染。相关环保监测数据表明，燃放烟花爆竹对于局部、短时 PM2.5 颗粒物的"贡献率"不容忽视。

　　针对此情形，多数城市都颁布中心城市烟花爆竹燃放禁令，使得这些一线城市烟花爆竹销售大幅下跌。但面对传统节日风俗习惯的传承，欲长期有效地解决居民烟花爆竹燃放的问题，仍需加大力度。同时对于烟花爆竹而言，有关部门不应只停留在"禁"字上，而是要采取疏导、管理的态度。例如制定一个严格的烟花爆竹质量管理体系，界定烟花爆竹烟尘的多少、爆竹的药量以及烟花爆竹的成分，然后去严格的监管，使烟花爆竹成为一个有着科技含量的、轻污染的品种，这才是有关部门真正下功夫的地方，而不是一"禁"了之。更是要全方位倡导社会公众改变消费习惯和消费观念，放弃节假日燃放烟花习俗，培育节日庆贺新方式，积极倡导低碳与环保方式度过传统节日。

五　室内吸烟

　　我国吸烟人群基数壮大，估计高达 3.5 亿。烟草燃烧释放的有害物质与大气中细颗粒物发生二次反应再次加重 PM2.5 浓度，因此，吸烟成为室内大气污染的重要排放源。研究指出密闭空间内几支烟就可以媲美严重雾霾天气的 PM2.5 污染效果。复旦大学健康传播研究所控烟研究中心实测数据显示，与吸烟室不同距离的区域 PM2.5 浓度明显不同，在吸烟室内、吸烟室门口和吸烟室外 5 米处，吸烟室内浓度为 592—2535 微克/立方米远远高于其他区域，是我国当前标准（75 微克/立方米）的 8—30 倍，是世界卫生组织标准（25 微克/立方米）的 25—100 倍。社会各界也逐渐意识到室内吸烟对于室内污染的危害，2017 年"两会"期间，有代表委员就以"吸烟污染堪比室内雾霾"为由建议加大禁烟力度。

　　对于室内吸烟，我国北京、上海等地制定了公共场所无烟的法律法规，在全国起到了很好的示范作用，但"将室内公共环境全面禁烟还没有纳入国家级控烟条例"。更为重要的是，现有的控烟条例更多的只涉及公共场所，私人场所相对较少。而从实际来看，吸烟是个人行为，且我国烟民数量众多，对个人来说吸烟习惯的改变简直难上加难。此外，个人对吸烟所带来的环境污染认识度并不高，更无从谈起自觉参与禁烟行为。同时，不论是在私人领域还是公共场所，有引导地进行教育宣传只能起到部分甚至细微的作用，要想达到环境保护的效果还远远不够，而配套的跟进措施也不足。总的来说，禁烟管理依旧面临着面广、量大、执行难等问题。

总之，城市交通、冬季燃煤取暖、厨房餐饮（含露天烧烤）、燃放烟花爆竹与室内吸烟等基于居民层面的五大日常消费活动构成了城市雾霾污染的重要来源。但从实践层面来看，如何引导居民调整自己的上述行为助力 PM2.5 减排和城市雾霾污染治理，成效并不乐观。积极参与公共交通出行，购买新能源汽车，调整冬季取暖方式，减少露天烧烤、燃放烟花爆竹和室内吸烟等居民 PM2.5 减排行为的现状都不容乐观，居民参与这些行为的难度也很具体，居民 PM2.5 减排行为和雾霾治理仍任重道远。首先，从管理层面来看，还没有明显的规制行动，或者说处于倡导阶段，但实施效果远远达不到预期。其次，从公众层面来说，居民只是更多意识到自己的日常消费行为对雾霾污染带来的后果，但还不能自觉地、主动地参与 PM2.5 减排行为中。而且在某种程度上，他们认为雾霾污染治理是政府的事情，是企业的事情，或者是他人的事情，每个消费者自己的环境责任感有待加强。基于城市居民层面的 PM2.5 减排行为还没有落到实际行动中。如何引导居民的 PM2.5 减排行为是城市雾霾治理的关键所在。

第三节 PM2.5 污染与居民 PM2.5 减排行为

PM2.5 污染是一种典型的大气污染，广义上来说也属于环境污染的一种。同酸雨、水污染、土壤污染一样，伴随着巨大经济损失的同时，也会直接或间接地影响人类身体健康。因此，PM2.5 污染也具有其他环境污染的共同特征，即公共物品特性与外部性。

大气本质上也是环境资源的一种，归属于公共物品范畴。因此，也具有公共物品的两大特征，即非排他性和非竞争性。基于居民 PM2.5 排放行为的雾霾污染就表现为：当某一城市居民在参与 PM2.5 污染排放行为时并不减少它对其他居民的供应，而且任何一个居民都不能被排除在产生 PM2.5 污染的消费之外。因此，居民 PM2.5 排放行为的外部性顺势产生。在经济学中，外部性指个体仅影响其他人的利益，但并未付出成本或是收获回报。外部性可分为负外部性和正外部性，居民 PM2.5 排放的产生及 PM2.5 减排治理同时存在两种外部性。所有居民过度参与上述 PM2.5 排放行为时，就会产生雾霾污染，居民的这些行为对政府及其他人群存在负外部性。当居民积极调整自己的行为，参与公交出行、改善厨房油烟、不燃放烟花爆竹、不在室内吸烟等 PM2.5 减排行为时，这些行为对政府或其他人群将产生正外部性。

然而，相对于其他环境污染，PM2.5 污染有其独有的特征。

（1）气候变暖是全球性和长期性的，需要靠《联合国气候变化框架公约》京都议定书和世界各国的减排行动共同来完成；雾霾则是区域性和短时性的，雾霾治理只能靠自己，谁也指望不上。我国政府和公众必须全力以赴，携手战斗，解决我国的雾霾污染问题。

（2）持续时间长。由于天气等自然条件，以及人类高排放行为更加集中的原因，整个"秋冬季节"都成为雾霾高发的时段。比如，华北地区高排放、高人口密度的特点，垂直扩散条件比较差，造成区域性污染累积，2016 年秋冬季节京津冀区域深陷雾霾频发高发的"魔咒"。

（3）影响范围广。自 2013 年以来，雾霾大范围侵袭我国。包括京津冀、长江三角洲、珠江三角洲、成渝地区在内的 19 个省、自治区、直辖市都成为雾霾污染严重区域，占国土面积的 13.8%。

（4）居民身临其境的自身体验感更强，与雾霾紧密接触，所以居民更加关注雾霾污染。气候变暖是"温水煮青蛙"，酸雨更多损害的是农业、工业生产，水污染也不是肉眼能立即观察到，况且还可以从未污染区域搬运。雾霾则不同，雾霾天一旦来临，可视度下降，灰蒙蒙一片，所有的居民都能立即直观地感受到。而且大气没有特供，对每个人都是公平的，地球上的人类一刻也离不开空气。面对雾霾，都不能停止呼吸片刻，都躲无可躲，大家同呼吸共命运，息息相关。

鉴于 PM2.5 污染的这些特征，对居民的 PM2.5 减排行为会产生最直接的影响。

（1）居民个体参与 PM2.5 减排行为的意愿更强烈。相对于其他环境污染，居民个体对于雾霾污染有更直观的、更亲身的感受。迫在眉睫的危机感，急需治理的压力使得居民雾霾污染治理的愿望更强烈，居民更加关注雾霾污染。在某种程度上，为了"阅兵蓝""APEC 蓝"，居民作为个体也更愿意，也必须参与 PM2.5 减排行为。即居民 PM2.5 减排行为相对更会得到居民的认可，居民 PM2.5 减排行为在学术和实践研究中具有潜在的可行性。

（2）居民 PM2.5 减排行为的积聚效应是城市雾霾治理的保证。居民 PM2.5 排放涉及居民方方面面的日常消费行为，甚至是具有传统特征的根深蒂固的行为。这些日常消费行为的改变具有较大的难度。另外，对居民个体来说，单一的日常消费行为的改变带来的 PM2.5 减排效果可能微乎其微，但千千万万的居民都关注、都尽其所能地参与 PM2.5 减排行为中，就会促使城市居民的 PM2.5 减排得到改善。因此，居民 PM2.5 减排行为的目标是尽可能地引导居民参与其中的一个或少数几个 PM2.5 减排行为，这个逐步的过程慢慢就会产生难以估量的积聚效应。

第 三 章

理论基础及文献综述

第一节　亲环境行为理论

城市居民 PM2.5 减排行为严格来说属于个人亲环境行为的范畴。虽然 PM2.5 减排行为带有"PM2.5"标识，但是亲环境行为研究的理论和方法都适用于本书 PM2.5 减排行为的分析。亲环境行为理论根源是消费者行为理论，该理论的研究假设从"完全理性人"转变到"有限理性人"，因此研究的侧重点也从单一的经济因素逐渐扩展到行为个体的行为选择相关的内在和外在影响因素上，包括内在心理因素的影响以及外在情境因素的影响等。这些因素涉及经济学、心理学、社会学等多个学科交叉共融的研究领域。亲环境行为理论源于西方学者的研究，至今在国外发展的已相对比较成熟，国内相关研究也正逐步展开。关于亲环境行为理论有几个代表性的看法，这些亲环境行为理论是本书理论模型构建的重要依据。它们都是比较经典的亲环境行为理论，各个理论的侧重点各有不同。

一　计划行为理论

计划行为理论（Theory of Planned Behavior，TPB）是社会心理学领域研究主观心理因素与行为关系的经典理论，由美国心理学家 Ajzen 在 1991 年提出。[①] 严格来说，TPB 理论是对 Ajzen 前期提出的理性行为理论

---

① Ajzen, I., "The Theory of Planned Behavior", *Organizational Behavior and Human Decision Processes*, Vol. 50, No. 2, 1991, pp. 179 – 211.

（Theory of Reasoned Action，TRA）的继承与完善，二者基本一致，只是TPB 在 TRA 基础上添加了"感知行为控制"这一变量。TPB 理论强调个体理性的特征，认为人的主观意志会很好地控制其行为。因此，个体会比较、评估各种相关信息，衡量自己的利益和付出成本，然后才决定是否采取行动。

TPB 理论指出行为意愿是个体行为的最直接的前因变量，行为意愿又相应地受到三个自变量的影响，分别是：个体态度、主观规范以及感知行为控制，如图 3—1 所示。根据 Ajzen 的阐述，TPB 理论的核心意思有两方面。第一，个体的态度、主观规范和感知行为控制正向影响个体的行为。因此，个体参与特定行为的意愿和行为，会随着个体态度积极性增加而增加，随着其感受到的主观规范压力的增大而增大，也随着其对行为的控制能力的增强而增大。反之，三者越低，转化为行为意愿和行为的可能性越低。第二，个体的感知行为控制能力是一个尤其值得关注的变量，除了直接影响个体的行为意愿外，还间接地调节行为意愿和实际行为的关系。当个人对某特定行为的感知控制能力低时，尽管感知行为控制依旧会影响个体的行为，但通常不是所有的意愿都能转化为实际行为。此时个体行为还感受到行为控制能力的调节，且调节效应较大。例如，一个旅行者会因为入住绿色环保型酒店所需的价格过高或抵达目标酒店的交通不便而放弃入住的选择，即使他对此持有积极的态度。感知行为控制包括传统意义上可能涉及的相关限制条件，如便利性、时间限制、经济条件等（Han 等，2010；芈凌云，2011）。

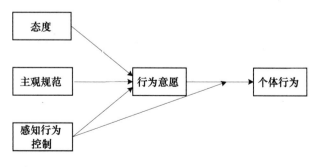

图 3—1 计划行为理论

TPB 理论自提出以后，受到心理学领域研究的热捧，随后逐步扩展到社会学及管理学等相关领域的研究（Abrahamse 等，2009；Chen 和 Tung，2014；Peters 等，2011）。一系列的实证研究证明该理论在行为预测中具有很好的解释力和预测力，也因此成为诸多亲环境行为研究的理论依据，为心理变量和行为意愿之间搭建了基础理论框架（Donald 等，2014；Han 等，2010；Yazdanpanah 和 Forouzani，2015）。Goh 等[①]就证实了态度、社会规范、感知行为控制等因素能显著影响居民的绿色旅游行为，是国家公园得以可持续发展的重要影响因素。胡兵等（2014）在桂林和阳朔旅游者参与低碳行为意愿的驱动因素的研究中也说明了该模型中各变量之间的关系。周玲强和李秋成等[②]通过分析杭州西溪国家湿地公园 251 位游客样本，发现感知行为控制会显著影响旅游者环境负责行为意愿，而旅游者的环保行为态度和行为意愿均受到来自景区之间的心理认同和情感纽带的积极影响。在家庭节能行为、垃圾分类行为、绿色旅游行为等领域都得到验证（Abrahamse 和 Steg，2009；Lizin 等，2017；Wang 等，2018；Han 等，2010）。

二　规范激活理论

学者 Schwartz[③] 在 1977 年提出规范激活理论（Norm-Activation Theory，NAM），这是另一个普遍被接受的亲环境行为理论。相对于 TPB 理论，该理论是一种利他行为理论，主要用于预测和解释亲社会行为（Onwezen 等，2013）。其理论模型框架如图 3—2 所示。该理论认为个体感知到的环境后果会引发个体的环境责任感，这种环境责任感会进而激发个体参与某种行为的道德规范，最终道德规范会促使个体参与特定的亲环境行为。其中，道德规范是 NAM 理论的核心变量，指的是一种感性层面

①　Goh, E., Ritchie, B., Wang, J., "Non-Compliance in National Parks: An Extension of the Theory of Planned Behaviour Model with Pro-Environmental Values", *Tourism Management*, Vol. 59, 2017, pp. 123 –127.

②　周玲强、李秋成、朱琳:《行为效能、人地情感与旅游者环境负责行为意愿: 一个基于计划行为理论的改进模型》,《浙江大学学报（人文社会科学版）》2014 年第 2 期。

③　Schwartz, S. H., "Normative Influences on Altruism", *Advances in Experimental Social Psychology*, Vol. 10, 1977, pp. 221 –279.

的非正式义务，它主要由个体的责任意识自发生成，且当个体没有执行某特定行为时会引发内心的负罪感或内疚情绪。

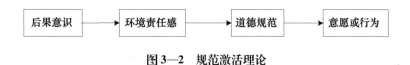

图3—2 规范激活理论

NAM 理论的贡献在于以个人道德规范为核心变量，更多强调了感性因素在亲环境行为中的作用，开辟了亲环境行为研究的另一个视角（Abrahamse 等，2009）。鉴于亲环境行为往往具有公共物品的外部性特征，使得个体在参与某种环境行为时，除了理性地考虑个人成本等因素，也会在一定程度上，甚至愿意牺牲自己的个人利益参与亲环境行为。当然，前提是道德规范被激活。相对来说，预期的个人成本较小时更容易被激活。NAM 在亲环境行为研究中，也得到了普遍的运用。比如，Nordlund 等（2016）在对电动汽车或混合动力汽车的推广意愿研究中就强调了道德规范激活的过程至关重要。郭清卉等在探寻农户实施亲环境行为原因的研究中就发现个人规范显著影响其行为。另外，还包括相关节能行为研究（Abrahamse 和 Steg，2009）、环境保护支付意愿（Guagnano 等，1995）和废弃物减量化和再利用研究等（Saphores 等，2012；Wan 等，2014）。

三 价值—信念—规范理论

学者 Stern[1] 创建了价值—信念—规范理论（Value-Belief-Norm Theory，VBN），此理论整合了新生态范式理论、价值理论和规范激活理论三大理论的内涵，也是一个得到广泛认同的亲环境行为理论。Stern 在该理论中阐明：个体的环境价值观、信念以及个人的道德规范三者承上启下的连续作用对亲环境行为的发生有很好的促进作用。整个过程共有六个因果链，以三类环境价值观为起点，然后三类环境价值观依次作用于

---

① Stern，P. C.，"Towards a Coherent Theory of Environmentally Significant Behavior"，*Journal of Social Issues*，Vol. 56，No. 3，2000，pp. 407 – 424.

"新生态范式"（New Ecological Paradigm，NEP），使得人们对环境问题的信念得以激发，进而个体的道德规范又被激活，最终落实到行为这一终点上，形成积极的环境行为。其中，信念包含"新生态范式"、环境后果以及环境责任感，是规范激活理论的范畴。VBN 理论的主要贡献在于作为一个系统的概念模型框架，很好地厘清了个体亲环境行为的形成与演变过程，为研究环境行为开辟了一个新的视角。理论框架如图 3—3 所示。

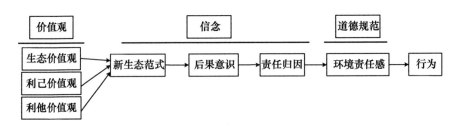

图 3—3　价值—信念—规范理论

根据 Stern 的阐述，VBN 理论的核心思想主要有两层。第一，6 个前因变量的因果关系。尽管模型中包含了 6 个前因变量的行为因果链，但需指出 6 个变量之间并不是单一的连续路径。就某一个前因变量而言，它可以直接对邻近后续变量施加影响，也可以越过邻近变量对后面的变量施加影响，还能以后续变量为中介变量借之作用于环境行为。第二，该理论对价值观、新生态范式、道德规范等核心变量进行了强调与阐述。（1）价值观。价值观借鉴自价值理论（Value Theory），在此，Stern 将价值观分成三个维度，分别为：生态价值观（Biospheric Value，BV）、利己价值观（Egoistic Values，EV）以及利他价值观（Social-altruistic Value，SV），目的是针对性地探索特定类型价值观对环境行为可能产生的影响及区别。利己价值观是基于个体自身的利益关注环境问题；利他价值观关注社会与他人公平，基于社会利益层面保护环境；生态价值观承认自然环境具有其内在价值和权利。（2）"新生态范式"。此概念由 Dunlap 和 Van Liere 在 1976 年共同提出，旨在强调人类亲环境行为源自人类与环境关系的平衡与和谐，地球的负荷能力有限，人类要有保护环境、保护地球的信念，人类行为要以生态系统平衡为前提。（3）道德规范。道德规范源于 NAM 理论，强调一个人采取利他行为就是源于个人规范被激活。

VBN 理论在亲环境行为研究中同样受到学者们的热捧。Han（2015）在个体的绿色旅游酒店选择行为中证实 VBN 理论的重要作用。岳婷（2014）和杨树（2015）在城市居民节能行为研究中使用了 VBN 理论作为理论模型构建基础。芈凌云（2011）和韩娜（2015）分别在城市居民低碳化能源消费行为和消费者绿色消费行为研究中肯定了 VBN 理论的作用，为环境行为研究开辟了新视野。Fornara 等（2016）、Kiatkawsin 和 Han（2017）以及 Nordlund 等（2016）也先后在家庭能源使用、绿色交通工具选择和个体绿色旅游行为等领域对 VBN 理论给予借鉴和尝试。

四　态度—行为—情境理论

态度—行为—情境理论（Attitude-Behavior-Condition，ABC）由学者 Guagnano 等[①]提出，是对 Stern 和 Oskamp 的环境行为模型的提炼和改进。Guagnano 指出，个体的环境行为除了受个体对特定行为所持态度（Attitude，A）的影响外，还要特别关注环境行为实施的诸多外部条件（Condition，C）。态度和外部条件共同对亲环境行为（Behavior，B）施加影响，详见示意图 3—4。图 3—4 中，外部条件在横轴上呈现，泛指个体实施环境行为所可能接触到的所有外部资源，涵盖经济、物质、社会以及法律政策等主要相关方面。其中，正轴指积极的，能给予支持的正面外部条件；相反，负轴指消极的、会给予阻力的负面外部条件。个体态度在纵轴上呈现，包括一般的和特定的环境态度和行为意向等。同样，正轴指积极的、主动参与的正面态度，是个体在非强制情况下主动实施环境行为的态度；而负轴指消极的、需要外界施加压力的负面态度，是个体只有在强制的情况下才可能实施环境行为的态度。

在此 ABC 理论中，Guagnano 着重强调，态度与外部条件共同对特定环境行为施加影响，二者在期间相互依赖、此消彼长。图 3—4 中的 135°线是行为发生与不发生的分界线，分界线以上意味着外部条件和态度二

---

① Guagnano, G. A., Stern, P. C., Dietz, T., "Influences on Attitude-Behavior Relationships: A Natural Experiment with Curbside Recycling", *Environment and Behavior*, Vol. 27, No. 5, 1995, pp. 699 – 718.

者累积效应为正，此时行为发生（岳婷，2014），反之，行为不发生。当外部条件的影响比较中立或者微乎其微时（C 接近于原点 O），环境态度对环境行为的预测和解释能力最强；当外部因素对个体影响极为明显时（C 远离 O），外部因素对个体环境行为的影响极为明显，此时环境态度对环境行为的影响力和解释力就会显著变弱。具体而言，当外部条件对个体影响极为有利时，会促进个体环境行为的发生。反之，当外部条件对个体影响极为不利时，会严重阻碍个体环境行为的发生。这种情况就很好地解释了在不同行为的研究中由于外部因素的不同而导致态度的作用不稳定的特点。

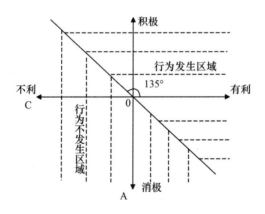

图 3—4　态度—行为—情境理论

ABC 理论的贡献主要有两点：第一，基于之前理论对态度等心理变量的研究外，着重强调了外部情境因素的作用，指出环境行为是态度和外部条件共同作用的结果，包括政策情境因素（芈凌云，2011）。第二，具体阐述了外部条件对态度与行为关系的影响作用。Stern 指出，态度作为亲环境行为的预测变量存在着边界条件，而外部因素正是这个边界条件。外部因素作为一个调节变量，影响态度和亲环境行为的关系。当个体认为行为实施的难度很大时，如需耗费更多的金钱或不方便实施，则态度就难以影响此行为，外部条件就是主要的影响因素；反之，当外部条件相对较弱时，行为实施不构成困难，态度变量会显著影响行为的改变，这正是传统实证研究中态度作为心理变量往往存在的情况。该理论也被广泛应用于亲环境行为，如绿色食物购买行为、私家车出行、居民节能行为以及绿色消费行为（韩娜，2015）。Hildingsson 和 Johansson（2016）就在其研究中指出气候和环境政策对可持续的低碳能源转换是必须要考虑的因素。

第二节　相关影响因素综述

目前，对居民 PM2.5 减排行为影响因素的研究还处于探索阶段，相关研究十分有限。考虑到居民 PM2.5 减排行为归属于个人亲环境行为的本质，可充分对亲环境行为的研究成果进行借鉴。因此，参考环境行为相关理论及学者们以往的研究基础，本研究从个体心理因素、外部政策情境因素与社会人口因素等方面对居民 PM2.5 减排行为的潜在影响因素进行阐述。

一　个体心理因素

1. 态度

环境态度指的是人们对相关环境问题或行为持有的相关情感和行为倾向，是对环境问题和行为正面或负面的评价。根据计划行为理论、ABC 理论等的共同阐述，在社会心理学研究中，态度往往被当作影响特定环境行为的关键因素。学者们在不同领域的大量研究中均发现，环境态度对个体行为往往具有显著的影响作用，且为正向影响。Ru 等（2019）在对浙江高校学生的 PM2.5 减排行为研究中发现，态度能显著促进大学生的减排行为；Shi 等（2017）也在个体的交通减排行为中证实态度对公共交通出行和新能源汽车购买行为均有促进效果，且影响力度较大；Kassarjian 等[1]在个体对于空气污染态度的研究中指出，消费者对于大气污染的态度是其购买行为的主要影响因素。在其他相关亲环境行为研究中，也呈现出类似的结论。王国猛等（2010）对个体绿色消费行为进行研究

---

[1]　Kassarjian，H. H.，"Incorporating Ecology into Marketing Strategy: The Case of Air Pollution"，*Journal of Marketing*，Vol. 35，No. 3，1971，pp. 61 –65.

认为态度对该行为有很强的预测和解释能力。黄炜等①在调研张家界武陵源风景区的实证数据显示,游客的环境态度对其环境行为存在显著的内在影响。

此外,也有少量研究指出,环境态度变量使用有其前提条件,只有与外部因素很好结合时才能对个体行为产生影响。在发挥态度对亲环境行为的作用时,此点尤其需要注意。如,Guagnano 等(1995)在其研究中发现当外部条件处于极为不利或有利的两种极端情况下,态度对行为发生与否的影响较小。然而随着研究的进一步深入,学者们认为环境态度与个体实际行为之间的不一致,是由行为实施的便利性、时间限制和生活舒适性等外部因素导致。

2. 主观规范

主观规范是指个体在实施某一特定行为时,感受到来自对该行为产生重要影响的他人或群体的压力,是社会规范在个体心理认知上的解读和判断。随着学者们的深入研究,主观规范衍生出另一层含义描述性规范。主观规范更多的是指来自重要人物的感知压力从而实施或不实施环境行为(Ajzen,1991),个人通常倾向于与重要组织或个人的期望保持一致。而描述性规范却不同,它主要描述了社会压力的不同来源并准确地集中在重要人物的实际行为上(Heath 和 Gifford,2002)。在中国文化和迫切的 PM2.5 减排需求背景下,对个人而言,描述性规范可能更具说服力(Moan 和 Rise,2011)。

多数学者指出,主观规范与个体行为之间存在显著的影响关系。在计划行为理论中,Ajzen 强调主观规范是行为意愿和实际行为的主要前因变量。Matthies 等(2012)在对个体循环和再使用行为的研究中发现主观规范会显著影响其循环行为。Bamberg 等(2007)在对个体公共交通使用行为的研究中指出,主观规范和个体行为态度之间具有显著的正向关系。我国学者潘丽丽等②以西溪国家湿地公园为例对游客绿色旅游意愿进行研

---

① 黄炜、孟霏、徐月明:《游客环境态度对其环境行为影响的实证研究——以世界自然遗产地张家界武陵源风景区为例》,《吉首大学学报(社会科学版)》2016 年第 5 期。
② 潘丽丽、王晓宇:《基于主观心理视角的游客环境行为意愿影响因素研究——以西溪国家湿地公园为例》,《地理科学》2018 年第 8 期。

究，发现主观规范同样会对游客行为产生影响。

3. 感知行为控制

感知行为控制是计划行为理论的一个重要变量，是指个体对于采取某种特定行为难易程度的判断和感知，反映了个体在实施某行为时对于可能面临的阻碍或促进因素的认知和判断。具体来讲，感知行为控制分为两层内涵：自我效能和感知控制，它们分别体现的是对内和对外的控制。内在的控制如个体能力、技巧以及对信息的掌握程度等，外在控制更多的则是机会、成本、资源以及与他人的合作等。自我效能是影响行为的一个重要前因变量，且多数研究者认为自我效能通过意愿作用于行为。因此，现有的很多相关研究都探讨了感知行为控制对环境行为的影响。学者们大多从两个方面来证实感知行为控制对个体行为的影响。一是认为感知行为控制对个体行为会产生直接影响（Ru 等，2019）。而另一方面则认为感知行为控制具有调节效应，他对行为的影响主要是通过中介变量来实现的。如张露等[①]基于计划行为理论指出感知行为控制在中介变量为行为意向时会对个体绿色消费行为产生间接影响。

4. 环境知识

环境知识指的是个体了解到的关于自然环境和生态系统的事实、概念。对于环境知识的分类，不同学者提出了不同分类。比如，将环境知识分为具体环境知识与一般环境知识，或将其细分为环境行动知识、环境问题知识与自然环境知识三个类别。

关于环境知识是否能影响亲环境行为，学者们指出两者是必要不充分的关系，即拥有环境知识不一定能实施亲环境行为，但实施亲环境行为一定具有一定的环境知识。具体而言，环境知识与个体行为的关系呈现出一种此增彼涨的关系，即持有环境知识越多，个体越有可能实施亲环境行为，反之，若缺少环境知识，甚至得到的是逆向信息，那么个体实施环境行为就会受到一定的影响。王建明（2007）通过问卷调查分析也证实了环境知识对亲环境行为有显著影响。但是，也有研究表明：使具有丰富的环境知识，个体仍有可能不实施环境行为，原因在于不同类

____
① 张露、帅传敏、刘洋：《消费者绿色消费行为的心理归因及干预策略分析——基于计划行为理论与情境实验数据的实证研究》，《中国地质大学学报（社会科学版）》2013 年第 5 期。

别的环境知识有差异，学者们认为应对其进行细分。总的来说，环境知识依旧是个体是否实施亲环境行为的重要影响因素，因为究其根本，拥有环境知识才更有可能实施亲环境行为。

5. 价值观

价值观指对人们生活有深层指导作用的标准或目标，是形成态度和行为的思想基础。随着环境污染现象的普遍存在，价值观对于环境行为研究的价值日益凸显。学者们纷纷探索环境价值观对于环境行为的效用。

关于环境价值观，大部分学者认为环境价值观对居民环境行为有着显著影响，具体作用形式主要有两种类型，一是直接影响；二是间接影响，即价值观需要通过环境态度这一中介变量进而影响环境行为（王国猛等，2010）。盛光华等（2019）就指出价值观既可以直接作用于行为，也可通过态度、道德规范等变量发挥其间接促进作用。不过，更普遍的看法是，将价值观视为影响环境行为的远端变量，对行为更多起到间接作用（Fornara 等，2016）。

此外，不同的价值观类型对环境行为的作用形式也有差异。学者们在研究中将环境价值观划分为不同维度，并对这些维度与个体行为的作用关系进行了深入分析。其中，最为经典的是 Stern（1999）的三个维度划分方法，将其细分为利他价值观、利己价值观和生态价值观，为后续相关研究奠定了坚实的理论基础。随后，有学者也证实三类价值观会通过环境责任感、道德规范对环保行为起到间接影响，同时，利己价值观对环保意愿还发挥了直接影响。我国学者孙岩[①]对大连 402 位居民进行调研发现，具备利他和生态价值观的居民相对于利己价值观的持有者更愿意参与环保行为。曲英[②]在其研究中也指出利己价值观对居民的垃圾分类行为有显著负向影响。总之，学者们普遍认为价值观是环境行为的重要影响因素之一。

[①]　孙岩：《居民环境行为及其影响因素研究》，博士学位论文，大连理工大学，2006 年，第 67—77 页。

[②]　曲英：《城市居民生活垃圾源头分类行为研究》，博士学位论文，大连理工大学，2007 年，第 23—30 页。

6. 道德规范

道德规范是规范激活理论的核心变量，作为一个最具代表性的感性影响因素，也是社会规范的重要组成部分，其核心是强调内部情感因素，并尝试从情感方面来指引个体实施环保行为。在亲环境行为研究中，道德规范将扮演重要的不容忽视的角色（Onwezen 等，2013）。对于道德规范的定义，学者胡兵等（2014）认为个人规范与道德规范并无区别，并将其阐述为游客在节约资源、保护环境等方面所呈现出来的道德感与责任心，此外，张玉玲等①将个人规范定义为执行或放弃某一特殊行为的道德规范。综上所述，道德规范与个人规范的概念呈高度一致。而大多研究都认为道德规范对于个体行为有着非常显著的影响（王建明，2011；岳婷，2014），并且相较于其他影响因素，道德规范对个体行为的影响最为强烈。此外，道德规范还作为中介变量致使主观规范间接影响个体行为。如张玉玲等（2014）在对居民环境后果认知对保护旅游地环境行为影响研究中指出：道德规范作为中介变量表现出对日常环保行为最强的影响力。

二 外部政策情境因素

根据态度—行为—情境理论的观点，外部因素对个体的环境行为有显著影响。政策作为外部情境因素中的典型代表，被各国普遍作为引导居民实施环境行为的手段和方法，学术界也对政策的作用表现出了极大的关注和热情。在研究中，一些学者建议将政策工具根据不同的标准进行分类。比如，根据政策约束程度差异，将政策划分为规制型和非规制型两类；考虑其是否影响主体的开支而将政策划分为开支型和非开支型。也有学者将与亲环境行为相关的政策分为三类：环境信息、环境法规和环境税费；Zhang 等（2018）将政策措施分为两类：命令控制型环境规制和市场激励型环境规制。

学者们也重点关注政策对环境行为的作用，多数研究指出各类政策对环境行为有显著的促进作用。王建明和王俊豪（2011）通过扎根理论

---

① 张玉玲、张捷、赵文慧：《居民环境后果认知对保护旅游地环境行为影响研究》，《中国人口·资源与环境》2014 年第 7 期。

方法指出良好的政策执行力度会促进居民的低碳消费行为。Zhang 等（2018）也证实政策措施在个人绿色技术创新行为中的重要性。其中，尽管政府也希望通过经济手段约束居民能源消费成本，从而激励居民的绿色消费行为，但经济政策的效果往往存在较多争议。观点一对经济政策的积极效应给予肯定，即认为经济类政策可有效引导个体实施亲环境行为。如陈利顺[1]也对大连居民进行调查并论证了政策法规对居民交通用能行为的正向关系。然而，观点二认为特定的经济政策对促进个体实施环境行为或者实施效果并不明显。Wang 等（2017）就提出经济激励对于消费者电动汽车购买行为的效果需视不同群体而定，对高收入群体作用不佳。综上所述，尽管学者们对政策引导居民亲环境行为的效果还存在争议，不过，政策法规依然被当作影响居民环境行为的重要因素之一。

三　社会人口统计因素

在基于社会心理学视角的环境行为研究中，社会人口类因素一直是学者们重点关注的构成部分。本研究继续探索社会人口类因素对居民 PM2.5 减排行为的具体影响。一般，学者们往往集中于年龄、受教育程度、性别、收入水平、家庭结构等常见人口统计指标对环境行为的影响。在此仅以性别、年龄、受教育程度三种人口统计因素为代表进行阐述。

1. 性别

事实上，众多研究显示，关于性别对个体环境行为的影响结论仍有分歧，有的学者认为性别并不显著影响个体的环境行为，有的学者认为二者间存在显著相关关系。彭雷清等[2]基于生态价值观的调节机制研究环境态度和低碳消费态度对低碳消费意向的影响中指出性别对环境行为产生影响；有的学者认为，相比于男性，女性更注重节能，而有的学者则持相反观点，指出男性比女性对环境问题更为关注，如龚文娟[3]认为整体

---

① 陈利顺：《城市居民能源消费行为研究》，博士学位论文，大连理工大学，2009 年，第 209—230 页。

② 彭雷清、廖友亮、刘吉：《环境态度和低碳消费态度对低碳消费意向的影响——基于生态价值观的调节机制》，《生态经济》2016 年第 9 期。

③ 龚文娟：《当代城市居民环境友好行为之性别差异分析》，《中国地质大学学报（社会科学版）》2008 年第 6 期。

上看，城市居民中男性的友好行为少于女性，但女性的友好行为主要集中在与日常生活相关的行为，而涉及公共领域部分，男女的参与比例都较低。罗艳菊等[1]通过海口市的调查数据分析发现女性同胞的环境友好行为意向强于男性。

2. 年龄

年龄对于个体环境态度或环境行为的影响也被大量关注。李雅楠（2018）在上海消费者对绿色标志水产品支付意愿的影响因素研究中发现，年龄等人口特征因素发挥了重要影响。石洪景[2]基于 Logistic 模型的城市居民低碳消费意愿研究中指出年龄等八个变量对低碳消费意愿会产生显著的影响。多数研究发现，年龄和亲环境行为之间的关系普遍呈负相关关系。樊丽明和郭琪[3]对我国节能行为进行研究发现，年轻群体更偏向技术节能行为，中老年群体对行为节能更加青睐。不过，也有学者针对中国上海的调查结果显示，年龄与环境行为呈正相关关系，并将原因归结为是中国社会的独特性。

3. 受教育程度

关于受教育程度对环境行为的影响，不同学者也持有不同的观点。更为普遍的看法是受教育程度与个体环境态度呈显著正相关，换言之，个体的受教育水平越高，其往往会展现更高程度的环境行为和关注。郑淋议等[4]指出受教育程度对农户生活垃圾治理的支付意愿有显著促进影响。徐蕴华[5]也认为消费者的学历对其有机食品购买支付意愿有正向影响。其背后的机制可能是受教育水平高的人环境知识越完备，就越容易理解人类与环境之间各种错综复杂的关系。

---

① 罗艳菊、张冬、黄宇：《城市居民环境友好行为意向形成机制的性别差异》，《经济地理》2012 年第 9 期。

② 石洪景：《基于 Logistic 模型的城市居民低碳消费意愿研究》，《北京理工大学学报（社会科学版）》2015 年第 5 期。

③ 樊丽明、郭琪：《公众节约能源行为及政策引导研究》，《中国科技产业》2007 年第 10 期。

④ 郑淋议、杨芳、洪名勇：《农户生活垃圾治理的支付意愿及其影响因素研究——来自中国三省的实证》，《干旱区资源与环境》2019 年第 5 期。

⑤ 徐蕴华：《有机食品消费者认知及支付意愿研究》，硕士学位论文，山西农业大学，2016 年，第 11—25 页。

第 四 章

PM2.5 减排政策梳理与分析

　　近十年来，我国雾霾污染受到社会各界的高度重视。为了治理雾霾，打好和打赢蓝天保卫战，解决全国的"心肺之患"，国家加大雾霾治理力度，并先后出台了一系列政策作为保障。比如，2013 年出台的《大气十条》，2018 年颁布的《打赢蓝天保卫战三年行动计划》都是代表性的雾霾治理政策。鉴于政策工具对于雾霾治理的重要作用，本章将梳理我国雾霾治理相关政策，总结国外雾霾治理政策经验，重点剖析我国 PM2.5 减排政策的现状，为我国后续雾霾治理支持性政策构建和完善提供参考。具体实施中，尝试借助文本分析方法，对国家以及三大雾霾污染严重区域的 PM2.5 减排政策的整体布局以及基本政策工具特点进行分析。基于上述分析结果，再借助扎根理论分析方法，进一步对居民层面 PM2.5 减排政策进行范畴提炼和模型建构分析，挖掘居民 PM2.5 减排政策的类别和现状。

第一节　国内外雾霾治理政策概述

一　国外政策概述

　　空气污染是一个全球性问题，西方发达国家在经济发展过程中同样经历了雾霾污染和艰难的治理过程。在此，仅选择美国、英国和日本三个国家作为代表，比较其相关雾霾治理法律及经验，希望为我国雾霾治理提供思考和启示。其中，英国是早期工业化和城市化国家，其首都伦敦经历历史上最早的和最典型的空气质量问题。美国作为北美工业化国家，空气污染治理法律是全球参考的典范。日本作为亚洲新兴工业化国家的突出代表，其雾霾治理和近期可持续发展之路也受到各国关注。

1. 美国

美国洛杉矶和宾夕法尼亚州先后在 1943 年和 1948 年暴发大面积的"光化学烟雾事件"和"多诺拉烟雾事件"，政府和公众逐渐认识到空气污染的严重性，开始走上了雾霾治理之路。1945 年开始，洛杉矶所在的县烟雾委员会着手实施"禁止排放浓烟的法令"。洛杉矶又于 1947 年在另一项法律草案中通过设立区域性管理机构的决定。1955 年，为了借助立法方式加强大气污染问题研究而颁布《空气污染控制法》，此法成为美国首部全国性大气污染治理法律。随后的十多年时间，为了对其进行有效补充，又先后出台了 1963 年的《清洁空气法》、1967 年的《空气质量控制法》，不过仍未能有效对空气污染问题加以解决。直到 1970 年出台了《清洁空气法》，联邦政府的责任和权力得到大幅提升，得以在大气污染治理中发挥关键角色。之后《清洁空气法》又经过多次修订最终形成一套详细的污染物排放指标体系。

美国从 1943 年洛杉矶雾霾到 1970 年《清洁空气法》的颁布先后跨越整整 27 年的历史，治理效果也较为显著，诸多经验值得借鉴。第一，合理发挥经济政策的作用，比如排污权交易制度。300 多家企业加入 RE-CLAIM 交易机制，其排污状况被空气质量管理局监管。企业积极通过提高新技术降低污染物排放，并进行交易，企业减排热情被充分激发。第二，征收环境税，对环保企业开展财政补贴。燃料税主要鼓励消费者使用新能源或低污染交通工具，包括公交出行和降低行程里数。美国作为"车轮上的国家"，此举大幅减少美国的汽车尾气排放，对空气治理改善有积极作用。第三，建立完备的大气监测系统。环保部门实时监测大气环境质量，并公开相关信息，接受大众查询与监督。第四，划区域管理。环保署根据各地空气质量，将全国划分为三类设定不同要求，分别管理，包括：空气治理未达标区域、空气治理达标区和空气质量不可划分区。第五，提出公民执行制度。公众参与原则是美国《空气清洁法》的一大创举。第六，大力推进新技术研发投入。美国对污染治理技术极为重视，加利福尼亚州的治污技术和使用居世界前列。20 世纪 50 年代，减少汽车氮氧化物尾气排放的新技术在加州开始推广，60 年代已得到普遍使用。其治污技术的普及使用速度极为惊人，效果更为显著。

2. 日本

日本在第二次世界大战后重化工业得到发展，大量工业废气的排放带来严重的空气污染。轰动全国的"四日市哮喘病"事件危及日本多达六千人的身体健康。同时，日本作为以钢铁业和采矿业为主的新兴工业化国家，煤是其最主要的燃料来源，烟囱林立，大阪被称为"烟都"也源自于此。20 世纪 60 年代，日本因雾霾等大气污染问题异常严重也开始加强法律控制。1962 年，日本颁布了《煤烟限制法》，不过对二氧化硫控制效果不明显。1967 年，制定了《公害对策基本法》。1968 年通过和出台《大气污染防治法》，将二氧化硫的排放标准加以提高，并提出将浓度控制改成排放量控制。1970 年和 1971 年，又先后成立公害对策本部和日本环境厅。随后的 20 余年，日本陆续对《大气污染防治法》进行修订和完善，最终获得良好的二氧化硫污染控制效果，增加污染物排放总量控制与环境影响评价。1992 年，制定《指定区域机动车排放氮氧化物总量控制特别措施法》，对机动车引起的氮氧化物加入控制范围。2000 年前后，东京遭受严重大气污染，公众提起诉讼，要求政府制定针对 PM2.5 的环境标准。

为了"还我一个蓝天"，日本也先后花了 20 多年的时间，总体上日本大气法律制定循序渐进，根据实际情况更新主要污染物对象，在空气污染问题上取得了有目共睹的成绩。主要经验如下：第一，制定环境治理标准和总量管控。其中，环境标准是环境执法的权威依据，总量控制方法在世界范围内日本首先采用，环境污染控制效果良好。第二，运用财政手段给企业提供环保资金支持。通过政策投资银行、吸纳捐款等手段开展大量融资，诞生大量环保企业，可谓一举多得。第三，建立大气污染监测系统。日本设立严格的环境质量标准，规定各类污染物的浓度标准和测量方法，为污染控制提供参考依据。东京实施在亚洲范围内最严格的 PM2.5 排放标准，年平均值要求小于 15 微克，日平均值小于 35 微克。第四，鼓励受害者起诉污染企业甚至是政府，对公众给予足够重视。司法诉讼在一定程度上保护了受害者利益，也对企业和政府敲响警钟。对受害者进行补偿，补助金来自对污染源征收"污染税"和向汽车车主征收汽车重量税。

3. 英国

19世纪，英国进入工业革命快速发展阶段，经济发展力旺盛。然而，1952年底，伦敦爆发著名的"伦敦烟雾事件"，给公众生活造成了巨大的冲击，空气污染和交通状况可谓糟糕透顶，称为雾都劫难。面对如此天灾，英国开始反思大气污染带来的苦果，并制定一系列法律整治环境。最直接的成果就是于1956年出台的《清洁空气法案》，这在世界范围内都是第一部空气污染防治法案，也是随后诸多法律的重要参考。此法规定将城区电厂关闭，改造传统炉灶并完善冬季集中供暖制度。1968年后，英国先后陆续颁布一系列空气污染防治法案，约束废气、颗粒物和烟尘排放，包括《道路交通法》《工业发展环境法》《控制公害法》和《国家空气质量战略》等多部法律。20世纪80年代的英国，交通污染开始取代工业污染成为伦敦的最大威胁，政府又转而加大力气抑制交通污染，比如努力抑制私人汽车数量、推动公共交通发展，并大力整治交通拥堵和城市机动车尾气排放，又相应地出台了《环境保护条例》和《环境法》，为全国环境治理制定新战略。

经过六十年的努力，到2012年伦敦奥运会，英国的雾霾治理得到极大成功，彻底地摘掉"雾都"的帽子。总结主要经验如下：第一，健全法律保障体系。《清洁空气法案》作为世界上第一部空气污染防治法案，从详细程度、法律覆盖范围以及执行力度等方面都是后来环境保护法的经典参照。第二，有效利用税收等经济手段来治理污染。为了有效抑制交通污染排放和解决室内交通拥堵，在2003年收取交通堵塞费来限制私家车入市区。2008年，伦敦对大排量汽车收取的进城费用换算成人民币为350元/天。第三，鼓励公众全面参与，联合社会各界环保力量。英国充分认识到仅依靠法律手段和经济手段不足以对大气污染进行有效控制，也需社会民众和各界力量的参与。事实上，法律和经济手段是被动的，民众的环保意识提高才能真正完成国家的环保大业。第四，研发先进的雾霾治理技术。通过使用黏合剂吸附空气中尘埃来治理空气污染，并将之大量应用于重污染区。

将美国、日本和英国的主要法律和经验进行总结，详见表4—1。

表 4—1　　　　　　　　　　　国家雾霾治理情况简介

国家	治理主体	代表性法律	主要手段	开始时间
美国	政府、民间团体和公众	《清洁空气法》	法律、经济和技术	1970 年
日本	政府和公众	《大气污染防治法》	法律、技术和民间监督	1968 年
英国	政府和公众	《清洁空气法案》	法律、技术和经济	1956 年

　　可见，美国、日本和英国包括雾霾在内的大气污染治理手段，给我国当前雾霾治理提供许多有意义的参考。无论是经济手段、法制措施、技术创新还是区域联合，美国和英国都取得了杰出的成绩。美国、英国和日本也对公众参与进行了特别的关注与强调，指出其在雾霾治理中扮演重要角色。大都市同样是发达国家雾霾的集中发生地，因此，大城市成为各国雾霾治理的重点。不过，空气污染治理是一个长期的过程，伦敦雾霾治理先后持续了六十多年，美国从初步治理到初见成效也用了近三十年。我国的雾霾治理和生态文明建设也需着眼全局，脚踏实地打好和打赢蓝天保卫战。

二　我国雾霾治理政策概述

　　党和政府将雾霾治理工作提升到了前所未有的高度。十九大明确提出，中国特色社会主义事业的总体布局是包括生态文明建设在内的"五位一体"，将污染防治作为决胜全面建成小康社会的三大攻坚战之一，要求加大力度解决突出环境问题，持续开展大气污染防治，坚持打赢蓝天保卫战，推进绿色发展。但严格来说，迄今为止我国仍没有专门的雾霾防治法律法规。不过鉴于雾霾作为典型的大气污染之一，广义层面讲归属于环境污染范畴，故相关领域法律在现阶段对雾霾治理都可适用。[1] 比如，在我国现有环境治理立法中，多部法律都跟雾霾污染有关。自 2013 年开始，我国加大治霾力度，先后出台一系列大气污染防治政策。总而言之，在与雾霾治理息息相关的大气污染治理领域，逐步构建成以《大气污染防治法》为宏观指导，《大气污染防治行动计划》与诸多地方性法

---

① 孙鹏举：《我国雾霾污染法律治理研究》，硕士学位论文，山西财经大学，2014 年，第 8—14 页。

规相配套的法律体系结构，法律体系构建逐步完善。

1.《大气污染防治法》

《中华人民共和国大气污染防治法》是关注大气污染、防治大气污染的重要法律，最新版已于2015年修订，2016年1月实施。该法的立法目的是防治大气污染，保护和改善生态环境，促进经济、社会的可持续发展。该法设立"防治燃煤产生的大气污染"专门章节，规制燃煤大气污染。此外，规范了大气污染质量标准，落实了排污许可证制度，实现多种污染物协同控制，监控末端处理，推行区域大气联合防治，而且加大处罚力度明确违法责任，把"50万元封顶"的上限改为"按数倍计罚"，增加信息公开等。依此《大气污染防治法》的规定，以PM2.5为首要污染物的雾霾天气同样属于大气污染的治理客体，即雾霾污染治理也是《大气污染防治法》的一大规制目标。

2.《大气污染防治行动计划》

《大气污染防治行动计划》，俗称"大气十条"，于2013年9月由国务院发布，是当前阶段专门针对大气污染治理的一部总体规划。其中的一个主要环节是制定雾霾治理的具体数量目标，比如要求全国地市级以上城市2017年的可吸入颗粒物浓度比2012年至少下降10%，其中京津冀、长三角分别下降25%和20%，北京的平均PM2.5浓度需控制在60微克/立方米，还要求逐渐提升优良天数；另外，区域联防联控也真正被推上议程，京津冀、长三角等地区分别以北京、上海为核心建立了大气污染防治机制；加强了实时监测，2014年在京津冀等重点区域设置了884个监测点，并接受公众监督；中央财政还专设资金"以奖待补"，对于京津冀地区2013年就投入了50亿元。但是总体来看，此计划设定大气污染治理总目标，并梳理思路，都是值得肯定的一面。不过，此法律仍是立足于国家战略层面的大气污染防治规划，缺少规范性的权利义务条文，"蓝图"色彩仍显浓厚。2018年1月，生态环境部宣布"大气十条"所设立的45项重点目标圆满完成，其中：京津冀、长三角和珠三角等重点区域PM2.5平均浓度比2013年同比下降39.6%、34.3%和27.7%，北京市PM2.5平均浓度降至58微克/立方米。

3.《打赢蓝天保卫战三年行动计划》

打赢蓝天保卫战是紧跟"大气十条"圆满完成的步伐，党的十九大再次就大气污染做出的重大决策部署。国务院于 2018 年 6 月出台《打赢蓝天保卫战三年行动计划》，明确大气污染防治的总体思路、主要任务、基本目标与保障措施，并提出打赢蓝天保卫战的路线图与时间表。规划至 2020 年，要求氮氧化物与二氧化硫排放总量比 2015 年分别下降至少 15%，PM2.5 未达标城市 PM2.5 浓度比 2015 年至少下降 18%，所有地级以上城市的空气质量优良天数需达到 80%，重度污染天数下降 25% 以上。此计划正式吹响了打赢蓝天保卫战的号角，随后，许多省（区、市）的地方版三年计划制订也提上了日程。此三年行动计划的目标设定延续了"大气十条"以颗粒物浓度降低为主要目标、同时降低重污染天数的思路。其一大突出特点就是更注重源头治理、精准施策，计划确定调整产业结构、能源结构、运输结构和用地结构四大结构，有利于持久大幅削减污染排放。

4. 地方性规定

面对雾霾污染的强烈袭击，地方政府也纷纷响应国家层面法律，并根据各地实际情况，积极完善立法工作，陆续出台了包括雾霾治理在内的一系列大气治理地方性规定。此类规定可视为《大气污染防治法》和《打赢蓝天保卫战三年行动计划》的下位法，也可以看作二者的重要组成部分或实施细则，体现了地方政府细化上位法的努力。比如《上海市清洁空气行动计划（2018—2022 年）》《四川省灰霾污染防治实施方案》《北京市打赢蓝天保卫战三年行动计划》和《天津市大气污染防治条例》等。

大气污染防治中，8 个省份明确提出 PM2.5 浓度的具体治理目标，提及数据，其中北京市提出了 PM2.5 年均浓度的具体目标数值——"力争控制在每立方米 60 微克左右"。其余省份的定量表述均为 PM2.5 浓度下降比例或优良天数增加，如陕西省提出"力争关中地区 PM2.5 浓度降低 3% 以上，优良天数平均增加 5 天"。广东省和河北省进一步提出空气质量达标计划。打赢蓝天保卫战中，也明确提出 PM2.5 未达标城市 PM2.5 浓度比 2015 年至少下降 18%，所有地级以上城市的空气质量优良天数需达到 80%。也有省份提出针对性解决方案，广东省提出治理臭氧。北京、河北、安徽、上海等 9 地提及挥发性有机物污染治理。山东、内蒙古、山西、上海等 11 个省市自治区进一步提到 2017 年要推广燃煤发电机组超低排放以实现煤炭管控。天津、浙江、江苏、上海和海南 5 个省市还提出船舶污染排放治理以改善移动源雾霾污染。京津、东北三省、安徽等 9 个地区都提出了秸秆禁烧防控任务。重庆提出要"强化餐饮油烟治理"以改善餐饮油烟雾霾污染。

第二节　PM2.5 减排政策文本选择

接下来，将在国内外政策概述的基础上，进一步对我国 PM2.5 减排相关政策进行梳理与分析。首先，在众多法律体系中选择出相关政策文本。

鉴于研究目的，在此我们选择京津冀、成渝和长三角三大雾霾污染区域的 9 个省/直辖市作为目标城市，包括北京、上海、天津和重庆 4 个直辖市，以及河北、四川、江苏、安徽和浙江 5 个省份。这些省/直辖市的相关"雾霾防治"政策构成本研究的政策文本数据。为了保证分析的科学性，我们严格遵守权威、公开及相关原则，所选政策文本均来源于各省/直辖市的人民政府官方网站和生态环境厅（局）的公开数据，其他行业协会的相关文件以及行业标准排除在外。文本搜索和下载中，主要聚焦在"最新公告（通告）""政策法规"与"政务公开"等政策专栏，并适当通过关联检索加大搜索范围。此外，本研究仅重点关注国家层面和省级层面的政策文本，其余市级层面与转发上级政策不包括在内，详见表 4—2。

表 4—2　　　　　　　　　雾霾治理相关法律（部分）

编号	名称	区域	发布时间	发布单位	规制对象	通用/专门	实体/程序
P1	《中华人民共和国环境保护法》	国家	2015.1	RA	SEC	CG	CE
P2	《中华人民共和国大气污染防治法》	国家	2018.11	RA	SEC	CG	CE
P3	《大气污染防治行动计划》	国家	2013.9	RB	SEC	CS	CE
P4	《打赢蓝天保卫战三年行动计划》	国家	2018.6	RB	SEC	CS	CE
P7	《长三角地区 2018—2019 年秋冬季大气污染综合治理攻坚行动方案》	国家	2018.11	RD	SE	CS	CP

续表

编号	名称	区域	发布时间	发布单位	规制对象	通用/专门	实体/程序
P13	《重点区域大气污染防治"十二五"规划》	国家	2012.10	RD	SE	CG	CE
P15	《大气细颗粒物一次源排放清单编制技术指南》	国家	2014.8	RD	SE	CS	CP
P19	《关于做好 2016 年春节期间烟花爆竹禁限放工作的函》	国家	2016.2	RD	SEC	CS	CE
P21	《环境保护公众参与办法》	国家	2015.7	RD	SC	CG	CE
P22	《环境影响评价公众参与办法》	国家	2019.1	RX	SC	CG	CE
P23	《北京市大气污染防治条例》	京津冀	2018.3	RC	SEC	CS	CE
P28	《北京市污染防治攻坚战 2019 年行动计划》	京津冀	2019.2	RD	SEC	CG	CE
P29	《北京市 2018—2020 年餐饮业大气污染防治专项实施方案》	京津冀	2018.12	RX	SEC	CG	CP
P30	《北京市打赢蓝天保卫战三年行动计划》	京津冀	2018.9	RD	SEC	CS	CE
P34	《天津市生态环境保护条例》	京津冀	2019.3	RC	SEC	CG	CE
P35	《天津市清洁生产促进条例》	京津冀	2017.12	RC	SEC	CG	CE
P38	《天津市大气污染防治条例》	京津冀	2018.9	RC	SE	CG	CE
P39	《天津市清新空气行动方案》	京津冀	2013.9	RD	SE	CS	CE
P42	《河北省打赢蓝天保卫战三年行动方案》	京津冀	2018.8	RD	SEC	CS	CE
P45	《河北省大气污染防治条例》	京津冀	2016.1	RC	SEC	CG	CE
P46	《河北关于印发〈公众参与大气污染防治行动方案〉的通知》	京津冀	2013.8	RX	SC	CG	CP
P47	《河北省环境保护公众参与条例》	京津冀	2014.11	RC	SC	CG	CE
P49	《上海市清洁空气行动计划（2018—2022年）》	长三角	2018.7	RD	SEC	CS	CE
P51	《上海市清洁空气行动计划（2013—2017）2017 年重点任务清单》	长三角	2017.3	RX	SE	CG	CP
P53	《上海市大气污染防治条例》	长三角	2018.12	RC	SE	CG	CE
P57	《江苏省大气污染防治条例》	长三角	2018.11	RC	SE	CG	CE
P59	《江苏省环境保护公众参与办法（试行）》	长三角	2016.11	RX	SC	CG	CE

续表

编号	名称	区域	发布时间	发布单位	规制对象	通用/专门	实体/程序
P61	《浙江省大气污染防治条例》	长三角	2016.5	RC	SE	CG	CE
P63	《浙江省大气污染防治行动计划（2013—2017 年）》	长三角	2013.12	RD	SE	CS	CP
P66	《浙江省打赢蓝天保卫战三年行动计划》	长三角	2018.9	RD	SEC	CS	CE
P68	《安徽省大气污染防治条例》	长三角	2015.1	RC	SE	CG	CE
P71	《安徽省关于进一步做好 2018 年春节期间烟花爆竹禁放管理工作的紧急通知》	长三角	2018.2	RX	SEC	CS	CE
P73	《安徽省打赢蓝天保卫战三年行动计划实施方案》	长三角	2018.10	RD	SEC	CS	CE
P74	《四川省大气污染防治目标责任书》	成渝	2013	RD	SE	CS	CE
P75	《四川省灰霾污染防治办法》	成渝	2015.2	RD	SE	CS	CE
P77	《四川省〈中华人民共和国大气污染防治法〉实施办法》	成渝	2019.1	RC	SEC	CG	CP
P78	《四川省大气污染防治考核暂行办法》	成渝	2018.12	RD	SE	CS	CP
P79	《四川省重污染天气应急指挥部办公室关于做好 2019 年春节期间烟花爆竹禁限放工作的通知》	成渝	2019.1	RX	SE	CS	CE
P84	《四川省重污染天气应急预案（2018 年修订）》	成渝	2018.2	RD	SE	CG	CP
P86	《重庆市大气污染防治条例》	成渝	2017.3	RC	SE	CG	CE
P92	《重庆市人民政府关于加强 2019 燃放烟花爆竹管理的通告》	成渝	2019.2	RD	SEC	CS	CE
P93	《重庆市环境保护条例》	成渝	2018.7	RC	SEC	CG	CE
P94	《重庆市生态环境宣传教育工作实施方案（2018—2020 年）》	成渝	2018.9	RX	SC	CG	CP

注：数据来源于国家生态环境部，各省、直辖市官方网站及生态环境厅/生态环境局。

其中，RA-RX 为相应五个政策发布主体；规制主体分类：企业（SE），居民（SC）和企业为主兼顾居民（SEC）；通用政策（CG）和专门政策（CS）；实体政策（CE）和程序政策（CP）。

据此获取与雾霾治理相关的法律、行政法规和地方性规定等政策文件 96 份。接着，率先从政策的发布时间和区域分布对政策布局展开初步分析。

从政策的发布时间来看，跨度从 2010 年到 2019 年十年时间（见图4—1），但主体集中于 2013 年以后，其发文数占总量的 95.8%。这主要是与我国雾霾污染现状趋势相吻合和对应，2013 年开始大范围的雾霾席卷我国并进入国家和公众的视野，自此每逢秋冬季节，雾霾几乎都会光顾各大中型城市。相应地，国家和地方政府都加大并持续保持了治霾的目标，政策的发布强度也得以加大。需说明的是：对于发布时间，个别政策用实施时间或修订时间代替；时间虽有一定出入，但不影响对问题的分析。

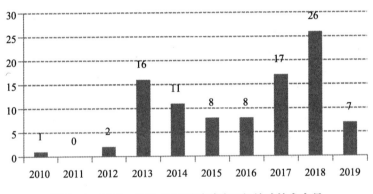

图 4—1　2010—2019 年我国雾霾治理相关政策发布量

从数量上看，2013—2014 年和 2017—2018 年的两个时间段发文最多，分别为 27 份和 43 份，主要受我国雾霾污染现状以及国家生态文明战略思想整体布局影响。首先，针对日益严重的雾霾污染现状，国务院于 2013 年 9 月颁布《大气污染防治行动计划》，重点展开以雾霾为主要代表的大气污染防治工作，随之相应的政策随即铺开。国家层面主要有：《关于做好 2013 年冬季大气污染防治工作的通知》《关于印发大气污染防治行动计划实施情况考核办法（试行）的通知》《大气细颗粒物一次源排放清单编制技术指南》作为配套文件与"大气十条"相呼应。从各省层面来看，为了响应国家"大气十条"政策，各省纷

纷制定了相应下位法，如《四川省灰霾污染防治办法》《天津市清新
空气行动方案》和《上海市大气污染防治条例》等。其次，2017 年
十九大提出"生态文明体制改革"和"建设美丽中国"，雾霾治理进
入攻坚阶段，针对雾霾大气污染治理的《打赢蓝天保卫战三年行动计划》
提出，各省积极响应纷纷制订对应"行动计划"，如《浙江省打赢蓝天保
卫战三年行动计划》，再一次掀起治霾和政策制订高潮。当然，鉴于中央
和地方政府的强烈治霾决心与繁重的治霾任务，整体来看历年（2015 年
后）均保持 8 份以上的较高政策发文量。当然，2019 年只统计到当年的
10 月份，为不完全统计。

　　从区域分布来看，所选政策文本来自国家层面，以及京津冀、长三
角和成渝区域内的 9 个省/直辖市，其详细分布如图 4—2 所示。结果显
示，国家层面的政策发文量达 22 份，京津冀、长三角和成渝地区分别为
25 份、26 份与 23 份。可见，对于现有雾霾治理政策，国家层面和京津冀
等三个区域的发文量相对均衡，数量均大致相当。这意味着国家层面基
于战略高度提出雾霾改善和治理总目标，三个区域都能做到积极响应和
配合，在政策上给予充分的配套支持与保障；且在雾霾治理的努力程度
上，三大区域不相上下，都在为雾霾污染的改善而努力。

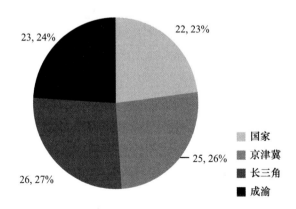

图 4—2　2010—2019 年我国雾霾治理相关政策区域分布

第三节　PM2.5 减排政策文本分析

一　政策工具分析框架

自 2013 年以来，国家为改善雾霾治理，先后出台了一系列的政策与配套文件，分析框架与政策梳理结果见图 4—3 和表 4—2。下面就政策的发布主体、规制主体以及政策的内容（专门政策和通用政策，实体政策和程序政策）进行政策文本分析。

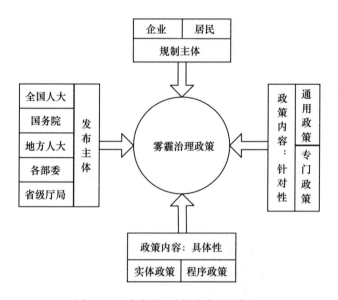

图 4—3　雾霾治理政策文本分析框架

1. 基于发布主体

法律自身具有等级或层次划分，相伴的是法律效力的等级性或层次性。我国法律以层次区分和相互联系为基础，搭建了庞大的法律体系。不过，对具体的法律层次划分，尚未形成完全一致的看法。我国科技政策领域著名学者刘凤朝①对政策等级的理解是：中共中央文件最具权威，

---

① 刘凤朝：《区域知识产政策研究：以东北老工业基地为例》，科学出版社 2016 年版，第 20—52 页。

也很可能最富影响力和效力；由全国人大委员会制定的法律仅次于它，然后是国务院颁布的行政法规，最后是国务院下辖的各部委制定的政策法规。换句话说，不管任何一个特定的政策内容，中共中央文件的政治分量和地位高于法律，同样，法律的政治分量和地位又高于国务院出台的行政法规，国务院下辖的各部委政策法规的政治分量和地位最低。张根大在《法律效力论》①中将法律效力分为五个层次，依次为：最高层次（宪法）、第一层次（全国人民代表大会制定的基本法律）、第二层次（全国人民大会常务委员会制定的法律）、第三层次（国务院制定的行政法规）和地方层次（地方立法主体制定）。

尽管对法律层次划分的描述有所差异，但背后仍有一个基本的共识，基于此，本书采取如下划分方法：

第一层次：中共中央法律（政策等级 RA）：我国最高权力机关全国人民代表大会和全国人民代表大会常务委员会行使国家立法权，法律级别最高；法律一般都称为××法。

第二层次：国务院出台的行政法规（政策等级 RB）：是由国务院制定的，也具有全国通用性，是对法律的补充，在成熟的情况下会被补充进法律，其地位仅次于法律。法规多称为条例，也可以是全国性法律的实施细则。

第三层次：地方性法规（政策等级 RC）：其制定者是各省、自治区、直辖市的人民代表大会及其常务委员会，相当于是各地方的最高权力机构。地方性法规大部分称作条例，有的为法律在地方的实施细则，部分为具有法规属性的文件，如决议、决定等。地方法规的开头多贯有地方名字。

第四层次：各部委规章（政策等级 RD）：其制定者是国务院各部、委员会、中国人民银行、审计署和具有行政管理职能的直属机构，这些规章仅在本部门的权限范围内有效。如国家食品药品监督管理局制定的《药品注册管理办法》等。还有一些规章是由各省、自治区、直辖市和较大的市的人民政府制定的，仅在本行政区域内有效。如《北京市实施〈中华人民共和国耕地占用税暂行条例〉办法》。

---

① 张根大：《法律效力论》，法律出版社 1999 年版，第 10—35 页。

第五层次：各省级厅局规章（政策等级 RX）：其制定者是各省、直辖市的生态厅（局）、省发改委等机构。

雾霾治理政策出台的部门不同，所具有的效力也不同；不同层次立法部门的发文量差异，也表达了各级政府对雾霾关注度的不同。显然，政策发布主体等级越高，发文数量越多，意味着雾霾治理的被重视度越高。然而，大气环境保护和雾霾治理目标涉及从中央政府到地方政府、从企业到居民等相关利益主体的诸多环节，不能存在薄弱之处，政策的忽略可能会对雾霾治理的发展产生消极影响，故本章将分析雾霾治理政策发布主体的整体布局现状。

2. 基于规制主体

"规制"一词来自英文"Regulation"。规制市场经济，是指在市场经济体制下，政府以矫正和改善市场机制内在的问题而干预利益主体活动的行为。如前文所述，鉴于环境治理的外部性特征，政府（各级政府部门）作为雾霾治理的管理者与推动者担任着雾霾治理的引领责任，对区域内的大气环境质量负总责，为雾霾有效治理"掌舵"。如《中华人民共和国环境保护法》所述，"地方各级人民政府应当对本行政区域的环境质量负责"。在以 PM2.5 减排为代表的雾霾治理中，政府通过干预和改善相关主体的行为来完成雾霾治理和改善空气治理的目标。政府规制的对象也即利益主体，泛指有既定利益的任何人员。具体而言，雾霾污染治理相关利益主体主要包括企业以及居民（消费者）。同样，符合《环境保护法》的阐述："企业事业单位和其他生产经营者应当防止、减少环境污染和生态破坏，对所造成的损害依法承担责任"，以及"公民应当增强环境保护意识，采取低碳生活方式，自觉履行环境保护义务"。《江苏省大气颗粒物污染防治管理办法》也明确提出，排放大气颗粒物的单位（企业）和个人是污染防治的责任主体。企业作为 PM2.5 的主要排放源，是大气污染治理的责任主体（《大气污染防治行动计划》），在雾霾污染中扮演着重要的角色，大大小小的企业在生产活动中排放出大量的 PM2.5 颗粒，但却逃避雾霾治理的责任或仅仅承担一小部分的责任，远远不能弥补其对大气的污染；反观居民作为雾霾污染受害者的同时，其许多日常消费活动又是 PM2.5 的排放源。所以，企业和居民都是政府规制的对象。在 PM2.5 减排中，对现有政策体系的规制主体进行分析有助于发现政府的

干预对象与目标，对于规制主体的责任与义务是否认识到位，更是政府
雾霾治理干预效果提升的保证。

3. 基于通用政策和专门政策

政策在规范和引导规制主体活动实现计划目标方面，可分为通用政
策（CG）和专门政策（CS）。前者指某项政策主要在于引导该领域的诸
多活动，并不具体指向某项计划目标，后者指某项政策主要在于为达成
特定的计划目标而做出一系列的规定等。我国的雾霾治理政策也会经历
从无到有，从宽泛到翔实的过程。现有雾霾治理政策体系缺少严格的
"雾霾治理"类政策，普遍态势为借鉴"环境保护"或"大气污染治理"
类政策。故将政策文本划分为雾霾通用政策和雾霾专门政策，并做如下
界定。雾霾通用政策指致力于引导各利益主体的大气污染治理或环境保
护行动，当然涵盖雾霾治理。雾霾专门政策指聚焦于特定的雾霾治理目
标而做出的一系列规定。一般来说，各类环境行为或大气污染治理均属
于环境保护范畴，雾霾是典型的大气污染，自然也在其规制范畴。在雾
霾治理伊始，雾霾通用政策为雾霾治理起到及时的引领与借鉴作用。然
而，相对于酸雨、土壤或水等常见污染类型，雾霾污染拥有独特属性，
PM2.5 排放源、细颗粒物之间相互反应以及自然条件均增加了雾霾治理
的复杂性。随着雾霾治理的深入，雾霾治理进入攻坚阶段，无疑雾霾专
门政策针对性强的优点将更突出。

4. 基于实体政策和程序政策

雾霾实体政策（CE）指确认和规定雾霾治理各参与主体的责任和职
权以及权利和义务，一般以意见、通知、规定、决定、规范、指引、条
例、政策、行动或行动方案等形式发文。此类政策起到"设立目标"和
"指引方向"的作用。雾霾程序政策（CP）指调整政策执行主体在雾霾
治理中的程序原则和规范的总和，主要调整执行主体实施行政行为时所
遵循的程序，包括执行行为所遵循的步骤、方式、顺序与时间等要素。
一般为管理办法、实施细则、工作细则、评审办法、实施方案或实施办
法等程序类政策法规。此类政策起到"落实目标"和"提供方案"的作
用。雾霾治理政策法规绝大多数的表现形式都是行政法规和规章。其中，
程序法是有效实施实体法的最佳保障，其主要功能在于恰当且及时地为
实现雾霾治理目标提供具体的规则和秩序。

二 文本编码

为尽可能保证数据分析的较高信度，政策文本的编码工作首先由负责政策研究的团队成员展开，然后由研究团队的另一名博士研究生进行复查核对。两位成员对有异议的地方充分讨论，最后向研究团队沟通，最终通过讨论达成一致结论。政策分类整理中如有交叉，看侧重点归属进行分类。具体结果详见表4—2。

三 基本政策工具分析结果

1. 基于发布主体分析

如前所述，发布主体的不同意味着相关层面主体对雾霾治理的关注程度有差异。全国人大及国务院等国家层面出台的政策具有引领方向的作用，无疑更容易获得各省和居民层面的响应。同时，各省人民政府及厅局级部门制定足够数量的响应国家层面法律的下位法，是国家法律最终得以落实的保证和基础。总之，基于法律效力而言，雾霾治理的改善需要中央和地方政府不同层面的广泛关注与适度支持。最终，法律体系会呈现一种"金字塔"式结构。通过对2010年以来的96份雾霾治理政策进行梳理和统计，试图探寻当前各级政府的雾霾治理政策实施状况，分析政策关注的不足之处，并指出政策体系完善需要加强之处。在表4—2中，对每一份政策的政策发布主体已进行编码并标记表中，共涉及五个等级。基于不同发布主体的政策发文量统计结果详见图4—4。可见，雾霾治理政策基于五个层面发布主体呈现出以下三个特点：

第一，涵盖雾霾治理在内的大气污染防治体系和框架已初步建立，五个层面发布主体都发布了相关雾霾防治法律，"金字塔"式法律结构基本形成。[①] 其中，全国人民代表大会（RA）颁布了《中华人民共和国大气污染防治法》和《中华人民共和国环境保护法》等3部法律，是大气污染防治的基础性法律；国务院（RB）出台了以《大气污染防治行动计划》和《打赢蓝天保卫战三年行动计划》为基础的5部行政法规，这些

---

① 史海霞、翟坤周：《新时代生态文明视野下雾霾治理政策体系研究——基于政策文本分析》，《治理现代化研究》2019年第6期。

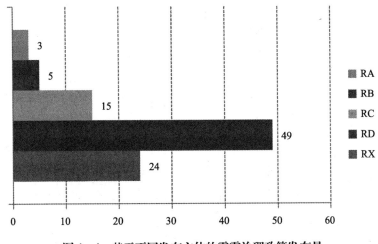

图 4—4　基于不同发布主体的雾霾治理政策发布量

更多以雾霾治理为规制目标；各省人大（RC）颁布约 15 部法规，多以各省层面大气污染防治"条例"为代表，如《北京市大气污染防治条例》或《上海市大气污染防治条例》等。国务院各部委与各省人民政府（RD）出台 49 部规章，包括各省"大气污染防治目标责任书"、各省"大气污染防治行动计划实施方案"，以及配套的各省"大气污染防治行动计划专项实施方案"等。如《河北省大气污染防治条例》《浙江省大气污染防治行动计划专项实施方案》和《江苏省大气污染防治行动计划实施方案》等。基于各省级厅局规章（RX）合计 24 部，如《北京市"十三五"时期大气污染防治规划》等。

第二，基于高层面发布主体的指导性法律初步完善。相对而言，全国人大、国务院，甚至各省人民代表大会制定的雾霾防治法律都属于"指导性法律"范畴，位于"金字塔"式法律结构的上层，此类法律具有引领和宏观指导性质。在 96 份所梳理的政策文本中，有 23 份，占比为 24%。一般情况下，全国人大制定《环境保护法》和《大气污染防治法》以对环境保护和大气污染给予宏观指导；国务院随后发布《大气污染防治行动计划》与之相呼应，目的在于有针对性地开展 PM2.5 颗粒减排；各省人民代表大会颁布各省"大气污染防治条例"。其中，各省"大气污染防治条例"都是各省人大为响应全国人大制定的《中华人民共和国大气污染防治法》；各省"大气污染防治目标责任书"基本都是为贯彻《大气污染防治行动计划》，确保实现空气质量改善目标，受国务院委托，生态环境部与各省人民政府签订。

第三，基层配套法规尚显不足。配套性法规指地方政府为雾霾治理所制定的法规，位于"金字塔"式法律结构的底层，可确保雾霾治理任务有效达成。在所梳理的 96 份政策文本中，处于 RD（第四）等级的各部委规章共计 49 份，貌似数量足够多；但此类法规来自所统计的 9 个省/直辖市，均值仅约 5 份。因此，实质上来看，由国家各部、委以及省人民政府颁布的 RD 等级法规并不充足。且作为下位法的各省级厅局规章（政策等级 RX）更少，RX 等级法规由各省、直辖市的生态厅（局）、省发改委等机构，是雾霾法律得以有效实施的基础，所统计到的 9 个省份的数量仅仅有 24 份，仍显不足。事实上，雾霾仍频繁出现，治理成效迄今为止并不彻底，跟 RX 等级法规缺少可能有直接的关系。

2. 基于规制主体分析

当前我国雾霾治理政策的规制主体，主要从燃煤和其他能源污染防治、工业污染防治、机动车船等污染防治、扬尘污染防治以及农业和其他污染防治等几大方面展开，如《中华人民共和国大气污染防治法》所述。《大气污染防治行动计划》也做出了类似的解释。可见，规制重点就是通过产业结构和能源结构调整以减少细颗粒物排放，且都是以企业为载体的规制；当然，仔细分析相关文本，我们也发现部分政策对居民的消费行为进行了针对性强调，如国家层面发布的《环境保护公众参与办法》，还有各省层面制定的《河北省环境保护公众参与条例》和《江苏省环境保护公众参与办法（试行）》等。除此之外，部分政策也设置专门章节对居民行为进行引导，如《京津冀及周边地区落实大气污染防治行动计划实施细则》的第 25 条，就明确提出"广泛动员公众参与。通过典型示范、展览展示和合理化建议等多种形式，动员公众践行低碳、绿色、文明的生活方式和消费模式，积极参与环境保护"。这意味着居民 PM2.5 减排也逐渐进入管理者和公众的视野。

对 96 份雾霾治理政策进行梳理，基于两大规制主体："企业"和"居民"视角进行统计，分析现有政策对规制主体的关注程度。根据实际情况，规制主体被划分企业（SE）、居民（SC）和企业为主兼顾居民（SEC）三个维度。结果如图 4—5 所示。

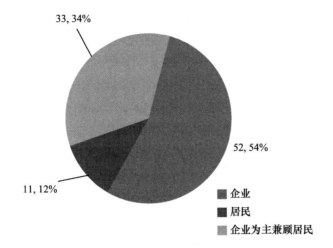

图 4—5　基于不同规制主体的雾霾治理政策分布

可见，对于所梳理的 96 份政策文本，涉及"企业"和"企业为主兼顾居民"两个维度的文本分别为 52 份和 33 份，共占总量的 88%。事实充分表明，企业被公认为是 PM2.5 排放的主要污染源，企业是当前国家政策规制的重点。一系列政策几乎都围绕企业 PM2.5 减排进行规制，包括燃煤、农业面源或移动源污染等。相对而言，规制居民层面的雾霾治理法规则非常有限，普遍做法是在规制企业法规的部分章节中加以提及，此部分文本占总数量的 34%。此外，仅聚焦居民层面的政策文本约占 12%，不过更多是以"环境保护"为目标，而不专门针对雾霾污染，如《环境保护公众参与办法》和《河北省环境保护公众参与条例》。如前所述，居民层面 PM2.5 排放作为城市核心区域的重要污染源之一，也是需要重点监管的对象。鉴于此，在后续雾霾政策体系构建中，"居民"规制对象需加强关注，弥补规制主体不健全的弊端。

四　政策文本内容分析结果

1. 基于专门政策和通用政策结果分析

雾霾通用政策在雾霾治理初始阶段发挥重要的引领与指导作用，然而随着雾霾攻坚战的深入，雾霾专门政策针对性强、效果好的特点日益凸显。通用政策的宏观指导性和专门政策的具体落实性互相配合，可大力促进雾霾治理任务的达成与政策的有效落实。因此，有必要从专门政策和通用政策两个角度对雾霾治理政策进行分析。考虑到我国"雾霾治理"紧密相关政策很少，在政策统计中，重点以雾霾污染为治理对象的政策划归为专门政策范畴，如《大气污染防治行动计划》的主要目标就是将"京津冀等区域 PM2.5 浓度下降 25%"。近似地，还有《天津市清新空气行动方案》《四川省灰霾污染防治办法》等都是致力于"PM2.5"减排。其余环境保护及大气污染治理类政策认定为通用政策。统计结果详见图4—6。

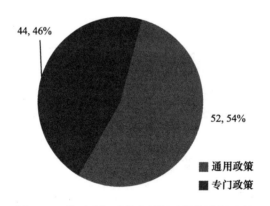

图4—6　基于专门政策和通用政策的分析结果

可见，第一，雾霾专门政策和通用政策分布呈均衡态势，占比分别为54%（52 份）和46%（44 份）。对各省而言，"条例"类政策以《大气污染防治法》为参考，是雾霾通用政策；"行动计划"类政策以《大气污染防治行动计划》为基础，是雾霾专门政策，如《浙江省大气污染防治条例》和《浙江省大气污染防治行动计划实施方案》。但相对于通用政策，雾霾治理专门政策仍需强化。因为通用政策虽可对大气污染展开宏观指导，但其对酸雨和雾霾在内的所有大气污染类型综合考虑时，势必无法过多关注雾霾污染的自身特性和差异性，雾霾治理的针对性必然欠缺。反观雾霾专门政策无疑更加有效，故考虑基于"雾霾治理行动计划、防治目标责任书和防治行动计划实施方案"等宏观和微观视角构建雾霾政策体系。

第二，也是更重要的一点，真正的雾霾治理专门政策亟待出炉。尽管政策文本分析结果中，将重点针对 PM2.5 治理的大气污染治理政策归为"雾霾专门政策"，所筛选出的国家层面以及三个区域的专门政策数量也达到 44 份。但不容忽视的客观情况是，严格以"细颗粒物"或"雾霾治理"为治理目标的政策显著缺乏，仅有相关省份《打赢蓝天保卫战三年行动计划》《四川省灰霾污染防治实施方案》《江苏省大气颗粒物污染防治管理办法》和《大气细颗粒物一次源排放清单编制技术指南》等 10 份左右的文件。我国严重雾霾污染现状根治困难，打好和打赢蓝天保卫战进入攻坚阶段，雾霾专门政策是最好的支持。

2. 基于实体政策和程序政策结果分析

雾霾实体政策以规定和确认雾霾治理主体的权利和义务为主要目标，如《大气污染防治法》《北京市大气污染防治条例》和《安徽省关于推进大气污染联防联控工作改善区域空气质量实施方案》等。而雾霾治理程序政策是为实体政策的有效执行提供具体的规则、方式和程序。如《大气细颗粒物一次源排放清单编制技术指南》《国务院办公厅关于印发大气污染防治行动计划实施情况考核办法（试行）的通知》《城市大气重污染应急预案编制指南》等。对各省层面来说，浙江有《大气污染防治行动计划专项实施方案》，上海也制定了相关配套文件，成渝地区同样有应急预案，如《重庆市人民政府办公厅关于印发〈重庆市空气重污染天气应急预案〉的通知》。鉴于此，两种政策的相互补充和相互配合是雾霾污染能够改善的保证。在此，将 96 份雾霾治理政策文本按照雾霾治理实体政策与雾霾治理程序政策进行梳理和分析，结果详见图 4—7。

统计结果显示雾霾程序政策占比为 32%（31 份），实体政策占 68%（65 份），对比来看，现有雾霾程序政策相对于实体政策有所欠缺。我国雾霾天气频发，治理任务重，故以雾霾治理为目标的实体政策顺势而出。实体政策属于宏观层面的制度设计，能勾画出雾霾治理的宏伟"蓝图"，成为雾霾治理政策体系设计的主体和基础。然而，雾霾进入攻坚战的深入治理阶段，程序政策急需加以补充。程序政策主要功能在于落实雾霾治理的实施步骤、方式和时间进度安排等具体的章程与程序。无疑，会为实体政策的落地提供翔实保障。结果显示，程序政策明显少于实体政策。对应地，实践显示我国雾霾治理效

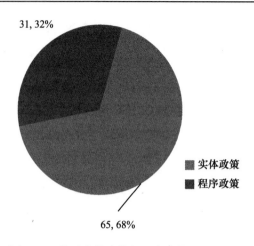

图 4—7 基于实体政策和程序政策的分析结果

果并不理想，秋冬季节各大中型城市雾霾天气反复出现，广大居民仍旧身陷"呼吸之痛"中。总之，程序政策是后续雾霾政策体系构建中需关注的重要环节。

五 政策述评

近几年（尤其是 2013 年以后），我国包括雾霾治理在内的大气污染治理政策体系逐步搭建并稳步推进，雾霾治理政策体系粗具雏形，为我国雾霾治理打下了良好基础。从时间上看，伴随着 2013 年雾霾全国范围内的出现，以《大气污染防治行动计划》为代表的雾霾治理政策随之出炉，相应的一系列国家及省级层面政策相应跟进。且随后的六年间，法律文件发布量保持持续强度，2018 年随着《打赢蓝天保卫战三年行动计划》的发布再掀高潮。除此之外，京津冀、长三角和成渝各大雾霾严重区域都相应地颁布雾霾治理政策，做到积极响应国家政策。在对雾霾以及雾霾政策体系的构建上，各大区域关注程度相当，都为雾霾治理积极付出努力。这体现了中央和各地方政府对雾霾治理的耐心与持久性，也彰显了国家坚决打好雾霾治理攻坚战的坚定决心。尽管我国已经大力构建包含雾霾在内的大气污染治理法律，对雾霾治理起到了初步指导作用，但迄今为止，现有法律构架尚不足以为彻底治理雾霾污染提供强有力的支持与保障。主要表现如下：

1. 雾霾治理专门政策缺失

我国现有雾霾治理政策体系中，除了通用的涵盖各种类型的大气污染治理政策，更多以"PM2.5 减排"为主要目标的大气污染治理政策的形式出现，而直接以"雾霾治理或 PM2.5 减排"为规制对象的雾霾治理专门政策则是屈指可数。如前所述，与其他类型大气污染相比，雾霾污染具备其独有特征。雾霾污染与人类健康、经济发展和社会稳定更息息相关，雾霾治理关乎国计民生，迫在眉睫。随着雾霾治理攻坚战的打响，现有雾霾治理通用政策逐渐显露出其针对性差的弊端，不足以继续指导雾霾污染的彻底根除和未来的生态文明建设。雾霾治理专门政策具有针对性和目标性，更加有利于高效地解决我国当前雾霾问题、打赢蓝天保卫战。再者，自十八届四中全会"依法治国"理念提出，政策体系构建也是大势所趋。

2. 以企业为重点规制主体，忽视居民层面的 PM2.5 减排

鉴于工业企业是 PM2.5 排放的污染大户，当前 PM2.5 减排相关法律更重在规制燃煤、移动源、建筑扬尘等工业企业，毫不夸张地给予了浓墨重彩的阐述，几乎占据所有法律文本的近 90%。从理论上来讲，其根本目标在于通过调整产业结构和能源结构来降低 PM2.5 排放和治理雾霾污染。然而，随着初步的企业整治，大量企业搬离核心城市，企业减排贡献已有所进展；且考虑到我国依旧迫切的经济发展需要，不可能以经济停滞换取雾霾治理，短时间内不能继续寄希望于企业的进一步重大改变。但长期来看，居民生活领域在消费活动中逐渐占据主体地位，城市区域内居民层面 PM2.5 排放日益凸显，居民 PM2.5 减排成为雾霾治理的重要突破口。《环境保护公众参与办法》作为唯一的一部涉及公众层面的法律，由环保部发文，发布单位级别低（RD 等级）。关注并规制居民层面 PM2.5 减排行为，甚至是普遍意义的居民环保行为的政策都是屈指可数。居民层面政策缺失，直接使得居民 PM2.5 减排无法可依。居民的 PM2.5 减排也更多停留在政府"提倡"和"呼吁"的阶段，导致居民 PM2.5 减排不能落到实处。居民可以参与，也可以不参与 PM2.5 减排行为。鉴于居民诸多日常消费行为是 PM2.5 排放的重要来源，尤其对于城市区域的雾霾污染，所以，大中型城市雾霾污染至今不能很好地予以解决。居民层面的 PM2.5 减排政策急需完善。

3. 雾霾治理程序政策有待完善与补充

我国雾霾治理体系初步构建，作为规划雾霾治理目标的实体政策是主体。然而，由于雾霾治理技术、管理和自然条件等各方面因素发展的不成熟，相关程序性政策的制定相对于实体政策仍捉襟见肘。可谓"蓝天保卫战"的号角已吹响，但冲锋陷阵的具体方案仍显底气不足。针对政策工具"实体政策"的大量使用，应适度增加具有可操作性的具体措施、实施步骤或具体要求等内容。"实体政策"的大量使用是我国政策的一项特点，这得到了其他学者在其他产业政策的验证。虽然实体政策能为雾霾治理起到一定的宣传鼓励引导作用，但雾霾治理深入阶段需要补充程序政策，以加强可操作的实施细则，最终将雾霾治理的目标转化为可实际操作的行动。比如，这些特点在居民层面 PM2.5 减排政策中尤其明显。对于居民 PM2.5 减排，部分法律充其量会在最后一条给予简单提及，且往往具有一大通病——强调原则，缺少翔实的实施细则，可操作性和可执行性有待加强。相关文件对于居民雾霾治理，几乎都是呼吁"公众参与"，无另外的细节规定，居民并不知道该如何参与、何时参与。而且必须指出，由于"经济人"和"社会人"的复杂性，居民层面 PM2.5 减排行为的规范和引导难度大，更应引起政府足够的重视。

4. 地方政府需加强对雾霾治理法律的补充

不同级别发布主体就雾霾治理发布各自层面的法律文本，最终法律体系会形成一个"金字塔"式锥形框架结构。全国人大、国务院，甚至各省人民代表大会制定雾霾治理"指导性法律"，构建"金字塔"式政策体系的上层。国家各部、委、省人民政府以及各省厅局颁布具体法律，搭建法律结构的下层基石。尽管"金字塔"式法律框架初具雏形，但基层的法律法规显得并不充足。其中，由各省、直辖市的生态厅（局）、省发改委等机构发布的 RX 等级法规表现最为突出。各省地方政府是雾霾污染治理的责任主体，由其发布的法律更能结合当地不同特征，应对不同区域雾霾污染。它也往往是为响应国家层面上位法而制定的下位法，对雾霾治理的落实起到重要的作用。此层面法律越扎实，上层雾霾治理政策的落实越理想，雾霾治理的成效也会越显著。因此，各省地方政府颁布的法律是雾霾治理体系中不可缺少的环节，也需加强。

第四节　居民 PM2.5 减排政策扎根理论分析

政策工具是人们为解决某个社会问题或达成一定的政府目标所使用的手段。[①] PM2.5 减排政策无疑是针对雾霾治理而制定。前文 PM2.5 减排政策的文本分析结果发现，我国居民层面 PM2.5 减排专门政策相对来说急需完善。如前文所述，积极引导居民层面 PM2.5 减排行为对城市雾霾治理至关重要，而居民 PM2.5 减排专门政策是促进 PM2.5 减排行为发生的重要影响因素，将扮演重要的角色。因此，本章将对居民层面 PM2.5 减排政策展开深入分析，挖掘居民 PM2.5 减排政策的不同类别，以针对性发挥各类政策在鼓励居民 PM2.5 减排行为中的作用。

一　数据来源和研究方法

对我国现有 PM2.5 减排行为相关政策来说，虽没有居民层面专门的法律陈述，但部分法律的相关章节中对此类政策都有所涉及。比如，对消费者新能源汽车的"价格补贴"，"车用汽油要求添加高品质燃油"，"禁止燃放烟花爆竹或禁止路边烧烤"，关于"远离雾霾"的公益广告，"公众防护 PM2.5 宣传手册"，"有奖举报"等。因此，在数据来源的选择上，将以前文文本分析中梳理出的 96 份政策为基础，挑选出与居民PM2.5 减排行为相关的政策文本作为现有政策的数据源展开分析，共计 68 份。部分政策数据文本及摘录原始语句见表 4—3 所示。因为省级层面法律往往是国家层面法律的下位法，所以，省级和国家级法律，以及各省之间的相关法律会有相似的一面，在政策文本分析中将其视为同一内容。研究团队将会在其中随机选择 2/3（46 份）的文本内容进行范畴提炼和模型建构，其余 1/3 的文本内容用来进行理论饱和度检验。

---

① 郭随磊：《中国新能源汽车产业政策工具评价——基于政策文本的研究》，《工业技术经济》2015 年第 12 期。

表4—3　　　　　　　　相关政策文本及原始语句（部分）

编号	名称	原始语句
P01	《中华人民共和国环境保护法》	1. 各级人民政府应当加强环境保护宣传和普及工作，鼓励基层群众性自治组织、环境保护志愿者、社会组织开展环境保护知识与环境保护法律法规的宣传，营造保护环境的良好风气。 2. 教育行政部门、学校应当将环境保护知识纳入学校教育内容，培养学生的环境保护意识。 3. 对改善和保护环境有显著成绩的个人和单位，由人民政府给予奖励
P02	《中华人民共和国大气污染防治法》	1. 公民应当增强大气环境保护意识，采取节俭、低碳的生活方式，自觉履行大气环境保护义务。 2. 生态环境主管部门和其他负有大气环境保护监督管理职责的部门应当公布电子邮箱、举报电话等，方便公众举报。 3. 任何个人和单位不得在禁止的区域内露天烧烤食品或者为露天烧烤食品提供场地。 4. 在城市人民政府禁止的区域内和时段燃放烟花爆竹的，由县级以上地方人民政府确定的监督管理部门依法予以处罚
P03	《大气污染防治行动计划》	1. 大力推广新能源汽车。采取直接上牌、财政补贴等措施鼓励个人购买。 2. 强化移动源污染防治。加强城市交通管理。优化城市功能和布局规划，推广智能交通管理，缓解城市交通拥堵。通过鼓励绿色出行、增加使用成本等措施，降低机动车使用强度。 3. 结合城中村和城乡接合部改造，通过政策补偿和实施峰谷电价、阶梯电价、调峰电价、季节性电价等措施，逐步推行以天然气或电替代煤炭。 4. 中央财政统筹整合主要污染物减排等专项，设立大气污染防治专项资金，对重点区域按治理成效实施"以奖代补"。 5. 要积极开展多种形式的宣传教育，普及大气污染防治的科学知识。倡导文明、节约、绿色的消费方式和生活习惯，引导公众从自身做起、从点滴做起、从身边的小事做起，在全社会树立起"同呼吸、共奋斗"的行为准则

续表

编号	名称	原始语句
P04	《打赢蓝天保卫战三年行动计划》	1. 持续开展大气污染防治行动,综合运用经济、法律、技术和必要的行政手段,大力调整优化产业结构、能源结构、运输结构和用地结构。 2. 2019年1月1日起,全国全面供应符合国六标准的车用汽柴油。研究销售前在车用汽柴油中加入符合环保要求的燃油清净增效剂。 3. 对符合条件的新能源汽车免征车辆购置税,继续落实并完善对节能、新能源车船减免车船税的政策。 4. 对打赢蓝天保卫战工作中涌现出的先进典型予以表彰奖励。 5. 鼓励公众通过多种渠道举报环境违法行为。 6. 积极开展多种形式的宣传教育。普及大气污染防治科学知识,纳入国民教育体系和党政领导干部培训内容
P16	《城市大气重污染应急预案编制指南》	1. 公布城市大气重污染应急预案信息,接警部门和电话,宣传相关应急法律法规、大气污染类型和预防常识相关知识。 2. 建议性污染减排措施主要包括:建议减少出行或乘坐公共交通工具出行,减少小汽车上路行驶;宣传、鼓励特殊时期(如春节、大型活动等)限制和减少燃放烟花爆竹等; 3. 强制性污染减排措施主要包括:实行交通管制,根据以下指标有选择地进行限行:机动车用途、车牌号码、机动车污染物排放标准、控制行驶时间、行驶区域等
P17	《京津冀及周边地区落实大气污染防治行动计划实施细则》	1. 城区餐饮服务经营场所全部安装高效油烟净化设施,推广使用高效净化型家用吸油烟机。 2. 通过采取鼓励绿色出行、增加使用成本等措施,降低机动车使用强度。 3. 采取直接上牌、财政补贴等综合措施鼓励个人购买新能源汽车。 4. 通过典型示范、展览展示、专题活动、岗位创建等多种形式,动员公众践行低碳、绿色、文明的生活方式和消费模式
P18	《关于做好2013年冬季大气污染防治工作的通知》	1. 大力倡导减少燃放烟花爆竹,节日期间遇有不利于污染物扩散的天气条件应采取临时性限制燃放措施,以减轻燃放造成的污染影响。 2. 利用广播、电视、网络、微博等媒介开展宣传,鼓励绿色出行,降低重污染天气机动车使用强度

续表

编号	名称	原始语句
P18	《关于做好 2013 年冬季大气污染防治工作的通知》	3. 建议性措施主要包括提醒公众做好健康防护，倡导公众自觉采取污染减排措施。 4. 强制性措施主要包括机动车限行，扬尘管控，禁止露天烧烤等。当发布最高级别预警时，要采取一切可以采取的强制性减排措施，并采取大型户外活动停办、中小学和幼儿园停课等措施
P21	《环境保护公众参与办法》	1. 公民、法人和其他组织可以通过信函、传真、电子邮件、"12369"环保举报热线、政府网站等途径，向环境保护主管部门举报。 2. 对保护和改善环境有显著成绩的单位和个人，依法给予奖励。国家鼓励县级以上环境保护主管部门推动有关部门设立环境保护有奖举报专项资金
P23	《北京市大气污染防治条例》	1. 实施相应的应急措施：禁止燃放烟花爆竹、停止工地土石方作业和建筑拆除施工、停止露天烧烤、停止幼儿园和学校户外体育课等。 2. 各级人民政府应当加强大气环境保护宣传，普及大气环境保护法律法规以及科学知识，提高公众的大气环境保护意识。新闻媒体、居民委员会、村民委员会、学校及社会组织配合政府开展宣传普及，促进形成保护大气环境的社会风气。 3. 公民负有依法保护大气环境的义务，应当遵守大气污染防治法律法规，树立大气环境保护意识，自觉践行绿色生活方式，减少向大气排放污染物。 4. 公民、法人和其他组织有权向环境保护行政主管部门或者其他有关部门，举报污染大气环境的单位和个人。 5. 本市提倡公民绿色出行，每年开展城市无车日活动。市人民政府应当创造条件方便公众选择公共交通、自行车、步行的出行方式，减少机动车排放污染。 6. 拒不执行机动车停驶和禁止燃放烟花爆竹的应对措施的，由公安机关依据有关规定予以处罚

续表

编号	名称	原始语句
P73	《安徽省打赢蓝天保卫战三年行动计划实施方案》	1. 2019 年 7 月 1 日起，实施国六排放标准。推广使用达到国六排放标准的燃气车辆。 2. 持续强化烟花爆竹禁放工作。 3. 依法关闭禁止区域内的露天餐饮、烧烤摊点，推广无炭烧烤。 4. 落实对符合条件的新能源汽车免征车辆购置税政策，继续落实对节能、新能源车船减免车船税的政策。 5. 对打赢蓝天保卫战工作中的先进典型按照有关规定予以表彰奖励。 6. 充分发挥电视、网络优势，加大宣传力度，提升社会各界参与大气污染防治的自觉性、积极性。 7. 积极开展多种形式的宣传教育。普及大气污染防治科学知识，纳入国民教育体系和党政领导干部培训内容
P94	《重庆市生态环境宣传教育工作实施方案（2018—2020年)》	1. 全市环保系统要主动策划、深度挖掘，推出一批生态环境领域具有重庆特色的感人故事和生动案例，以典型引路、让事实说话，不断提升宣传教育工作的传播力和影响力。 2. 积极开展环境教育进党校，将生态文明建设和环保法律法规相关内容纳入各级党校、行政学院培训课程，实现全市各区县全覆盖。全面推动环境教育进课堂，落实中小学校开设环境教育地方课程不少于 12 课时/年

考虑到当前对居民 PM2.5 减排政策的研究较少，其对居民 PM2.5 减排行为的作用机制还缺乏足够的认识。本章将采用扎根理论（Ground theory）技术这一质性研究方法，通过对居民层面 PM2.5 减排政策进行归纳和理论建构，研究其对居民 PM2.5 减排行为的影响和理论机制。通过对梳理出的 46 份政策文本内容展开系列分析，依次包括开放式编码（Open Coding）、主轴编码（Axial Coding）和选择性编码（Selective Coding）三个操作步骤探索当前居民 PM2.5 减排政策以及对居民 PM2.5 减排行为的初步影响机制。[1][2] 本章分析中采用持续比较的分析方式，不断提炼和修

① 王建明、王俊豪：《公众低碳消费模式的影响因素模型与政府管制政策——基于扎根理论的一个探索性研究》，《管理世界》2011 年第 4 期，第 61—64 页。
② 郭利京、赵瑾：《农户亲环境行为的影响机制及政策干预》，《农业经济问题》2014 年第 12 期，第 79—84 页。

正理论，达到理论饱和的最终目标，直到新的文本资料不会再对理论模型建构产生新的贡献。

二　范畴提炼和模型建构

1. 开放式编码

开放式编码（一级编码）是对原始政策文本资料所记录的任何可以编码的政策描述或片段给予概念化标签，实现将政策文本概念化。这是一个将文本资料打散、赋予标签化概念，之后以新方式再组合的过程。编码时，研究人员对政策文本资料逐字逐句分析以进行初始概念化。在此，严格以 46 份政策文本内容作为标签从中发掘初始概念。当然，初始概念存在层次较低、数量庞杂以及相互交叉现象，故进一步将初始化概念提炼和"聚拢"，即实现概念范畴化步骤。范畴化过程中，我们主要选择重复频次多的初始概念，并将重复频次少的剔除，最终一共得到 218 条原始政策文本语句以及相应的初始概念。表 4—4 为初始概念和主要范畴。由于篇幅所限，每个范畴只节选部分语句及其初始概念。

表 4—4　　　　　　　　　开放式编码范畴化结果（部分）

范畴	原始资料语句（初始概念）
行政命令	P04 – 1. 持续开展大气污染防治行动，综合运用法律、经济、技术手段，大力调整优化能源结构、产业结构、运输结构和用地结构。 P73 – 1. 2019 年 7 月 1 日起，实施国六排放标准。推广使用达到国六排放标准的燃气车辆。 P38 – 4、P39 – 1、P60 – 2、P68 – 5、P76 – 1、P77 – 6、P83 – 1、P90 – 1
强制性规定	P04 – 2. 2019 年 1 月 1 日起，全国全面供应符合国六标准的车用汽柴油，重点区域、成渝地区等提前实施。 P16 – 3. 强制性污染减排措施主要包括：实行交通、管制，根据以下指标有选择地进行限行：机动车用途、车牌号码、机动车污染物排放标准、控制行驶时间、行驶区域等。 P11 – 6、P18 – 4、P34 – 5、P34 – 6、P43 – 1、P45 – 7、P48 – 1、P53 – 5、P61 – 3、P65 – 2、P66 – 1、P68 – 3、P73 – 3、P76 – 2、P77 – 4

范畴	原始资料语句（初始概念）
监督管理	P02-2. 生态环境主管部门应当公布举报电话、电子邮箱等，方便公众举报。 P21-1. 公民、法人和其他组织可以通过信函、电子邮件、传真、政府网站、"12369"环保举报热线等途径，向环境保护主管部门举报。 P13-6、P13-8、P22-2、P23-4、P27-5、P28-2、P31-2、P34-2、P38-1、P41-1、P43-2、P47-1、P50-1、P50-2、P53-3、P57-4、P60-1、P66-3、P68-2、P77-2、P83-2、P87-5、P87-8、P90-2、P91-1、P93-3、P93-6
禁令	P02-3. 任何单位和个人不得露天烧烤食品或者为露天烧烤食品提供场地。 P18-1. 节日期间遇有不利于污染物扩散的天气条件应采取临时性限制燃放措施，以减轻燃放造成的污染影响。 P23-1. 禁止燃放烟花爆竹、停止露天烧烤、停止幼儿园和学校户外体育课等。 P38-4、P45-4、P45-8、P53-4、P60-5、P68-6、P73-3、P73-4、P77-5、P93-4
补贴	P03-1. 大力推广新能源汽车。采取直接上牌、财政补贴等措施鼓励个人购买。 P03-3. 合城中村、城乡接合部改造，通过政策补偿和实施峰谷电价、阶梯电价、调峰电价、季节性电价等措施，逐步推行以天然气或电替代煤炭。 P13-2、P26-2、P27-4、P43-4、P48-2、P65-3、P76-3
税收	P13-2. 利用财税扶持与示范补贴政策，在陕西关中等城市群推广使用地热能。 P73-5. 对符合条件的新能源汽车免征车辆购置税，继续落实对节能、新能源车船减免车船税的政策。 P66-2
奖励或罚款	P01-3. 对保护和改善环境有显著成绩的单位和个人，由人民政府给予奖励。 P02-4. 在城市人民政府禁止的时段和区域内燃放烟花爆竹的依法予以处罚。 P03-4. 中央财政统筹整合主要污染物减排等专项，设立大气污染防治专项资金，对重点区域按治理成效实施"以奖代补"。 P21-2、P23-6、P26-3、P26-4、P34-4、P38-3、P45-2、P45-9、P49-4、P50-3、P53-6、P57-3、P77-8、P83-5、P87-7、P91-4、P93-5

范畴	原始资料语句（初始概念）
便利型优惠措施	P03 - 1. 大力推广新能源汽车。采取直接上牌、财政补贴等措施鼓励个人购买。 P23 - 5. 市人民政府应当创造条件方便公众选择公共交通、自行车、步行的出行方式，减少机动车排放污染。 P11 - 2、P11 - 3、P11 - 4、P11 - 5、P11 - 7、P13 - 1、P13 - 3、P13 - 4、P13 - 5、P27 - 1、P27 - 2、P27 - 3、P31 - 3、P33 - 1、P33 - 2、P39 - 3、P42 - 1、P45 - 5、P45 - 6、P49 - 1、P49 - 2、P50 - 4、P57 - 5、P60 - 3、P60 - 4、P64 - 1、P64 - 2、P64 - 3、P64 - 4、P65 - 1、P65 - 4、P70 - 1、P70 - 2、P70 - 3、P70 - 4、P76 - 4、P77 - 3、P83 - 3、P83 - 4、P87 - 3、P87 - 6、P88 - 1、P88 - 2
媒体宣传渠道	P01 - 1. 各级人民政府应当加强环境保护宣传和普及工作，鼓励基层群众性自治组织、环境保护志愿者、社会组织开展环境保护知识和环境保护法律法规的宣传，营造保护环境的良好风气。 P17 - 4. 通过典型示范、展览展示、岗位创建、专题活动等多种形式，动员公众践行绿色、低碳、文明的消费模式。 P18 - 2. 利用广播、电视、网络、微博等媒介开展宣传，鼓励绿色出行，降低重污染天气机动车使用强度。 P11 - 1、P28 - 1、P32 - 1、P39 - 4、P41 - 2、P43 - 3、P47 - 4、P49 - 3、P50 - 5、P53 - 2、P57 - 2、P61 - 2、P73 - 7、P73 - 8、P76 - 6、P77 - 1、P87 - 2、P88 - 3、P90 - 3、P91 - 3、P93 - 1
榜样力量表率	P04 - 4. 对打赢蓝天保卫战工作中涌现出的先进典型予以表彰奖励。 P94 - 1. 全市环保系统要主动策划、深度挖掘，推出一批生态环境领域具有重庆特色的感人故事和生动案例，以典型引路、让事实说话，不断提升宣传教育工作的传播力和影响力。 P41 - 3
信息（减排途径和知识）	P03 - 5. 要积极开展多种形式的宣传教育，普及大气污染防治的科学知识。 P04 - 6. 积极开展多种形式的宣传教育。新闻媒体积极宣传大气环境管理法律法规、政策文件、工作动态和经验做法等。 P16 - 1. 公布城市大气重污染应急预案信息，宣传相关应急法律法规、大气污染类型和预防常识相关知识。 P23 - 2、P13 - 7、P22 - 1、P39 - 2、P47 - 3、P61 - 1

续表

范畴	原始资料语句（初始概念）
劝诫（学校教育）	P01－2. 教育行政部门、学校应当将环境保护知识纳入学校教育内容，培养学生的环境保护意识。 P02－1. 公民应当增强大气环境保护意识，采取节俭、低碳的生活方式，自觉履行大气环境保护义务。 P16－2. 建议减少出行或乘坐公共交通工具出行，减少小汽车上路行驶。 P94－2. 积极开展环境教育进党校，将生态文明建设和环保法律法规相关内容纳入各级党校、行政学院培训课程，实现全市各区县全覆盖。全面推动环境教育进课堂，落实中小学校开设环境教育地方课程不少于 12 课时/年。 P18－3、P23－3、P26－1、P31－1、P31－4、P31－5、P32－2、P34－1、P34－3、P34－7、P38－2、P42－2、P42－3、P45－1、P45－3、P47－2、P47－5、P53－1、P57－1、P60－6、P64－5、P66－4、P68－1、P68－4、P76－5、P77－7、P87－1、P87－4、P90－4、P91－2、P93－2

2. 主轴编码

为了增加初始概念的概念性和指向性，需对初始概念展开主轴编码操作，这是第二个关键的编码阶段。主轴编码（关联式登录）主要是为了探索上述范畴相互间的潜在逻辑联系，以发展主范畴以及相关副范畴。具体实施中，就要求基于范畴的性质相似性，将各个独立范畴的关系和逻辑次序进行归类。本研究中，共整理和归纳了三个主范畴。这三个主范畴及对应开放式编码范畴详见表 4—5。考虑到我国居民 PM2.5 减排政策仍显不足，政策的工具性依旧欠缺，因此，挖掘居民 PM2.5 减排政策的主范畴，有助于对居民 PM2.5 减排政策的分布与工具性特点形成初步认识，在现阶段这是本研究的重点内容。

表 4—5　　　　　　　　基于主轴编码建立的主范畴

主范畴	对应副范畴	范畴的内涵
命令控制型政策	行政命令	要求居民参与一定 PM2.5 减排行为的命令
	强制性规定	要求居民必须依照法律适用的规范
	监督管理	对其他居民个体或组织拥有的监督举报权力
	禁令	要求居民避免履行一定 PM2.5 排放行为的命令

续表

主范畴	对应副范畴	范畴的内涵
经济激励型政策	补贴	对相关 PM2.5 减排产品或行为进行价格补贴
	税收	对相关 PM2.5 减排产品或行为进行税收优惠
	奖励或罚款	对履行或不履行 PM2.5 减排行为实施金钱奖励或惩罚
	便利型优惠措施	对相关 PM2.5 减排产品或行为的便利性给予优惠
教育引导型政策	媒体宣传渠道	包括电视等传统媒介和微信、网络等新兴媒介
	榜样力量表率	领导或公众人物的示范作用
	信息（减排途径和知识）	提供 PM2.5 减排相关信息，以提升居民的了解度
	劝诫（学校教育）	通过教育，激发道德规范，进行合理引导

3. 选择性编码

选择性编码（核心式登录）是第三个关键阶段，目的是基于主范畴来挖掘核心范畴，并进一步探索和剖析核心范畴与主范畴及其他范畴间的联结关系，并且以"故事线"的形式具体描绘行为现象以及各脉络事件。此"故事线"的实质就是关于主范畴的典型关系结构，也就是实质理论构架。本研究中，主范畴的实质关系结构详见表4—6。基于此实质关系结构，我们确定了"基于居民 PM2.5 减排政策的 PM2.5 减排行为干预路径"这一核心范畴。图4—8 为所建立的意愿—政策情境—行为整合模型。当然，我国居民 PM2.5 减排政策仍处于初步认识中，其对居民 PM2.5 减排行为的具体影响路径更是仍在探索中。本研究只得出了初步结论，在之后的实证或模拟分析中，将就居民 PM2.5 减排政策的具体影响路径展开深入分析。

表4—6　　　　　　　　　**主范畴的实质关系结构**

典型关系结构	关系结构的内涵
命令控制型政策 意愿──▶行为	命令控制型政策是居民 PM2.5 减排行为实施的外部政策情境因素，其对意愿—行为之间的关系方向和关系强度有影响
经济激励型政策 意愿──▶行为	经济激励型政策是居民 PM2.5 减排行为实施的外部政策情境因素，其对意愿—行为之间的关系方向和关系强度有影响

续表

典型关系结构	关系结构的内涵
教育引导型政策 意愿——→行为	教育引导型政策是居民 PM2.5 减排行为实施的外部政策情境因素，其对意愿—行为之间的关系方向和关系强度有影响

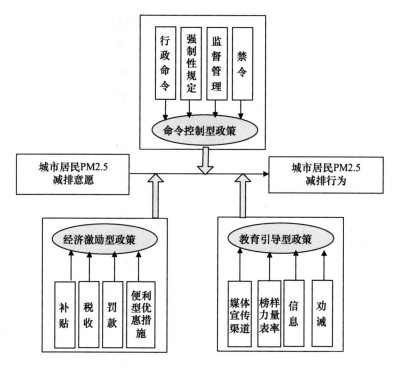

图 4—8　意愿—政策情境—行为整合模型

4. 理论饱和度检验

最后，利用其余 1/3 的政策文本进行理论饱和度的检验。结果显示，所建模型中的范畴已经整理得非常丰富，尤其是影响居民 PM2.5 减排行为的 3 个主范畴（命令控制型政策、经济激励型政策和教育引导型政策），且未发现和生成另外的主要范畴以及联结关系，3 个主范畴内部也未发现另外新的副范畴。基于此可以认为，图 4—8 的"意愿—政策情境—行为整合模型"理论上达到饱和。

三 居民 PM2.5 减排政策阐释

本研究中，我们重在增强对居民 PM2.5 减排政策自身的认识，即挖掘当前 PM2.5 减排政策的主范畴，以期望在未来 PM2.5 减排支持政策体系构建中针对性发挥各类政策的作用。另外，也初步剖析居民 PM2.5 减排政策对居民 PM2.5 减排行为的影响机制。

1. 居民 PM2.5 减排政策的分类

扎根理论分析结果发现，居民 PM2.5 减排政策可以归纳为三个主范畴：命令控制型政策、经济激励型政策和教育引导型政策。这实质上就是居民 PM2.5 减排政策的三大分类。这三类政策将作为引导居民参与 PM2.5 减排行为的政策工具，发挥其政策工具作用，将政策意图转变为具体政策行动。客观上来说，本研究提炼出的命令控制型、经济激励型和教育引导型三类政策已经作为居民 PM2.5 减排政策的雏形和基础，此分类也符合当前我国政策工具的普遍趋势。

对当前政策工具文献进行研究发现：根据政策手段和标准的不同，学术界可以将政策分为若干个类型。从行政约束角度，将其分为规制性和非规制性政策；从财政支出角度，也可将其分为开支性和非开支性政策；从强制力角度，又可分为自愿性、混合性和强制性三类；从不同职能角度，我国学者将政策工具分为经济性、行政性、管理性、政治性和社会性五类；根据政策工具产生影响的层面不同，将其分为供给型、需求型和环境型三种类型；从运行方式角度，经济合作与发展组织将环境政策分为命令控制型、经济激励型以及劝说型三类。可见，本研究提炼出的三大主范畴（命令控制型政策、经济激励型政策和教育引导型政策）在很大程度上与经合组织的分类建议相符合。岳婷（2014）在对节能政策的研究中也做了类似的划分，此外，学者 Kinzig 等[1]和 Wei 等[2]在其研

---

[1] Kinzig, A. P., Ehrlich, P. R., Alston, L. J., et al., "Social Norms and Global Environmental Challenges: the Complex Interaction of Behaviors, Values, and Policy", *Bioscience*, Vol. 63, No. 3, 2013, pp. 164 – 175.

[2] Wei, W., Li, P., Wang, H., et al., "Quantifying the Effects of Air Pollution Control Policies: A Case of Shanxi Province in China", *Atmospheric Pollution Research*, Vol. 9, No. 3, 2018, pp. 429 – 438.

究中都提到了相似的划分方法。

当然，不同政策类型会有所差异，对居民 PM2.5 减排行为的作用机制也会表现出一定的差异性。下面对三类政策做具体阐述。

居民 PM2.5 减排行为命令控制型政策是指政府采用行政命令或强制性规定等强制手段管理与引导居民参与 PM2.5 减排行为（岳婷，2014；芈凌云，2011）。如政府部门面对环境污染制定"车用汽油添加高品质燃油"的高质量标准；重度雾霾天气期间严格监督，禁止居民燃放烟花爆竹，并对私家车限号；也会启用"有奖举报"方式惩罚相关高 PM2.5 排放行为。命令控制型政策的实质是政府管理部门通过以命令行政手段为主要特征的政策工具来解决雾霾污染问题，其执行主体是政府，被规制主体是企业、个人或各种团体组织。对于雾霾这种大气污染达到一定程度会骤然发生的突发性环境问题，命令控制类政策手段通常是政府最普遍的选择。

居民 PM2.5 减排行为经济激励型政策是指管理部门通过调整 PM2.5 减排产品价格、实施减排产品补贴、征收"雾霾费"以及罚款等方式，直接或间接改变居民所需支付的经济成本进而引导参与 PM2.5 排放行为（芈凌云，2011）。经济激励型政策实质是政府从影响居民行为的成本和收益入手，通过市场机制，引导居民主体进行自主选择，最终实现雾霾治理的一种手段。此类政策发挥作用的主体是市场，被规制主体是企业、个人和各种团体组织。其中，补贴、优惠等是经济激励型政策的正向激励手段，罚款和税收方式是负向激励手段。

居民 PM2.5 减排行为教育引导型政策是指政府部门通过多种媒介手段对居民的 PM2.5 减排价值观、道德规范、减排知识与具体手段等进行宣传和教育，进而引导居民参与 PM2.5 减排行为。主要媒介手段既包括微信、专业网站、电视等现代媒介方式，也包括课堂、专家报告、座谈、海报、传单等传统媒介方式。面对雾霾等环境污染问题的外部性特征，教育引导型政策潜力巨大，将成为生态文明建设背景下环境治理的重点培育手段。[①]

————————

① 华春林：《农业面源污染治理：教育引导与农户参与》，科学出版社 2015 年版，第 4—20 页。

　　三类政策也展现出不同的特点。命令控制型政策最显著的特征就是见效快且时效长。政府相关部门为了雾霾治理目标会颁布相关命令且要求强制执行，被规制主体需严格遵守，如重污染期间的车辆限行。此类政策干预效果短时间内可立竿见影，是政府功能的发挥。但弊端在于政策维持成本高，政府往往需在前期宣传、过程监管和执行中付出更多额外成本。长此以往，甚至会成为政府的潜在负担；经济激励性政策的特征是见效快，但时效性较短。政府为了减少厨房油烟，对高效净化型家用吸油烟机给予价格补贴，政策颁布初始，居民经过价格比较认为相对优惠会产生购买行为，政策的经济激励功能得以体现。但随着时间的推移，居民对此价格补贴的认知会发生变化，认为价格补贴力度一般而不再具有诱惑力，故政策激励效果会日趋减弱，功能直至消失；教育引导型政策的显著特征是见效慢但时效长。国家为了鼓励居民 PM2.5 减排或长远生态文明建设，会系统设置环境教育以培养居民深层次的生态价值观和道德规范，一旦形成，居民会潜移默化地参与亲环境行为，且此影响会根深蒂固，不过环境教育过程相对漫长，成效也不是一日之功。我国的生态文明建设是一个长远的和长期的目标，教育引导型政策是追求的更高境界和最彻底的手段。

　　2. 居民 PM2.5 减排政策的影响机制

　　扎根理论分析结果也初步剖析了居民 PM2.5 减排政策对居民 PM2.5 减排行为的影响机制，即居民 PM2.5 减排政策作为外部政策情境因素对居民的 PM2.5 减排意愿和行为的关系有促进作用，如图 4—8 所示。进一步来讲，即使居民存在参与 PM2.5 减排行为的意愿，有的时候也不可能真正实现；即使居民偶尔参与实施，也可能很难长期坚持。我国政府部门作为政策制定者会通过各类政策（命令控制型、经济激励型和教育引导型），借助行政措施、经济调节或感性教育促使居民的意愿转化为实际的 PM2.5 减排行为。这意味着政策工具作为外部情境因素发挥着重要的作用。鉴于居民 PM2.5 减排行为隶属于亲环境行为范畴，此外部政策情境因素的作用就尤为重要。此观点与态度—情境—行为理论的观点一致，详见理论综述。王建明和王俊豪（2011）在对公众低碳消费模式进行的质性研究中，也对政策的情境条件进行了论证。态度—情境—行为理论认为，亲环境行为是个体的环境态度和外部情境因素综合作用的结果。

此理论对外部情境因素进行了特别强调，认为外部情境因素对个体态度和意愿向行为的转化起重要作用，只有外部情境因素适宜的情况下，个体的环境态度或意愿才能转化为实际的行为。三类外部政策情境因素对居民 PM2.5 减排行为的具体影响机制将在第九章进行深入分析。

第 五 章

三大区域雾霾现状及居民
感知的空间差异分析

第一节　三大区域雾霾污染现状

一　三大区域基本情况

中国幅员辽阔，由于历史及地理位置等众多原因，不同区域的经济发展水平存在差异。随着我国经济的发展，国家陆续批复了城市群区域发展规划，以中心城市的发展对周边欠发达地区的辐射带动作用，打造全国重要的人口聚集区。《重点区域大气污染防治"十二五"规划》划定了京津冀、长三角和成渝地区等为雾霾污染重点区域之一，根据本书研究目标，重点针对京津冀、长三角和成渝地区进行研究。

1. 京津冀地区

京津冀地处东北亚中国区环渤海的心脏地带，对我国北方来说，居于经济规模最大的战略地位，也是我国四大工业区之一。该区域总面积为21.8万平方公里，位于我国华北地区，东临渤海湾，西倚太行山，南面华北平原，北靠燕山山脉，地形特点为西北高东南低，由燕山—太行山山系构造（西北）向平原（东南）逐步过渡。2016年，国家发展委印发《"十三五"时期京津冀国民经济和社会发展规划》，这是全国第一个跨省市的区域规划，该区域包括北京市、天津市以及河北的保定、唐山、廊坊、石家庄、邯郸、秦皇岛等11个地级市，以北京、天津、保定、廊坊为其中部核心功能区，打造以首都为核心的世界级城市群经济圈。

2. 长三角地区

长三角处于"一带一路"与长江经济带的重要交汇地带，在我国国家现代化建设大局和开放格局中具有举足轻重的战略地位，是我国参与国际竞争的重要平台、经济社会发展的重要引擎、长江经济带的引领者，是我国城镇化基础最好的地区之一。该区域总面积21.17万平方公里，位于我国华东地区，濒临黄海与东海，地形呈周高中低，平原为主。2016年，国务院发布《长江三角洲城市群发展规划》，划定此区域范围为上海市、江苏省的南京和苏州等、浙江省的杭州和绍兴等以及安徽省的合肥、马鞍山等共计26个地级市，以上海市为中心，打造长江三角洲城市群经济圈。

3. 成渝地区

成渝处于全国"两横三纵"城市化战略格局沿长江通道横轴和包昆通道纵轴的交汇地带，是全国重要的城镇化区域，具有承东启西、连接南北的天然位置优势。在我国经济社会发展中具有战略地位，引领西部地区快速发展、提升内陆开放水平。该区域总面积约20万平方公里，位于我国西南地区，地形西高东低，总体以山地丘陵为主。2016年，国务院批复同意《成渝城市群发展规划》，该区域包括重庆市以及四川省的成都、自贡、泸州、德阳、绵阳、遂宁、内江、眉山等16个地级市，以重庆市和成都市为区域中心，打造成渝城市群经济圈，进一步推动西部大开发。

表5—1显示了三大区域在土地面积、常住人口、国内生产总值和人均国内生产总值等方面的基本情况。三大区域的人口总和约占全国总人口的1/4，而土地面积不足全国总面积的7%，人口密度巨大，是我国人口重要聚集区；三大区域之间的国内生产总值虽然存在一定差距，但总体来说都是各自所在地区的经济发达区域，在我国经济发展和对外交往中具有重要的战略地位，三大区域的生产总值对国家的生产总值贡献率超过35%。

表 5—1　　　　　　　　　　三大城市群基本经济情况（2018）

指标	长三角		京津冀		成渝	
	合计	百分比（%）	合计	百分比（%）	合计	百分比（%）
土地面积（万平方公里）	21.2	2.2	21.8	2.3	20	2.1
常住人口（亿人）	1.5	11	1.13	8.1	1	7.2
国内生产总值（万亿）	17.9	19.9	8.4	9.3	5.8	6.4
人均国内生产总值（万元）	11.6	—	7.5	—	5.7	—

二　三大区域雾霾污染状况

随着工业化经济的快速发展和城市化进程的加快，城市空气质量遭受前所未有的严峻挑战，"雾霾"天气长时出现。2013 年，我国遭遇史上最严重的雾霾天气，波及 25 个省份，100 多个大中型城市，全国平均雾霾天数达 29.9 天，达 52 年以来的峰值，使得雾霾成为年度关键词，引起了全民关注。下面简要介绍三大区域雾霾状况。

1. 京津冀地区雾霾污染状况

京津冀地区由于地理位置及工业化发展等原因，使得该区域成为雾霾重灾区之一。国家环保部门和中央气象台发布的数据显示，2013 年空气污染指数（API）排前 10 位的城市中，京津冀地区就高达 7 个，并且京津冀地区的空气质量平均达标天数仅为 37.5%，雾霾污染状况严重。随着雾霾的不断加剧，各级政府先后出台了相应的雾霾治理政策。2013 年 9 月，国务院颁布了史上最严厉的雾霾治理政策《大气污染防治计划》；2016 年 6 月，环保部联合北京市、天津市和河北省颁布《京津冀大气污染防治强化措施》；2017 年 8 月，环保部等 10 部门联合京津冀、山东、山西、河南等 6 省市政府制定《京津冀及周边地区秋冬季大气污染综合治理攻坚行动方案》。京津冀三地共同治霾，协同治理机制逐步完善，截至 2017 年末已取得阶段性成果，北京市当年 PM2.5 平均浓度为 58 微克/立方米，较 2016 年同比下降 20%，重污染日比 2016 年减少 16 天；天津市 PM2.5 年均浓度 62 微克/立方米，同比下降 10%，与 2013 年相比下降35%，完成国家《大气十条》中提出的比2013年下降25%的任务目标；石家庄的PM2.5年平均浓度比2013年下降37%，满足改善目标的时序进度要求。但京津冀三地的协同治理是以行政手段为主，辅以必要的经济手段，在短期内达到了治霾目标，从长远来看是"治标不治本"的短暂措施，总体来说，京津冀地区的雾霾污染状况不容乐观，治理状况也依旧严峻。雾霾污染不仅给京津冀地区带来了经济损失，也严重影响了居民的健康，治霾道路任重道远。

2. 长三角地区雾霾污染状况

长三角作为中国经济最发达的区域之一，在高速发展的背后也有生态环境的破坏。2013年长三角被大规模的雾霾所笼罩，使得三省一市的空气质量指数达到六级严重污染级别，并纷纷发出雾霾橙色预警信号。相关统计数据显示，12月6日，上海市PM2.5浓度超过600微克/立方米，局部达700微克/立方米以上，当年雾霾天数占到61%；不过，江苏中南部为此次重霾污染的最严重区域，南京市严重污染日连续5天，重度污染日持续9天，12月3日的PM2.5瞬时浓度高达943微克/立方米。面对此重度雾霾污染，2014年1月7日由国家八部委和长三角三省一市组成的区域大气污染防治协作机制正式启动，共同制定《长三角区域落实大气污染防治行动计划实施细则》；2018年，又再次公布"长三角空气重污染预警应急联动方案"，制定了相对统一的长三角区域空气重污染预警的启动标准和响应力度等，尽可能降低污染峰值浓度和影响。区域联动治理取得了一定的成果，截至2017年，长三角区域的优良天气比例达到74.8%，优良天气呈逐年上升状态；PM2.5年平均浓度较2013年下降34.3%，超任务完成。但长三角区域大气污染防治协作小组在运行过程中还存在着职能不清、缺乏强制力、注重短期效果等亟待解决的问题，协同治理机制还需进一步完善。

3. 成渝地区雾霾污染状况

成渝地区由于特殊的盆地地形以及工业化排放、汽车尾气排放等原因使得该区域的雾霾污染状况严重，特别是成都市成为全国雾霾高发地之一。四川省气象台发布的数据显示，2013年成都市PM2.5年平均浓度达97微克/立方米，重污染天数达62天。面对频发的雾霾天气，2015年四川和重庆签订《关于加强两省市合作共筑成渝城市群工作备忘录》，目标为建立成渝城市群空气重污染天气应急联动机制和预警应急机制。成都市也于 2017 年出台了《实施"成都治霾十条"推进铁腕治霾工作方案》,提出治霾目标和治霾举措,保护人民群众对美好生活的向往。经过几年的努力,截至 2018 年 10 月,成都市空气质量达标天数已达 214 天,空气质量优良天数率 71.6%,与 2016 年全年达标天总数持平,创下了自 2013 年以来历史最好水平,PM2.5 年平均浓度为 48 微克/立方米,同比下降 4%;截至 2018 年底,重庆市空气质量达标天数已达 300 天,PM2.5 年平均浓度为 40.3 微克/立方米,同比下降 20%。虽然雾霾污染状况逐年好转,但是相对于优良天气的 PM2.5 <35 微克/立方米来说,总体治霾历程还处在初步阶段,成渝地区的联合治霾还需找到一个长久有效的"治霾之道"。

　　总体来说,三大区域的雾霾污染状况相较于 2013 年有了很大程度的改善,但大多都是注重在短期目标上,区域雾霾污染状况依然严峻,并且各区域内的协同治理机制也不太完善,需要进一步加强以找到长久治理的道路。

第二节　基于统计数据的三大区域雾霾与经济社会发展关系分析

　　我国城市雾霾的发生,追根溯源是由于工业排放和居民自身的生活排放(戴小文等,2016)。随着工业企业的大量外搬,城市居民的生活排放逐步成为广为关注的重要污染源。而居民活动的频繁与否和各省的经济发展紧密相关,一般来说,经济水平越发达,相关人类活动越频繁,相应地,雾霾也往往更严重。环境研究学者们也对此现象进行了初步研究和阐释,肯定了当地的经济社会发展因素与雾霾污染呈现出不同程度的相关关系。如张明和李曼[1]借助环境库茨涅兹曲线(EKC)理论对雾霾问题进行探索,指出雾霾和经济增长之间会呈现出"N""U"形或倒"N"形等相关关系。也有学者基于脱钩理论剖析环境规制对工业发展与雾霾污染的作用机制。总之,城市作为周边区域内文化、经济、交通各

---

[1]　张明、李曼:《经济增长和环境规制对雾霾的区际影响差异》,《中国人口·资源与环境》2017 年第 9 期。

类资源汇聚的连接点，其居民的日常消费活动与城市自身的经济社会发展水平密切相关。从此视角来看，欲有效探索我国城市居民的 PM2.5 减排行为，就有必要对我国三大雾霾污染严重区域的经济社会发展水平的空间差异进行探索。在此，针对本章研究目标，对分布于三大雾霾污染严重区域的九个城市的经济社会指标和雾霾状况进行梳理与分析，观察人口、经济发展和工业建设对雾霾大气污染的潜在影响，并进一步剖析其在三大区域间的共性和差异性，以对未来生态文明思想指引下的经济建设和环境保护提供参考。

一 三大区域各省市经济社会发展统计指标横向分析

首先，对分布于京津冀、长三角、成渝三大雾霾严重区域的 9 大城市进行横向研究。根据学者们的研究，主要关注雾霾天气指标和对雾霾有影响的经济社会发展指标。前者包括 PM2.5 浓度和空气质量达标天数，后者包括人口规模指标（人口密度）、生活水平指标（人均 GDP 和人均可支配收入）、交通（私家车数量和公路里程）、城镇化程度、产业结构和能源消耗强度。

在此，对各指标数据进行收集，数据主要来自国家统计局官网，这是迄今为止的最新数据。① 详见表 5—2。

表 5—2　　　　　　2017 年 9 个省市的经济社会发展统计指标

一级指标	二级指标	北京	石家庄	天津	上海	南京	杭州	合肥	成都	重庆
人口规模	城镇常住人口密度（人/平方公里）	**1145.0**	683.4	**1305.5**	**3350.2**	**1033.8**	254.3	298.4	560.1	317.5
生活水平	城镇人均 GDP（元）	**128994**	57024	**118944**	**126634**	**141103**	**135113**	88456	86911	63689
	城镇人均可支配收入（元）	**62406**	32929	40278	**62596**	**54538**	**56276**	37972	38918	32193

① 国家统计局：《年度数据》（http：//data. stats. gov. cn/easyquery. htm？ cn = C01）。

续表

一级指标	二级指标	北京	石家庄	天津	上海	南京	杭州	合肥	成都	重庆
交通	私家车数量（万辆）	**564**	228	243	**302**	202	199	145	**452**	**371**
	公路里程（公里）	**22226**	**19543**	16532	13322	11324	16424	**19532**	**26294**	147881
城镇化程度（%）		**86.5**	61.6	**82.9**	**87.6**	**82.3**	76.8	73.7	71.9	64.1
产业结构	第二产业结构（%）	19.0	**45.1**	**40.9**	30.5	38.0	34.6	**49.0**	**43.2**	**44.1**
能源消耗强度（吨标准煤/万元）		0.3	**0.4**	**0.4**	**0.4**	0.3	0.1	0.3	0.1	**0.4**
雾霾污染程度	PM2.5 浓度（微克/立方米）	58	**86**	**62**	39	40	45	56	56	45
	空气质量达标天数（天）	226	**151**	**209**	275	264	271	224	235	227

　　表 5—2 结果显示，三大区域内不同城市的经济社会发展状况呈现出如下特征：

　　对各区域雾霾污染程度来说，京津冀区域最为严重，石家庄和天津的 PM2.5 浓度最高，分别达到 86 微克/立方米和 62 微克/立方米；空气质量达标天数最少，分别仅有 151 天和 209 天。在表中我们将雾霾污染最严重的几个城市用"加粗"突出显示。后面进行同样的处理。

　　从人口规模方面来看，京津冀和长三角区域城市的人口密度较为集中。其中，上海作为特大型城市，其人口密度最为突出，城镇常住人口密度已达 3350.2 人/平方公里，远远高于其他几个城市。其次，北京、天津和南京也超过 1000 人/平方公里。

从城镇人均 GDP 和人均可支配收入来看各城市的生活水平可发现，长三角和京津冀的居民生活水平明显高于其他区域。南京的人均 GDP 最高，已达 141103 元。其次是北京、天津、上海和杭州，也都接近或超过 120000 元；人均可支配收入最高的城市是上海和北京，分别达到 62596 元和 62406 元。

就各省市交通方面来看，随着我国日益增长的经济需求，各类交通设施也在增加。从私家车的保有数量来看，包括三个直辖市在内的北京、成都、重庆和上海等排在最前列，北京最多，已达 564 万辆；从公路里程来看，成都和北京最高，分别为 26294 公里和 22226 公里。其次，石家庄和合肥也很突出。

城镇化程度主要关注各省市的城镇化建设，自改革开放以来，我国的城镇化进程逐步加快。上海、北京、天津和南京这四个城市的城镇化程度都非常高，超过 82%。不过，重庆和石家庄的城镇化程度则相对较低。

同样，产业结构主要关注各省市的第二产业的比例。粗放式工业化生产是我国经济发展初期的特点，也是环境污染的重要原因。合肥、石家庄、天津、重庆和成都的第二产业结构都相对更高，都超过 40%，都有遗留工业城市的影子。

能源消耗强度也是关注我国经济生产中能源消耗的指标。可以看出，天津和重庆，以及石家庄和上海的能源消耗强度最高。

二　三个代表性城市经济社会发展统计指标纵向分析

接下来，对相关省市的雾霾天气指标和对雾霾有影响的经济社会发展指标进行纵向研究。通过对代表性城市近几年的相关数据的对比，观察 PM2.5 浓度和空气质量达标天数等雾霾污染情况的变化，以及人口规模指标、生活水平指标、交通、城镇化程度、产业结构和能源消耗强度等经济社会发展指标的变化趋势。在此，仅在三大区域中各选一个城市作为代表进行研究，最终选择的是北京（京津冀地区）、合肥（长三角地区）和成都（成渝地区）。时间上，主要收集 2013—2017 年共计五年的最新数据。

1. 北京市经济社会发展统计指标分析

北京，作为我国首都、直辖市，同时也是全国政治、科技创新、国际交往和文化中心，自然具备其他城市无法匹敌的独特魅力，当然也有着连日指数爆表的污染指数。其位于我国华北平原北部，总面积 16412 平方千米，背靠燕山，毗邻河北省和天津市。北京为北温带半湿润大陆性季风气候，具有夏季高温多雨，冬季寒冷干燥，春季和秋季短促的特征。全年无霜期 180—200 天，降水季节分布不均匀，全年降水的八成集中在夏季（6 月、7 月和 8 月）。北京 2013—2017 年连续五年的经济社会统计指标详见表 5—3。

表 5—3　　　　　　　北京 2013—2017 年各指标统计情况

一级指标	二级指标	2013	2014	2015	2016	2017
人口规模	城镇常住人口密度（人/平方公里）	1099.6	1122.2	1138.0	1144.7	1145.0
生活水平	人均 GDP（元）	97178	102869	109603	118198	128994
	城镇人均可支配收入（元）	40321	43910	52859	57275	62406
交通	私家车数量（万辆）	426.5	437.2	440.3	452.8	467.2
	公路里程（公里）	21673	21849	21885	22026	22226
城镇化程度（%）	—	86.3	86.4	86.5	86.5	86.5
产业结构（%）	—	21.6	21.3	19.7	19.3	19.0
能源消耗强度（吨标准煤/万元）	—	0.4	0.4	0.3	0.3	0.3
雾霾污染程度	PM2.5 浓度（微克/立方米）	89	86	81	73	58
	空气质量达标天数（天）	167	168	186	198	226

表 5—3 的数据显示，2013—2017 年，北京的经济社会发展状况呈现出如下特征：

北京的城镇人口规模整体基本保持稳定态势，处于一个缓慢增长的状态。相应地，其城镇化程度同样较稳定，这五年间没有太大的变化，都稍大于 86%。北京居民的生活水平均有大幅改善，人均 GDP 在 2013—2017 年一直保持稳定增长趋势，且增幅逐渐加大，到 2017 年已达 128994 元；城镇人均可支配收入也呈现出相应增长趋势，到 2017 年已经达到 62406 元。在交通方面，北京的私家车数量和公路里程都在逐年增长，与北京的经济发展水平相呼应。就产业结构和能源消耗强度而言，北京第二产业结构呈现出了逐年递减的趋势。能源消耗强度也是逐年递减。这主要得益于北京的能源结构调整和生态文明建设实施。就雾霾污染状况来看，此阶段北京的 PM2.5 浓度不断下降，2017 年有了明显改善；相应地，空气质量达标天数也不断增加。

　　2. 合肥市经济社会发展统计指标分析

　　合肥，是安徽省省会、合肥都市圈中心城市，综合性国家科学中心，长江经济带和"一带一路"双节点战略城市，是仅次于北京的国家重大科学工程布局重点城市，被国务院批准为我国东部地区重要中心城市。同时，也是全国重要的综合交通枢纽，"米"字形高铁网就近连接周围六大城市，搭建完成 1 小时到南京、2 小时到武汉和上海、3 小时至长沙、4 小时到北京和福州的高铁交通圈。合肥市总面积 11408.48 平方公里，位于长三角区域，位于安徽省中部，地处淮河、长江之间的华东丘陵地区中部，属亚热带湿润性季风气候，年平均气温 15.7 摄氏度，降雨量近 1000 毫米，日照 2100 多小时。秋季季节最短，气温下降快，晴好天气多。冬季天气较寒冷，雨雪天气少，晴朗天气多。合肥 2013—2017 年连续五年的经济社会统计指标详见表 5—4。

表 5—4　　　　　　　　合肥 2013—2017 年各指标统计情况

一级指标	二级指标	2013	2014	2015	2016	2017
人口规模	城镇常住人口密度（人/平方公里）	168.6	173.0	190.9	249.5	298.4
生活水平	人均 GDP（元）	61701	67689	73102	80138	88456
	城镇人均可支配收入（元）	28083	29348	31989	34852	37972
交通	私家车数量（万辆）	62.0	77.1	96.4	121.2	144.9
	公路里程（公里）	16955	17012	18860	19444	19532
城镇化程度（%）	—	67.8	69.1	70.4	72.1	73.7
产业结构（%）	—	55.0	55.2	52.6	50.7	49
能源消耗强度（吨标准煤/万元）	—	0.6	0.4	0.4	0.4	0.3

一级指标	二级指标	2013	2014	2015	2016	2017
雾霾污染程度	PM2.5 浓度（微克/立方米）	88	83	66	57	56
	空气质量达标天数（天）	180	151	238	253	224

表 5—4 的数据显示，2013—2017 年，合肥的经济社会发展状况呈现出如下特征：

合肥的城镇人口规模整体呈现快速增长态势，近五年的人口密度平均增长速度达 20%，其中，2016 年和 2017 年增幅最快。相应地，其城镇化程度同样快速增长，由 2013 年的 67.8% 增长到 2017 年的 73.7%。合肥居民的生活水平均有大幅改善，人均 GDP 在 2013—2017 年一直保持稳定增长趋势，且增幅逐渐加大，到 2017 年已达 88456 元；城镇人均可支配收入也呈现出相应增长趋势，到 2017 年达到 37972 元。在交通方面，合肥的私家车数量大幅增长，期间平均增长速度达 20%；公路里程数也有大幅改善，与合肥的经济发展水平相呼应。就产业结构和能源消耗强度而言，合肥第二产业结构呈现出了一种逐年递减的趋势，从 2013 年的 55% 降低到 2017 年的 49%。能源消耗强度也是逐年递减，且降幅较快。这主要得益于合肥的能源结构调整和对国家生态文明建设的响应。就雾霾污染状况来看，期间合肥的 PM2.5 浓度同样逐年下降，从 2013 年的 88 微克/立方米降到 2017 年的 56 微克/立方米，2017 年有了明显改善；相应地，空气质量达标天数也不断增加，2016 年达到 253 天，达到全年天数的 70%。

3. 成都市经济社会发展统计指标分析

成都，四川省省会，隶属于西部地区重要的中心城市，是西南地区的科技、商贸、金融中心和综合交通枢纽。成都市总面积 12390 平方公里，位于四川盆地西部，成都平原腹地。由于正处于四川西北高原到四川盆地过渡的中间地带，成都气候资源独特，属中亚热带湿润季风气候区，常年最多风向是静风；次多风向：6 月、7 月、8 月为北风，其余各月为东北偏北风。全年无霜期为 278 天，冬春雨少，夏秋多雨，雨量充沛。盆地地形和较高的相对湿度致使大气环境容量受限，此为雾霾形成的天然条件（戴小文等，2016）。成都 2013—2017 年连续五年的经济社会统计指标详见表 5—5。

表5—5　　　　　　　　成都2013—2017年各指标统计情况

一级指标	二级指标	2013	2014	2015	2016	2017
人口规模	城镇常住人口密度（人/平方公里）	495.0	508.4	505.6	515.6	560.1
生活水平	人均GDP（元）	63977	70019	74273	76960	86911
	城镇人均可支配收入（元）	29968	32665	33476	35902	38918
交通	私家车数量（万辆）	227.1	277.7	328.5	369.9	398.2
	公路里程（公里）	22515	22789	22972	26037	26294
城镇化程度（%）	—	69.4	70.4	71.5	70.6	71.9
产业结构（%）	—	45.9	44.8	43.7	42.7	43.2
能源消耗强度（吨标准煤/万元）	—	0.1	0.1	0.1	0.1	0.1
雾霾污染程度	PM2.5浓度（微克/立方米）	96	77	64	63	56
	空气质量达标天数（天）	139	216	211	214	235

表5—5的数据显示，2013—2017年，成都的经济社会发展状况呈现出如下特征：

成都的城镇人口规模基本呈现稳定态势，但2017年有一个大的增幅，人口密度增长近50人/平方公里。相应地，其城镇化程度同样处于相对稳定的状态，近五年基本维持在70%左右。成都居民的生活水平均有明显提高，人均GDP从2013年到2017年一直保持稳定增长趋势，且增幅逐渐加大，到2017年已达86911元；城镇人均可支配收入也呈现出相应增长趋势，到2017年已经为38918元。在交通方面，成都的私家车数量和公路里程都在逐年增长，尤其是私家车数量，期间的增幅接近翻倍增长，这与成都的经济发展水平相呼应。就产业结构和能源消耗强度而言，成都第二产业结构呈现出了一种逐年递减的趋势，但减幅不大。能源消耗强度也是逐年缓慢递减。这也得益于成都的能源结构调整和对国家生态文明建设的响应。就雾霾污染状况来看，期间成都的PM2.5浓度不断下降，2017年有了明显改善，降低到56微克/立方米；相应地，空气质量达标天数也逐渐上升。

三　横向和纵向综合分析结论

从横向来比较和分析三大区域各省市经济社会发展统计指标，可以得出以下结论：

从雾霾污染状况来看，京津冀区域三个省市的 PM2.5 浓度和空气质量不达标天数均明显高于长三角和成渝区域城市。

从人口规模来看，京津冀和长三角区域的北京、天津和上海以及南京人口密度远远高于其他城市。从生活水平来看，京津冀和长三角区域的北京、上海、南京和杭州的城镇人均 GDP 和人均可支配收入均远远高于其他城市。这主要原因在于我国历史悠久的城市，人口规模和经济发展往往具有历史底蕴的优势，长三角地区经济消费潜力突增。

从交通发展来看，京津冀和成渝区域的北京、成都和重庆的私家车拥有量远远大于其他区域城市，上海也较多。另外，北京和成都的公路里程数也最为突出。就城镇化程度而言，北京、天津、上海和南京四大历史悠久城市城镇化程度最高。仍受限于传统经济发展原因，石家庄、天津、合肥、成都和重庆的第二产业比重较其他城市偏大。天津、上海和重庆三个直辖市的能源消耗强度也较多。

可见，各区域的雾霾污染程度和相应区域的人口规模、经济发展水平以及交通、城镇化程度、产业结构和能源消费结构表现出一致的关系。人口规模越大，经济发展水平越高，交通越发达，城镇化程度越高，第二产业结构比重越大，能源消耗强度越大的区域，雾霾污染程度也往往越高。京津冀和长三角地区的人口规模、经济发展水平、交通和城镇化程度都较高，第二产业比重和能源消耗强度也普遍较大。成渝区域的交通、产业结构和能源消耗强度相对较高。

从纵向来比较和分析三个代表性城市的经济社会发展统计指标，可以得出以下结论：

近五年来，北京、合肥和成都的人口规模都呈增长趋势，生活水平也都稳步增长。交通也都呈现增长态势。城镇化程度也都在提高。产业结构和能源消耗强度都得到改善，第二产业比重稳步下调，能源消耗强度也有所下降。当然，三个城市的 PM2.5 浓度和空气质量不达标天数也在相应降低。可见，从纵向上再次论证：特定区域或特定城市的雾霾污染和当地的人口规模、经济发展、城镇化程度、交通、能源结构和产业结构调整呈现整体一致趋势。

总之，从横向和纵向综合来看，雾霾污染状况和经济社会统计指标因素基本一致。人口规模越大，经济发展水平越高，交通越发达，城镇化程度越高，第二产业结构比重越大，能源消耗强度越大的区域或城市，雾霾污染程度也往往越高。雾霾的改善，需要这几方面的全力调整和完善。

第三节　基于调研数据的三大区域居民雾霾感知差异分析

如前文所述，城市作为经济社会发展各类资源的节点，雾霾污染与城市自身的经济社会发展状况密切相关。进一步，诸多的经济社会发展状况体现在居民的日常消费活动上，也就是居民的 PM2.5 减排行为与雾霾污染紧密相关。如公共交通出行、冬季燃煤取暖、冬季空调取暖、减少露天烧烤、减少燃放烟花爆竹、减少室内吸烟等。鉴于此，本章继续探索居民对 PM2.5 减排行为的感知状况，并借助均值分析和单因素方差分析（ANOVA）等统计工具深入探索居民对 PM2.5 减排行为、心理因素感知在三大区域的感知差异，剖析引领居民 PM2.5 减排行为和"打赢蓝天保卫战"过程中，居民感知在三大区域上的空间共性和差异性。具体实施中，将根据问卷调查的目标设计，对三部分内容展开分析，包括：居民 PM2.5 减排意愿和实际行为空间差异、居民 PM2.5 减排行为的心理影响因素空间差异以及基于社会人口统计变量的 PM2.5 减排行为差异分析。

本章的问卷调查以京津冀、长三角、成渝三大雾霾严重区域内九个代表性城市的居民为调研对象。其中，问卷调查的区域分布情况详见表5—6。

表5—6　　　　　　　　　　问卷调查区域分布

区域	代表性城市	问卷数量（份）
京津冀地区	北京、天津、石家庄	344
成渝地区	成都、重庆	483
长三角地区	上海、南京、杭州、合肥	241

一　城市居民 PM2.5 减排行为和意愿的空间差异分析

1. 三大区域居民 PM2.5 减排行为和意愿的空间差异分析

根据学者们的讨论，亲环境行为和意愿往往会显示出一定的缺口，在此对居民的 PM2.5 减排实际行为和参与意愿分别进行均值分析，对比分析三大区域城市居民在居民 PM2.5 减排行为的空间差异。

居民 PM2.5 减排行为均值分析结果详见表5—7。可见，三大区域居民 PM2.5 减排行为的空间差异具备以下特征：从总体上来看，京津冀地区居民对 PM2.5 减排行为表现出更高的参与热情（M = 4.2476），其次是长三角地区（M = 3.9827），最后为成渝地区（M = 3.9517），但长三角和成渝地区二者相差不大。这与东、中、西依次递减的经济实力和发达程度并不一致。

表5—7　　　　　　　　三大区域的居民 PM2.5 减排行为均值

行为类型	测度项	京津冀（344）	成渝（483）	长三角（241）
居民 PM2.5 减排行为	BEA	4.2476	3.9517	3.9827
居民 PM2.5 减排意愿	INT	4.1839	4.0207	4.0456

同样，居民 PM2.5 减排意愿均值分析结果详见表5—7。可见，三大区域居民 PM2.5 减排意愿的空间差异具备以下特征：从总体上来看，京津冀地区居民的 PM2.5 减排意愿更高（M = 4.1839），其次是长三角地区（M = 4.0456），最后为成渝地区（M = 4.0207），但长三角和成渝地区二者同样相差不大。

最后，将居民的 PM2.5 减排行为和意愿结果进行综合对比分析，可以发现京津冀地区城市居民的 PM2.5 减排实际行为和意愿都明显高于成渝和长三角地区，且相对于意愿来说，居民的实际行为差距更大。这意味着在当前环境教育下，三大区域居民均形成了较为乐观的 PM2.5 减排意愿，但由于外部条件等因素的影响，居民的实际行为落实上有较大差距，京津冀地区明显更胜一筹。当然，成渝和长三角地区居民的 PM2.5 减排行为和意愿二者均相差不大。

2. 三大区域各类居民 PM2.5 减排行为的空间差异分析

本研究提出的居民 PM2.5 减排行为是一个复合概念，包括了公共交通出行、冬季燃煤取暖、冬季空调取暖、减少露天烧烤、减少燃放烟花爆竹，减少室内吸烟六类具体的日常消费行为。各类行为在各区域间也会有差异，因此，本部分将依行为类型，对上述各具体行为展开进一步分析。

各类居民 PM2.5 减排行为均值分析结果详见表 5—8。结果显示，按行为类型，三大区域各类居民 PM2.5 减排行为均值的空间差异具备以下特征：

表 5—8　　　　　　三大区域的各类居民 PM2.5 减排行为均值

行为类型	测度项	京津冀（344）	成渝（483）	长三角（241）
公共交通出行	BEA1	4.21	3.95	4.03
调整冬季燃煤取暖	BEA2	4.19	3.79	4.04
调整冬季空调取暖	BEA3	4.22	3.75	3.65
减少露天烧烤	BEA4	4.35	3.96	3.92
减少燃放烟花爆竹	BEA5	4.24	3.99	4.00
减少室内吸烟	BEA6	4.29	4.27	4.25

对居民公共交通出行行为来看，京津冀地区居民相对于成渝地区和长三角地区表现出更高的积极性和参与热情（M = 4.21），长三角和成渝地区明显低，但二者相差不大。

对于调整冬季燃煤取暖来说，京津冀地区居民表现出最高的积极性（M = 4.19），长三角地区次之（M = 4.04），成渝地区明显最低（M = 3.79）。这主要是因为成渝地区冬季并没有展开普遍的燃煤取暖。

对于调整冬季空调取暖来说，京津冀地区居民同样表现出最高的积极性（M = 4.22），成渝地区次之（M = 3.75），长三角地区最低（M = 3.65），但成渝地区和长三角地区相差不大。

对于减少露天烧烤来说，京津冀地区居民同样表现出最高的积极性（M = 4.35），成渝地区次之（M = 3.96），长三角地区最低（M = 3.92），但成渝地区和长三角地区相差不大。

　　对于节假日期间减少燃放烟花爆竹来说，京津冀地区居民同样表现出最高的积极性（M = 4.24），成渝地区和长三角地区较低，但二者相差不大。

　　对于在密闭空间减少室内吸烟来说，京津冀地区、成渝地区和长三角地区居民都表现出很高的积极性，但三大区域间相差都不大。

　　总之，结合均值分析结果，按行为类型对各类 PM2.5 减排行为具体分析来看，京津冀地区相对于成渝和长三角地区居民都表现出明显更好的参与积极性和参与热情。这主要是因为京津冀地区雾霾更为严重，居民对雾霾的自身感知更强，参与意愿也更强烈。但对减少室内吸烟行为来说，相对于其他行为结果有较大区别。三大区域居民对室内吸烟的感知均值几乎相等。这主要是因为，居民对室内吸烟带来的室内 PM2.5 污染的认识度不够，事实上，我国政策和管理层面也未对室内吸烟带来的雾霾危害给予重视，其研究更多停留在学术探讨层面。

二　居民个体心理因素的空间差异分析

　　根据计划行为理论等经典个人亲环境行为理论的阐述，本研究基于社会心理因素构建了城市居民 PM2.5 减排行为概念模型，详见图 6—1。在此，率先对代表性的心理影响因素进行分析，剖析三大区域的城市居民自身的生态价值观、环境信念、态度、感知行为控制、社会规范和道德规范的空间差异性。

　　对代表性的心理影响因素进行 ANOVA 分析，结果详见表 5—9。结果显示，三大区域城市居民的生态价值观在 0.045 的水平下显著，小于 0.05 的显著性水平；他们的环境信念不显著（$p = 0.246$），大于 0.05 的显著度水平；他们对居民 PM2.5 减排的态度也不显著（$p = 0.394$），大于 0.05 的显著度水平；他们对 PM2.5 减排的感知行为控制也不显著（$p = 0.649$），大于 0.05 的显著度水平；三大区域城市居民的社会规范在 0.000 的水平下显著，小于 0.001 的显著度水平；三大区域城市居民的道德规范在 0.003 的水平下显著，小于 0.01 的显著度水平。

表5—9　　　居民 PM2.5 减排行为心理因素的 ANOVA 分析结果

行为类型		平方和	df	均方	F	显著性
生态价值观（BV）	组间	3.058	2	1.529	3.121	0.045
	组内	521.737	1065	0.490		
	总数	524.795	1067			
环境信念（EW）	组间	3.466	2	1.733	1.402	0.246
	组内	1316.302	1065	1.236		
	总数	1319.769	1067			
态度（AT）	组间	0.967	2	0.483	0.932	0.394
	组内	552.440	1065	0.519		
	总数	553.407	1067			
感知行为控制（PBC）	组间	0.514	2	0.257	0.432	0.649
	组内	633.293	1065	0.595		
	总数	633.806	1067			
社会规范（SN）	组间	19.071	2	9.536	16.179	0.000
	组内	627.704	1065	0.589		
	总数	646.775	1067			
道德规范（MN）	组间	5.881	2	2.941	5.862	0.003
	组内	534.231	1065	0.502		
	总数	540.112	1067			

对上述居民 PM2.5 减排行为心理影响因素进行均值分析，结果详见表5—10。结果显示，三大区域居民 PM2.5 减排行为心理影响因素均值的空间差异具备以下特征：

表5—10　　三大区域的居民 PM2.5 减排行为心理影响因素均值

行为类型	测度项	京津冀（344）	成渝（483）	长三角（241）
生态价值观	BV	4.36	4.25	4.35
环境信念	EW	3.59	3.55	3.70
态度	AT	4.32	4.30	4.38
感知行为控制	PBC	3.59	3.54	3.55
社会规范	SN	3.89	3.59	3.63
道德规范	MN	3.91	3.75	3.74

对居民的生态价值观来看，京津冀地区和长三角地区居民的生态价值观相对于成渝地区更高，但三者都相差不大；对环境信念来说，长三角地区居民稍高，然后为京津冀地区和成渝地区，三者差异也不大；对于居民 PM2.5 减排态度来说，长三角地区居民稍高，然后为京津冀地区和成渝地区，三者差异同样不大；对于居民感知行为控制来说，京津冀地区居民的感知行为控制相对于长三角和成渝地区更高，但三者都相差不大；对社会规范来说，京津冀地区居民的社会规范相对于长三角和成渝地区更高，且有较大的差距；对道德规范来说，京津冀地区居民的道德规范相对于长三角和成渝地区更高，且有较大的差距。

总之，三大区域居民的生态价值观、社会规范和道德规范等心理因素在三大区域间表现出显著的差异性。此时，此三类心理因素在京津冀地区相对于成渝和长三角地区表现出更高的水平。这意味着京津冀地区为了改善雾霾污染，对于居民的环境教育，价值观、社会规范和道德规范培养取得了很好的成效。但环境信念、态度和感知行为控制等心理因素在三大区域间的差异性并不显著。此时，除了态度以外，居民的环境信念和感知行为控制在三大区域间都显示出较低的水平。这意味着三大区域都应加强环境信念和感知行为控制的提升。

三　社会人口统计变量对居民 PM2.5 减排意愿的差异分析

相关研究指出社会人口统计变量对居民亲环境行为也有影响，但迄今为止其对各种亲环境行为的影响并未得到一致的结论。本章重点探讨居民 PM2.5 减排行为基于社会人口统计变量的不同表现。在此，鉴于亲环境行为意愿和实际行为的近似可替代关系（Ajzen，1991），仅对居民 PM2.5 减排意愿进行分析。具体来讲，将结合性别、年龄、受教育程度、收入水平、家庭结构和工作单位性质六类社会人口统计变量因素，对京津冀、成渝和长三角三大区域城市居民在 PM2.5 减排行为意愿上的地区差异性展开进一步探索和分析。

1. 性别—区域

借助双变量分组（性别—区域）均值分析，探索京津冀、成渝和长三角三大雾霾严重区域城市居民的 PM2.5 减排意愿在性别上的差异性，结果详见表 5—11。

表 5—11　　　　性别对居民 PM2.5 减排意愿影响的空间差异分析

性别	男			女		
区域	京津冀	成渝	长三角	京津冀	成渝	长三角
居民 PM2.5 减排意愿	4.092	3.934	3.979	4.270	4.090	4.124

通过对基于性别和三大区域两个变量的居民 PM2.5 减排意愿对比发现，不论是男性还是女性，京津冀地区居民 PM2.5 减排意愿都高于成渝和长三角地区，即京津冀地区城市居民都普遍表现出积极的 PM2.5 减排意愿。不过，三个区域间差异不是很大。

通过对相同区域的对比发现，对三个区域来说，女性城市居民的 PM2.5 减排意愿都明显高于男性居民，即女性城市居民均普遍表现出更高的 PM2.5 减排意愿。

2. 年龄—区域

借助双变量分组（年龄—区域）均值分析，探索京津冀、成渝和长三角三大雾霾严重区域城市居民的 PM2.5 减排意愿在不同年龄层次分布上的差异性。将年龄变量依次划分为"22 岁及以下""23—35 岁""36—55 岁""56 岁及以上"四个阶段。结果详见表 5—12。

表 5—12　　　　年龄对居民 PM2.5 减排意愿影响的空间差异分析

年龄	22 岁及以下			23—35 岁		
区域	京津冀	成渝	长三角	京津冀	成渝	长三角
居民 PM2.5 减排意愿	4.065	4.083	4.091	4.258	4.044	4.017
年龄	36—55 岁			56 岁及以上		
区域	京津冀	成渝	长三角	京津冀	成渝	长三角
居民 PM2.5 减排意愿	4.214	3.931	4.045	3.350	3.900	4.050

通过对基于年龄和三大区域两个变量的居民 PM2.5 减排意愿对比发现，三大区域不同年龄层次居民的 PM2.5 减排意愿存在明显差异。

从不同年龄层次的居民来看：对于 22 岁以下的居民，他们属于受教育的青年群体，长三角地区居民表现出最高的 PM2.5 减排意愿，但三个地区基本相似；对于 23—35 岁的居民，他们属于努力奋斗的年轻一族，京津冀地区居民表现出最高的 PM2.5 减排意愿，成渝和长三角地区稍低；对于 36—55 岁的居民，他们属于有一定社会基础的年轻群体，所作所为逐渐形成自身的风格，此时，京津冀地区居民表现出最高的 PM2.5 减排意愿；对于 56 岁以上的居民，他们慢慢退居二线，进入退休生活，此时，长三角地区居民表现出最高的 PM2.5 减排意愿。总之，对于青年群体和老年群体，长三角地区城市居民 PM2.5 减排意愿最高；对于努力奋斗的年轻群体，京津冀地区居民 PM2.5 减排意愿最高；成渝地区基本保持居中。

从相同区域对比来看，京津冀地区年轻群体居民（23—35 岁，36—55 岁）展示出更高的 PM2.5 减排意愿；成渝地区年龄越小的居民越展示出更高的 PM2.5 减排意愿；长三角地区青年群体展示出更高的 PM2.5 意愿，不过不同年龄段差距不大，整体较为均衡。

3. 受教育程度—区域

借助双变量分组（受教育程度—区域）均值分析，探索京津冀、成渝和长三角三大雾霾严重区域城市居民的 PM2.5 减排意愿在不同受教育程度分布上的差异性。根据我国教育现状，受教育程度依次分为"初中及以下""高中、中专或技校""大学或大专""硕士及以上"四个阶段。结果详见表 5—13。

表 5—13　受教育程度对居民 PM2.5 减排意愿影响的空间差异分析

受教育程度	初中及以下			高中、中专或技校		
区域	京津冀	成渝	长三角	京津冀	成渝	长三角
居民 PM2.5 减排意愿	4.113	3.635	3.722	4.090	3.851	4.136
受教育程度	大学或大专			硕士及以上		
区域	京津冀	成渝	长三角	京津冀	成渝	长三角
居民 PM2.5 减排意愿	4.195	4.036	4.017	4.270	4.244	4.120

通过对基于受教育程度和三大区域两个变量的居民 PM2.5 减排意愿对比发现，对于初中及以下城市居民，京津冀地区居民的 PM2.5 减排意

愿明显高于成渝和长三角地区；对于高中、中专或技校层面的居民，京津冀和长三角地区居民的 PM2.5 减排意愿相对更高；对于接受大学或大专教育的居民来说，三个区域的 PM2.5 减排意愿相对都高，但京津冀地区更胜一筹；对于硕士及以上教育的居民来说，三个区域居民的 PM2.5 减排意愿都很高，京津冀和成渝地区略胜一筹。总之，在各受教育水平上，京津冀地区居民的 PM2.5 减排意愿都要高于其他两个地区。

从相同区域对比来看，对京津冀、成渝和长三角三个区域来说呈现出普遍的趋势，即随着受教育程度的提高，居民的 PM2.5 减排意愿也显著提升。

4. 收入水平—区域

借助双变量分组（收入水平—区域）均值分析，探索京津冀、成渝和长三角三大雾霾严重区域城市居民的 PM2.5 减排意愿在不同月收入水平上的差异性。将月收入水平依次划分为"2000 元以下""2001—4000元""4001—8000 元""8001—12000 元"和"12000 元以上"四个阶段。结果详见表 5—14。

表 5—14　收入水平对居民 PM2.5 减排意愿影响的空间差异分析

收入水平	2000 元以下			2001—4000 元		
区域	京津冀	成渝	长三角	京津冀	成渝	长三角
居民 PM2.5 减排意愿	4.169	4.155	3.972	4.178	3.984	4.121
收入水平	4001—8000 元			8001—12000 元		
区域	京津冀	成渝	长三角	京津冀	成渝	长三角
居民 PM2.5 减排意愿	4.192	3.978	4.040	4.120	4.046	4.060
收入水平	12000 元以上					
区域	京津冀	成渝	长三角			
居民 PM2.5 减排意愿	4.242	4.065	4.000			

通过对基于月收入水平和三大区域两个变量的居民 PM2.5 减排意愿对比发现，对于月收入在 2000 元以下的低收入城市居民，京津冀和成渝地区居民的 PM2.5 减排意愿明显高于长三角地区；对于月收入在 2001—4000 元的较低收入城市居民，京津冀和长三角地区居民的 PM2.5 减排意愿相对更

高；对于月收入在 4001—8000 元的中等收入居民，京津冀地区居民的
PM2.5 减排意愿明显高于成渝和长三角地区；对于月收入在 8001—12000 元
的高收入群体居民来说，京津冀地区居民的 PM2.5 减排意愿也要高于成渝
和长三角地区；对于月收入在 12000 元以上的特高收入居民，京津冀地区
居民的 PM2.5 减排意愿明显高于成渝和长三角地区。总之，在不同月收入
水平上，京津冀地区居民的 PM2.5 减排意愿都要高于其他两个地区。

从相同区域对比来看，对于京津冀地区居民来说，基本上符合随着
月收入增高居民的 PM2.5 减排意愿也增高的趋势，但在高收入群体中有
一个下滑趋势；对于成渝地区居民来说，大体上也符合随着月收入增高
居民的 PM2.5 减排意愿也增高，但低收入群体反而表现出较高的 PM2.5
减排意愿；对于长三角地区来说，处于较低收入的 2001—4000 元群体有
较高的 PM2.5 减排意愿，其他不同收入群体基本的减排意愿持平。但总
的来说，京津冀地区居民的 PM2.5 减排意愿在各收入水平上均明显高于
其他两个地区。

5. 家庭结构—区域

借助双变量分组（家庭结构—区域）均值分析，探索京津冀、成渝
和长三角三大雾霾严重区域城市居民的 PM2.5 减排意愿在不同家庭结构
构成上的差异性。在此，家庭结构包括两个视角：家庭成员中是否有 12
岁以下儿童，以及是否有 60 岁以上老人。儿童和老人都是身体承受能力
脆弱性群体，更易受雾霾污染等不良外部条件影响，需要家庭的格外关
注和照顾。因此，研究中提出，处于不同家庭结构的居民具有不同的
PM2.5 减排意愿。结果详见表 5—15。

表 5—15　　家庭结构对居民 PM2.5 减排意愿影响的空间差异分析

是否有 12 岁以下儿童	是			否		
区域	京津冀	成渝	长三角	京津冀	成渝	长三角
居民 PM2.5 减排意愿	4.228	4.032	4.178	4.123	4.013	3.967
是否有 60 岁以上老人	是			否		
区域	京津冀	成渝	长三角	京津冀	成渝	长三角
居民 PM2.5 减排意愿	4.253	4.007	4.083	4.095	4.037	4.014

通过对基于家庭结构和三大区域两个变量的居民 PM2.5 减排意愿对比得到以下发现：

首先，探讨家庭是否有 12 岁以下儿童情况。当家庭中有 12 岁以下儿童时，京津冀和长三角地区居民的 PM2.5 减排意愿明显高于成渝地区；当家庭中无 12 岁以下儿童时，京津冀地区居民的 PM2.5 减排意愿相对于其他两个地区仍为最高。

从相同区域对比来看，当家中有 12 岁以下儿童时，三个地区的 PM2.5 减排意愿均要高于无儿童时。京津冀地区居民不管是否有 12 岁以下儿童，都保持最高的 PM2.5 减排行为参与意愿。

其次，探讨家庭是否有 60 岁以上老人情况。当家庭中有 60 岁以上老人时，京津冀和长三角地区居民的 PM2.5 减排意愿明显高于成渝地区；当家庭中无 60 岁以上老人时，京津冀地区居民的 PM2.5 减排意愿相对于其他两个地区仍为最高。

从相同区域对比来看，当家中有 60 岁以上时，三个地区的 PM2.5 减排意愿要高于无同住老人时。京津冀地区居民不管是否有 60 岁以上老人，都保持最高的 PM2.5 减排行为参与意愿。

可见，12 岁以下儿童和 60 岁以上老人作为家庭结构成员的构成群体，二者均作为脆弱性群体，彼此之间对 PM2.5 减排意愿的影响相似，不用特意区分。总的来说，不管家庭中是否有 12 岁以下儿童和 60 岁以上老人，京津冀地区居民都表现出最高的 PM2.5 减排行为意愿。当然，对三个地区居民来说，家庭中有 12 岁以下儿童和 60 岁以上老人等脆弱性群体时，居民的 PM2.5 减排意愿往往会更高。

6. 工作单位性质—区域

借助双变量分组（工作单位性质—区域）均值分析，探索京津冀、成渝和长三角三大雾霾严重区域城市居民的 PM2.5 减排意愿在不同工作单位性质上的差异性。工作单位性质划分为常见的四种："企事业单位""商业企业""个体从业者"和"学生"。结果详见表5—16。

表 5—16　工作单位性质对居民 PM2.5 减排意愿影响的空间差异分析

工作单位性质	企事业单位			商业企业		
区域	京津冀	成渝	长三角	京津冀	成渝	长三角
居民 PM2.5 减排意愿	4.342	3.972	4.196	4.232	3.956	3.956
工作单位性质	个体从业者			学生		
区域	京津冀	成渝	长三角	京津冀	成渝	长三角
居民 PM2.5 减排意愿	4.080	4.024	4.023	4.053	4.099	4.052

　　通过对基于工作单位性质和三大区域两个变量的居民 PM2.5 减排意愿对比发现，对于在企事业单位工作的居民来说，京津冀地区居民表现出最高的 PM2.5 减排意愿，其次为长三角地区，最后为成渝地区，且三个区域相互间差异较大；对于在商业企业工作的居民来说，京津冀地区仍表现出最高的 PM2.5 减排意愿，成渝和长三角地区明显要低；对于众多个体从业者来说，三个区域居民的 PM2.5 意愿基本持平；对于学生群体来说，三个区域居民的 PM2.5 意愿也基本持平。总之，在不同的工作单位性质上，京津冀地区居民的 PM2.5 减排意愿都要高于其他两个地区。

　　从相同区域对比来看，对京津冀地区在企事业单位和商业企业单位工作的居民表现出更高的 PM2.5 减排意愿；对成渝地区来说，不同工作单位性质的居民减排意愿差异不大，个体从业者和学生还稍胜一筹；对于长三角地区来说，在企事业单位工作的居民减排意愿明显高于其他居民。这主要是由于京津冀地区和长三角地区经济相对更加发达，企事业单位也更加繁荣，在企事业单位工作的居民受教育程度和经济收入都会相对较高，他们对雾霾治理的环境诉求相应更好，因此他们有更好的 PM2.5 减排行为参与意愿。成渝地区相对来说，经济欠发达，生活节奏整体相对较缓，各个层面的工作人群减排意愿差距不大。但近期，尤其是重庆的各类环境教育，包括 PM2.5 减排教育，措施种类多、普及度高，因此学生群体的 PM2.5 减排意愿还较强烈。

第 六 章

城市居民 PM2.5 减排行为影响因素研究

对城市区域来说，基于居民日常消费活动的个人因素是除工业企业之外的重要 PM2.5 排放源（Pekey 等，2013）。引导居民的日常 PM2.5 减排行为是减缓城市雾霾污染的重要控制手段，这也得到各界的初步认同，在前文已着重阐述。识别进而确定城市居民 PM2.5 减排行为的影响因素是 PM2.5 减排行为研究的核心环节，同时，也为引导和鼓励居民参与 PM2.5 减排行为提供理论依据。这一结论也得到亲环境研究者们的肯定（Blok 等，2015；Pothitou 等，2016）。所以，基于居民日常 PM2.5 减排行为及其影响因素的研究有重要的意义。[①] 尽管对城市居民 PM2.5 减排行为影响因素的研究还处于探索阶段，几乎还很少有学者涉及。但考虑到居民 PM2.5 减排行为属于个人亲环境行为的范畴，本章将借鉴亲环境行为的相关理论与方法，基于计划行为理论、价值—信念—规范理论以及 ABC 理论三大广为接受的亲环境行为理论，对居民的 PM2.5 减排行为影响因素及影响机制进行剖析。

第一节　城市居民 PM2.5 减排行为
概念模型及研究假设

一　概念模型构建

近年来，在个人亲环境行为的研究范式上，基于多个理论建立综合

---

① Greaves, M., Zibarras, L. D., Stride, C., "Using the Theory of Planned Behavior to Explore Environmental Behavioral Intentions in the Workplace", *Journal of Environmental Psychology*, Vol. 34, 2013, pp. 109 – 120.

的行为概念模型逐步受到学者们的青睐，因为依据任何一个单独的理论都具有不完整性和局限性。在前文理论综述中，已对几个经典的环境行为理论做了阐述。TPB 是在环境行为研究中运用非常普遍的理论，强调态度、社会规范、感知行为控制和意愿行为之间的关联，搭建了本章概念模型的基础理论框架。但三个自变量都是更多基于个体的理性思考。VBN 理论是 NAM 理论的扩展，其中心变量是道德规范，更多强调了感性因素。此外，另一重要贡献在于将"价值观"因素作为影响道德规范的远端变量引入，并第一次界定了环境价值观的三个类型；同时，对价值观的作用进一步明确与肯定，学者们一致认为：价值观将从根源上促进亲环境行为的产生，拓展了环境行为研究的新视野。TPB 和 VBN 理论都属于心理感知变量的范畴，现在的环境行为研究越来越关注外部情境因素的影响。所以，本章也考虑了 ABC 理论，重点对外部政策情境变量进行分析。本章城市居民 PM2.5 减排行为影响因素概念模型将整合这三个行为理论的核心变量，各取其长，补其不足。

对现有的亲环境行为研究进行分析可以发现，西方学者的研究成果占据主导地位，反观我国亲环境行为研究则处于模仿与探索阶段。上述模型以及变量也都是借鉴自国外研究模型。对于中国特定发展阶段和特殊文化背景下的个体心理变量、外部政策情景变量对城市居民 PM2.5 减排行为影响的深入研究还很少见。因此，本章综合三个经典亲环境行为理论的学术观点，并根据实地调研和专家、居民访谈的结果，对相关变量进行改进与完善。如改进了环境关注变量，因为价值观、环境后果、环境责任感以及道德规范都是 VBN 理论的范畴，作为综合模型的一部分因果链较长，因此，将环境后果和环境责任感简化为环境关注变量，[①] 当然其内涵会尽可能包含环境后果和环境责任感两方面。对于政策情境因素，考虑到我国政策的实际情况，为了更加有针对性地实施政策干预，在此，采取经济合作发展组织的建议，将其细分为命令控制、经济激励与教育引导三种类型。另外，Hines 等（1987）和 Pothitou 等（2016）强

---

① Kim, Y., Choi, S. M., "Antecedents of Green Purchase Behavior: An Examination of Collectivism, Environmental Concern, and PCE", *Advances in Consumer Research*, Vol. 32, 2005, pp. 592 – 599.

调环境知识是亲环境行为的重要影响因素，且调研显示居民的环境知识现状并不容乐观。因此，增加环境知识变量作为影响居民 PM2.5 减排意愿的影响因素。本章的城市居民 PM2.5 减排行为概念模型，详见图6—1。

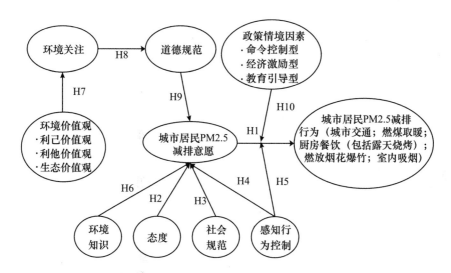

图6—1　城市居民 PM2.5 减排行为概念模型

二　假设提出

基于概念模型的变量和路径关系，本章提出以下三组假设。

1. 城市居民 PM2.5 减排行为与意愿的关系假设

（1）城市居民 PM2.5 减排行为

在第二章，已对城市居民 PM2.5 减排行为的概念进行了详细界定。也一再强调同其他亲环境行为一样，城市居民 PM2.5 减排行为是一个复合概念，具体包括城市交通、燃煤取暖、厨房餐饮（包括露天烧烤）、燃放烟花爆竹以及室内吸烟等居民日常消费行为。但本章中，城市居民 PM2.5 减排行为被当作一个整合的 PM2.5 减排行为，是一个一般性的笼统概念，不会特别地对其细分。主要基于以下两个层面考虑。第一，从实践层面城市居民的 PM2.5 减排大多还没有进入实质操作阶段，从理论层面各个行为的研究也处于探索阶段，实践和理论上各个 PM2.5 减排行为迄今为止都没有太多实质性进展。第二，对每一个居民来说，在其日常行为中，至少在一个相对稳定的时间段，往往都更多地侧重于一个或少数几个行为。当采访中被问及对 PM2.5 减排行为的看法时，也会自然而然地依据其参与更多的这几个行为来作答。而且，在某种程度上可以说这几个行为才是居民真正的通过自身行为的改变能为雾霾改善作出努力的地方。此说法与登门槛技术（Foot-in-the-door technique）相符。登门槛技术是诱导承诺中的一个常用技术，根据登门槛技术的假设，对第一个较小请求的承诺会促使接下来更大请求的实行。王建明（2011）在其研究中表明登门槛技术在促进家庭实行能源节约行为中尤其适用。同样，在诸多居民 PM2.5 减排行为中，居民可以先选择对他来说容易参与的一个或少数几个行为，然后逐渐参与更多的行为。

（2）城市居民 PM2.5 减排意愿

城市居民 PM2.5 减排意愿指居民为了减少 PM2.5 排放和雾霾污染而愿意参与 PM2.5 减排行为的程度（Ajzen，1991；De Groot 和 Steg，2007）。Ajzen 指出，行为意愿是实际行为的最主要和最直接的决定因素，行为意愿可以在很大程度上合理地预测个体的行为（Heath 和 Gifford，2002）。Ajzen 认为，当一个人的亲环境行为意愿越强烈，他就越有可能参与亲环境行为中去。这一假设得到了众多学者的支持（Chen 和 Tung，2014；Peters 等，2011）。也就是说，城市居民 PM2.5 减排意愿和行为之间存在着显著的正向关系。因此，提出如下假设：

H1：城市居民 PM2.5 减排意愿正向影响居民的 PM2.5 减排行为。

2. 个体心理类和行为控制类变量与居民 PM2.5 减排意愿的关系假设

其中，态度、社会规范、感知行为控制是 TPB 理论的核心变量，环境知识是结合实际背景增加的变量，环境价值观、环境关注、道德规范是 VBN 理论的范畴。

（1）态度

态度（Atitude，AT）源于 TPB 理论，是预测亲环境行为的重要心理变量。Ajzen（1991）指出态度是个体对某特定行为持有的喜欢或不喜欢的总的程度，越正面的评价越有助于个体参与此环境行为。多数学者在其研究中都证实正面的环境态度能显著促进个体的亲环境行为（Botetzagias 等，2015；Han 等，2010）。相对于其他 TPB 变量，态度是影响行为意愿的最主要的变量（De Groot 和 Steg，2007）。所以，态度对行为意愿的影响尤其值得重视。本书中，居民 PM2.5 减排行为是针对 PM2.5 污染治理的亲环境行为，居民对雾霾有最直观的感知态度，这种特定的态度将会在很大程度上影响居民参与 PM2.5 减排行为的意愿和实际行为。同样，居民对 PM2.5 减排行为越是持有正面的评价，居民参与 PM2.5 减排行为的意愿越强烈。基于此，提出以下假设：

H2：城市居民 PM2.5 减排的态度正向影响其 PM2.5 减排意愿。

（2）社会规范

社会规范（Social Norm，SN）是指个体对于是否参与某特定的环境行为所感受到的社会压力，这种压力来源于显著人群对自己的期望以及显著人群的实际行为（Ajzen，1991）。作为一种无形的心理压力，个体往往更加倾向于服从对于自己来说很重要的组织或群体对自己的期望，如政府的 PM2.5 减排呼吁，也更愿意相信以及模仿对他来说重要人群的实际 PM2.5 减排行为。众多研究证实社会规范是影响亲环境行为的一个重要变量，二者存在正向相关关系（Chen 和 Tung，2014；Cristea 等，2013；Smith 和 McSweeney，2007）。同样地，在中国社会文化背景下，社会规范对居民 PM2.5 减排行为的影响不容小觑。相对于西方"个人主义"的文化价值观，中国社会更加倡导"集体主义"观，且几千年悠久历史的沉淀，集体主义价值观根深蒂固。在这种价值观下，中国形成了一个坚实的"关系型"社会，强调个体对群体的融入。人们非常关注周围那些很重要的人对自己的看法，包括最亲密的家人、亲人、朋友，也包括领导、同事等。个人感受到的社会压力越大，越有可能促使其与这些群体采取相同的行为。基于此，提出以下假设：

H3：城市居民 PM2.5 减排的社会规范正向影响其 PM2.5 减排意愿。

（3）感知行为控制

感知行为控制变量（Perceived Behavioral Control，PBC）也是 TPB 理论的重要构成变量，在此既被视作个体心理类，也是行为控制类变量，指的是个体实施特定行为的难易程度或者可行性的感知（Ajzen，1991）。Ajzen 指出实施行为常见的控制（障碍）包括个体实施某行为的经济条件、方便性、时间限制等。延伸来讲，指实施行为时遇到的所有资源障碍。Ajzen 认为，如果个体对某特定行为所感知到的控制越多，那么个体采取该行为的意愿便越强，许多研究得出相似的结论（Peters 等，2011）。

同样，对于 PM2.5 减排行为，居民所掌握的资源与机会愈多，所预期的阻碍愈少，他们愈有可能参与其中。如果居民对于参与 PM2.5 减排无能为力，那么他的行为意愿就会在一定程度上受到约束。如他想乘坐公共交通出行，但公交、地铁的拥挤现状会让其望而却步。因此，提出以下假设：

H4：城市居民 PM2.5 减排的感知行为控制正向影响其 PM2.5 减排意愿。

根据 TPB 理论的阐述，Ajzen 还强调：PBC 除了直接影响居民的行为意愿外，还间接地调节行为意愿和实际行为的关系（Abrahamse 等，2009）。许多研究证实并不是所有的意愿都能转化为行为，意愿和行为之间存在偏差。因为个体的亲环境行为意愿在向实际行为转化的过程中，还可能受到 PBC 变量的影响（Bang 等，2014）。当个体对特定行为感知到控制程度越大时，行为意愿越容易向实际行为转化，反之，当个体感知的控制程度较低时，行为意愿转化为实际行为的可能性越低。根据居民座谈，在 PM2.5 减排行为中相似情况也存在。城市居民 PM2.5 减排意愿相对来说较高，但实际的 PM2.5 减排行为很低。PBC 可能是促使居民参与 PM2.5 减排的关键因素之一，可帮助我们挖掘到实际努力的方向。所以，在本书中 PBC 对 PM2.5 减排行为意愿和实际行为关系的影响也是分析的重点。基于上述阐述，提出以下假设：

H5：城市居民对 PM2.5 减排的感知行为控制显著调节居民 PM2.5 减排意愿和实际行为的关系。当感知到的 PM2.5 控制能力越高时，居民 PM2.5 减排意愿越可能转化为实际行为。

（4）环境知识

环境知识（Environmental Knowledge，EK）指的是个体确认与环境保护相关的一系列的符号、概念和行为模式的能力。[①] Hines 等（1987）运用元分析方法对文献进行研究发现环境知识是行为意愿的决定因素，二

---

① Vicente-Molina, M. A., Fernández-Sáinz, A., Izagirre-Olaizola, J., " Environmental Knowledge and Other Variables Affecting Pro-Environmental Behaviour: Comparison of University Students From Emerging and Advanced Countries", *Journal of Cleaner Production*, Vol. 61, 2013, pp. 130 – 138.

者之间存在显著的正向关系。这主要是因为环境知识可加深对环境行为的专业背景的正确了解，进而直接促进个体的意愿和行为。众多研究都提出人们拥有更多的环境知识就越有可能在亲环境行为中表现得更加友好（Pothitou 等，2016；Zareie 和 Navimipour，2016）。同理，PM2.5 的源解析、PM2.5 的危害以及居民如何参与 PM2.5 日常减排活动等知识，都能在很大程度上促使居民积极参与 PM2.5 减排行为中。因此，本书也假定环境知识与居民 PM2.5 减排意愿间存在正向影响，提出以下假设：

H6：城市居民 PM2.5 减排的环境知识正向影响其 PM2.5 减排意愿。

（5）环境价值观

环境价值观（Environmental Values）源于 VBN 理论。Stern 等（2000）基于 Schwartz 的个人价值观体系提炼出三种类型环境价值观，分别为：利己价值观（EGV）、利他价值观（SAV）和生态价值观（BIV）。这一分类得到了普遍认同，相应的量表也很完善（Fornara 等，2016；岳婷，2014）。本书也将采用这三个维度的划分。环境价值观是促进居民环境行为的重要因素，是居民态度形成和行为选择的深层基础。环境价值观对居民环境行为的影响得到了大部分实证研究的证实（De Groot 和Steg，2010）。学者们认为环境价值观作为个体内心深处的选择，需要通过一些中介变量间接作用于行为（Fornara 等，2016；Nguyen 等，2016）。VBN 理论中，就通过影响环境关注、道德规范而影响个人意愿。当然，不同类型的价值观对行为的作用效果有所区别，Fornara 等（2016）和Steg（2005）指出生态价值观和利他价值观更加有利于促进环境行为，而利己价值观会有一定的负面影响。

环境价值观是根植于文化传统的社会产物，东西方价值观有截然不同的文化背景。这些基于东西方不同传统文化基础上的环境价值观，在居民环境行为上可能会存在差异。而现有价值观研究以及价值观量表等又都起源于西方，是否适合我国本土化研究或者说其可能存在的差异都是我们关注的焦点。为此，本书选择环境价值观作为居民 PM2.5 减排行为的一个影响因素，并提出以下假设：

H7：城市居民 PM2.5 减排的价值观显著影响其环境关注。

H7a：城市居民 PM2.5 减排的利己价值观负向影响其环境关注。

H7b：城市居民 PM2.5 减排的利他价值观正向影响其环境关注。

H7c：城市居民 PM2.5 减排的生态价值观正向影响其环境关注。

（6）环境关注

根据 Schwartz（1977）在 NAM 理论的阐述，道德规范依次受到环境后果（Awareness of Consequence）和环境责任感（Ascription of Responsibility）的正向影响。尽管这两个变量分别描述环境后果和环境责任感两个方面，但都是对环境意识的关注。鉴于此，为了简化本章概念模型的结构，只选择了环境关注变量作为影响道德规范的唯一前因变量。当然，在对环境关注的测度中会尽可能地包含环境后果和环境责任感两个变量的内涵。环境关注（Environmental Concern，EC）指的是个体对环境的总的意识与评价（Kim 和 Choi，2005）。伴随着环境问题的增加，越来越多的学者对环境关注进行讨论，尤其是亲环境行为领域研究。相对来说，雾霾污染就正好是此类环境问题，甚至从时空角度来说影响更大更广。雾霾污染从空间上来说是跨区域污染，从时间上来说可能会影响下一代人口，其负面影响不可估量。在某种程度上，雾霾污染问题可能成为社会发展的瓶颈。所以，环境关注被视作一个能激发居民高道德规范的重要的影响因素，且可以间接地引导居民的 PM2.5 减排行为使之变得更加亲环境（Chen 和 Tung，2014）。鉴于此，提出以下假设：

H8：城市居民对 PM2.5 减排的环境关注正向影响其道德规范。

（7）道德规范

道德规范（Moral Norm，MN）是 NAM 理论的核心变量。Schwartz（1977）将其定义为：个体参与某种行为从意识上来讲是对还是错。对个体来说，道德规范是另外一种无形的压力，但不同于社会规范的是，压力根源于个体内部且具有典型的感性特征（Bamberg 等，2007）。一旦道德规范感被激发，个体对参与特定行为的道德感越强烈，就越有可能带来亲环境行为意愿的发生。Onwezen 等（2013）证实了道德规范在亲环境行为研究中的重要促进作用。因为环境污染的外部性特征可让环境污染实施者获得更多外部利益而没付出应有的代价与补偿。只有具有较高道德规范的个体才愿意为了保护环境而放弃部分自己的个人利益。对于 PM2.5 减排行为也是同样的道理。出行时选择公共交通而非私家车可能会导致低便利性和更长的出行时间，减少燃煤取暖的时间可能会减少舒适性。所以，在居民层面的亲环境行为，"德治"和"法治"的有效结合是更加有效的手段。德治就是"道德规范"的培养，这将是居民 PM2.5 减排的一大突破口。面对严峻的雾霾污染现状，居民拥有更高的道德规范，越有可能参与 PM2.5 减排行为。基于此，提出如下假设：

H9：城市居民 PM2.5 减排的道德规范正向影响其 PM2.5 减排意愿。

3. 外部政策情境变量的调节效应的关系假设

根据 ABC 理论，外部政策情境因素是对个体实施环境行为有影响的重要外界因素（Guagnano，1995）。由于亲环境行为的外部性特征，以及我国国情特点，政策因素的影响在我国亲环境行为研究中更是占据着非常重的分量。尽管居民 PM2.5 减排行为政策的效用还没完全凸显，但是 PM2.5 减排政策作为影响城市居民 PM2.5 减排行为的一个重要的外部情境因素是无疑的。

ABC 理论认为，外部政策情境变量对推动或者阻碍环境行为具有显著影响。外部环境政策受到国内外学者的大量关注与讨论（Hildingsson 和 Johansson，2016；芈凌云，2011）。Steg 和 Vlek（2009）在其研究中指出"情境因素极有可能会调节心理因素和行为之间的关系"。杨树（2015）提出财政补贴政策能够显著影响新能源产品的能效投资行为。岳婷（2014）在其家庭节能行为研究中也指出经济型政策普及程度、引导型普及政策等对不同的节能行为分别起到调节作用。迄今为止，鲜有实证研究关注政策情境变量对 PM2.5 减排行为的影响。尤其在中国背景下，该问题更未被充分剖析。在前文政策综述中，将 PM2.5 减排政策归纳为三类：命令控制型、经济激励型和教育引导型。因此，本书将聚焦于三类政策情境因素如何影响居民 PM2.5 减排意愿和实际行为的关系。同样地，提出以下假设：

H10：城市居民 PM2.5 减排政策会显著调节居民 PM2.5 减排意愿和实际行为的关系。当 PM2.5 减排政策处于高水平时，居民 PM2.5 减排意愿越可能转化为实际行为。

H10a：城市居民 PM2.5 减排命令控制型政策显著影响其 PM2.5 减排意愿和实际行为的关系。

H10b：城市居民 PM2.5 减排经济激励型政策显著影响其 PM2.5 减排意愿和实际行为的关系。

H10c：城市居民 PM2.5 减排教育引导型政策显著影响其 PM2.5 减排

意愿和实际行为的关系。

第二节　研究方法

一　问卷设计

本章采用问卷调研的方法。国内外还没有关于居民 PM2.5 减排行为的相关问卷量表，同样，研究量表的设计会借鉴个人亲环境行为研究的问卷。因为大部分量表都是参考的英文文献，而被调查者为中国居民，所以，首先要将英文量表翻译成中文。然后，为了量表的准确性，又邀请了专业的翻译人士将中文版问卷再翻译成英文，当然，事先没有告知翻译者本研究的相关信息。随后，对两版英文量表进行反复比较推敲，当二者没有语义分歧的时候，就意味着中文版量表和最初的英文版是等同的。

除了借鉴国内外成熟量表之外，还需要结合我国实际国情以及本书研究问题，对量表进行本土化改进和适当修正。在此过程中，会借助专家访谈和居民座谈对量表进行完善。在专家访谈环节，分别邀请了 2 位环保领域的专家学者进行深度交流，再次验证量表的变量是否全面反映了研究的实际问题，变量概念化界定是否合理，是否符合我国 PM2.5 污染治理的目标，量表的修订在技术上是否合理，以及实际调查中可能遇到的问题，并根据访谈内容对问卷测度项进行补充完善。在居民访谈环节，共邀请了 10 位不同年龄阶段、不同教育背景、不同行业的居民进行访谈，再次验证问卷是否能被不同背景的居民所理解，语言是否通俗易懂并且无歧义。根据访谈者反馈结果，对问卷进行修辞细节的修订。

最后，在正式量表生成之前，为了确保问卷效果，需进行小范围预调研测试。预调研时，选择了有专业背景和无专业背景的两部分居民，共计 100 位，参与调查测试。通过对预调研回收数据的信效度检验，对变量测度项进行局部的删减，并对题项的前后设置进行调整。通过这一系列的修改和完善，最终形成本章的城市居民 PM2.5 减排行为和意愿影响因素的正式量表。

量表内容基于本书的概念模型（图6—1）而设置。问卷由两大部分构成：第一部分为个体的社会人口统计特征信息，包括了居民的性别、年龄、受教育程度、家庭月收入、工作单位等基本情况；第二部分是问卷的主体，包括了本书的因变量，即居民的 PM2.5 减排行为和意愿，以及其 8 个影响因素。变量的测度主要参考前人的成熟量表而制定。比如，居民 PM2.5 减排意愿、环境态度、感知行为控制和社会规范主要由 Francis 等（2004）、Han 等（2010）、Greaves 等（2013）以及 Smith 和 McSweeney 等（2007）学者的量表而改变；道德规范主要参考了 Schwartz（1977）以及 Smith 和 McSweeney（2007）的研究；环境关注则采用了 Kim 和 Choi（2005）的量表设计；PM2.5 减排行为、环境知识、价值观、三类政策情境变量参考了 Jakovcevic 和 Steg（2013）、芈凌云（2011）和岳婷（2014）的研究。

对城市居民 PM2.5 减排行为和意愿以及其所有自变量的评价都是采用 Likert 5 级量表，请被试者指出他们在多大程度上同意相关测度项的说法。其中，"5"代表"完全同意""完全了解""经常做到"等完全正面的评价，而"1"代表"完全不同意""完全不了解""从没做到"等完全相反的评价。对 PM2.5 减排五个行为的测度采用五个连续等级，强度逐渐增大，分别为："从没做到""偶尔做到""不确定""大多做到"和"经常做到"；对 PM2.5 减排意愿、态度、社会规范、感知行为控制、价值观、环境关注、道德规范、外部政策情境因素等变量进行测度时，采用"完全不同意""不同意""不确定""较同意"和"完全同意"五个等级；对环境知识的测度采用"完全不了解""不了解""不确定""了解""完全了解"这五个等级。另外，对每个变量都是采用的多测度项（Multi-item）方式进行测量。整个量表共 54 个测度项，问卷的完成时间大约需 8 分钟，基本控制在被调查者的可接受范围之内。正式调研的问卷可查看附录 1。

二 样本选择和数据收集

1. 样本的选择

本书以城市居民的 PM2.5 减排行为为研究对象，基于研究目的，选择雾霾严重的三个区域的核心城市的居民进行调查，包括京津冀区域（北京、天津、石家庄）、长三角区域（上海、南京、杭州和合肥）和成渝区域（成都和重庆）。这三个区域分别坐落在我国的华北地区、东部地区和西南地区，被我国政府划定为雾霾最严重的三大区域。迄今为止，分布在这些区域的几乎所有的大城市都陷入非常严重的雾霾污染之中。以北京、上海为例，作为国际化大都市、我国的发达地区，人口、经济、城市交通迅猛发展的同时，伴随着煤炭、燃油等资源的巨大消耗，PM2.5 大量排放，雾霾严重时，PM2.5 频频爆表，发布橙色、黄色预警。同样，南京、杭州、合肥、天津、石家庄、成都、重庆等其他国内一线城市，均承受着相似的严峻雾霾考验。这些区域雾霾污染之严重，甚至有向中小型城市蔓延之势。居住在这里的居民都在经受着历史以来最为严重的 PM2.5 "污染之痛"。他们的 PM2.5 减排意愿和评价也在很大程度上能代表我国其他区域同样面临雾霾污染的居民的观点。

在问卷调查的时间上，选择了 2015 年和 2016 年的秋冬季节。因为这个时段是一年中雾霾相对最严重的时候。对于居民来说，他们正在经历着雾霾污染，自身感受最真切，评价也最客观。而且，他们也更愿意参与 PM2.5 减排的调查中表达自己的想法，这对问卷调查回收效果与问卷填写质量都是很好的保障。

2. 数据的收集

对调查的具体实施，本章采取网络问卷和纸质问卷相结合的方式。针对网络问卷收集，借助问卷星这一专业问卷调查平台，然后通过 QQ 和微信等网络媒介发布此问卷的网址链接，进而可方便邀请目标区域符合条件的朋友、同事、老师、同学、亲戚等填写问卷。然后，采取滚雪球方式，请这些被调查者转发链接，再次邀请他们的朋友、同事、老师、同学、亲戚等填写并转发问卷链接。通过滚雪球似的不断地转发，以扩大调研人群。针对纸质问卷收集，调研团队分别在目标城市组织若干场实地调研。调研地点优先选择该城市的人口聚集区，比如商业区的步行街、居民小区、汽车站、火车站和大学等。在每次调研时，事先已经接受过调查技巧培训的调研团队成员被分成两个小组。第一组主要负责现场邀请合适的居民到临时调研点接受问卷调查。为了获得合适的样本，他们会实时监控分析已有调查者的社会人口统计特征，如性别、年龄等基本指标，以便做到及时有目的性地邀请新的符合要求的居民。第二组主要负责与被调查者面对面进行调研。他们首先告知被调查者调研目的，并向其承诺对调研结果的保密性。然后，从专业的视角指导被调查者进行问卷的作答。

正式调研于 2015 年冬季和 2016 年冬季分两次实施，网络调研动员在秋冬季节持续进行，不间断回收电子版问卷。最终，网络问卷共回收 650 份，纸质问卷共回收 450 份，合计 1100 份。对问卷需进行初步筛选，首先网络调研部分可能存在非调研区域居民的答卷，因此需剔除这部分问卷 90 份。其次，从数据收集要求分析，答题时间太少的问卷质量的准确性和科学性有待商榷。纸质问卷作答的时间当场进行记录，网络问卷作答时间系统自动记录。此处剔除作答时间少于 3 分钟的问卷 50 份。然后，还需剔除大部分测度项作答相同以及先后存在逻辑错误的问卷，共 58 份。最终得到有效问卷共计 912 份（有效率 82.9%），这些问卷构成本书的基础数据。

下面分析 912 份问卷的人口分布特征情况，包括 6 个常用的人口统计变量：性别、年龄、受教育程度、家庭月收入、工作单位和所属区域，详细描述结果如表 6—1 所示。

表 6—1　　　　　　　　　　人口统计变量分布情况（N = 912）

变量	分类	频数	频率（%）
性别	1. 男	456	50.0
	2. 女	456	50.0
年龄	1. 22 岁及以下	232	25.4
	2. 23—35 岁	355	38.9
	3. 36—55 岁	307	33.7
	4. 56 岁及以上	18	2.0
受教育程度	1. 初中及以下	63	6.9
	2. 高中、中专或技校	140	15.4
	3. 大学或大专	546	59.9
	4. 硕士及以上	163	17.9
家庭月收入	1. 2000 元以下	82	9.0
	2. 2001—4000 元	173	19.0
	3. 4001—8000 元	337	37.0
	4. 8001—12000 元	181	19.8
	5. 12000 元以上	139	15.2

变量	分类	频数	频率（%）
工作单位	1. 政府部门	32	3.5
	2. 事业单位	165	18.1
	3. 企业	253	27.7
	4. 个体从业者	126	13.8
	5. 学生	243	26.6
	6. 其他	93	10.2
所属区域	1. 京津冀	308	33.8
	2. 成渝	376	41.2
	3. 长三角	228	25.0

表 6—1 显示，样本中男性和女性各为 456 人，均占样本总人数的 50%，此比例与我国居民男女比例基本相符（51.2%∶48.8%，中国第六次人口普查 2010 年）。在年龄层次分布上，55 岁以下居民是本书的调查主体，因为这一年龄段的群体处于人生工作的活跃期，在其生活与工作等日常消费活动中会排放大量的 PM2.5。其中，小于 22 岁的居民比例为 25.4%，23—35 岁的达到 38.9%，36—55 岁的为 33.7%，三个群体分布均衡。相对来说，55 岁以上老年人的样本较少，但基于上述考虑此样本偏差在本书研究中可以接受。在居民的受教育程度上，初中及以下为 6.9%，高中、中专或技校层面为 15.4%，大学或大专以上达到 59.9%，硕士及以上为 17.9%。相对于我国城市居民 21% 的接受大学教育的平均水平（据 2014 年中国统计年鉴），样本的受教育程度整体水平较高。这主要因为本书的调查区域均为发达区域的省会城市，甚至包括北京、上海等国际化大都市（Jakovcevic 和 Steg，2013；Nordfjærn 等，2014）。统计数据显示，北京大学或大专以上的比例为 70%，上海为 50%，重庆为 24%。样本的收入水平分布非常合理。家庭月收入在 2000 元以下的占 9%，在 12000 元以上的占 15.2%。中等收入水平家庭为城市人口的主体，样本中家庭月收入在 4001—8000 元的比例最大，达到 37%。2001—4000 元的较低收入水平和 8001—12000 元的较高收入水平家庭各占 19%、19.8%。从样本的工作单位性质来看，包括政府部门在内的事业单位居

民共计 21.6%，在企业工作的居民为 27.7%，个体从业者为 13.8%，在校学生为 26.6%，此外其他居民占 10.2%，各群体分布也比较全面与均衡。对三个调查区域来说，33.8% 的被调查居民来自京津冀地区，41.2% 来自成渝地区，25.0% 来自长三角地区，代表性较好。总体来看，所回收样本的各个社会人口统计特征分布相对均衡，较好地代表了研究区域的城市居民分布情况。

三 描述性分析

1. 因变量的描述性分析

本章概念模型中，城市居民 PM2.5 减排意愿对于自变量而言属于因变量。因此，因变量包括城市居民 PM2.5 减排行为和城市居民 PM2.5 减排意愿两个变量，其观测指标的均值和标准差，详见表6—2。

表6—2   因变量的描述性分析

变量	均值	标准差	测度项	均值	标准差
居民 PM2.5 减排行为	3.713	0.616	BEA1	3.80	1.109
			BEA2	3.58	0.917
			BEA3	3.72	1.001
			BEA4	3.70	0.977
			BEA5	3.76	0.941
居民 PM2.5 减排意愿	4.192	0.678	INT1	4.32	0.714
			INT2	4.07	0.889
			INT3	4.18	0.793

注：BEA1 – INT3 为各测度项。

如表6—2所示，整体来看，城市居民 PM2.5 减排意愿均值为 4.192，标准差为 0.678，总体水平较好。这意味着面对严重的雾霾污染，城市居民对于参与 PM2.5 减排行为有较高的意愿。相对来说，居民实际的 PM2.5 减排行为整体水平较差，其均值只有 3.713，标准差为 0.616。二者对比可以发现，城市居民的 PM2.5 减排意愿强于实际的减排行为。换言之，在实际生活中，居民的 PM2.5 减排还更多停留在意愿层面，并没能转化为实际的减排行为。

从 PM2.5 减排行为的测度项来看，尽管居民有着 PM2.5 减排意愿，但其在不同 PM2.5 减排行为上的表现仍有差异。其中，"乘坐公共交通代替私家车出行"这一行为的均值最高，达到 3.80，这意味着大部分居民对绿色交通出行认可度较高，在国家号召下已积极参与当中。减少"露天烧烤""燃放烟花爆竹"以及"室内吸烟"三个行为作为更加贴近居民生活的日常行为，需要日常生活习惯与细节的改变，其均值在 3.70—3.76，相对而言，尽管日常生活，甚至风俗习惯的改变有难度，但在一定程度上，也获得了居民的认可。"冬季燃煤取暖"由于居民真正参与其中的难度最大，即居民自身的可控度最小，居民的参与度在所有 PM2.5减排行为中相对最低，其均值只有 3.58。

2. 调节变量的描述性分析

调节变量包括三个外部政策情境变量：命令控制型、经济激励型和教育引导型政策，以及居民的个人行为控制类变量：感知行为控制，其均值和标准差分析结果见表 6—3。

表 6—3　　　　　　　　　　　调节变量描述性分析

变量	均值	标准差	测度项	均值	标准差
命令控制型政策	3.891	0.697	CCP1	3.81	1.031
			CCP2	3.84	0.901
			CCP3	4.09	0.880
			CCP4	3.82	0.937
经济激励型政策	3.807	0.731	EIP1	4.11	0.884
			EIP2	3.66	1.092
			EIP3	3.62	1.059
			EIP4	3.84	0.979
教育引导型政策	4.161	0.643	EGP1	4.10	0.846
			EGP2	4.25	0.820
			EGP3	4.21	0.807
			EGP4	4.08	0.817

续表

变量	均值	标准差	测度项	均值	标准差
感知行为控制	3.580	0.644	PBC1	3.75	0.907
			PBC2	3.41	0.918
			PBC3	3.71	0.912
			PBC4	3.45	0.886

注：CCP1 - PBC4 为各测度项。

如表6—3所示，对于三类外部政策变量，从整体来看，居民对教育引导型政策认可度最高，均值达到4.161，且认可度最稳定，标准差最小，仅为0.643。命令控制型政策次之，均值为3.891，标准差为0.697。最差的为经济激励型政策，均值仅为3.807，标准差为0.731。对比三者的均值和标准差发现，教育引导型政策效果远远超过其他两个，认可度最高且稳定。

从三类外部政策变量的测度项来看，对于命令控制型政策，只要政策制定到位以及执行到位，居民的认可情况都较好。四个测度项比较均衡，均值在3.81—4.09。但对于明确规定的"禁止行为"居民的认可度更要稍胜一筹，如对"车用汽油""城区禁止燃放烟花爆竹、禁止路边烧烤"两个测度项得分更高些，分别为3.84和4.09。居民对经济激励型政策中的正向鼓励（如"补贴"和"直接上牌、不限号"等行为）比负向惩罚行为（如"征收雾霾费"和"罚款"）明显效果更好。前者的均值为4.11和3.84，后者的均值为3.66和3.62。对于教育引导型政策，四个测度项整体水平都较高且均衡，其均值都在4.08—4.25，标准差也仅在0.807—0.846。可见，面对严重的PM2.5污染，居民对于PM2.5治理热情度很高，愿意通过学习相关知识了解PM2.5污染，进而为雾霾治理贡献自己的一分力量。

同样地分析感知行为控制。整体来看，居民对于PM2.5减排的感知行为控制不容乐观，均值只有3.58，甚至在所有的变量中几乎都处于较差层次。标准差也处于较低水平，为0.644。说明对于绝大部分的居民来说，他们对参与PM2.5减排行为感觉整体难度大。这是需要政府所关注，并尽量予以解决的。具体难度可借助变量的测度项来窥探一二，表6—3

显示"相应的资源、时间和机会""收入""生活舒适度、便利度以及已有习惯"等方面都是居民所感知到的难点。

3. 自变量的描述性分析

自变量主要是指居民 PM2.5 减排意愿的前因变量,包括:态度、社会规范、环境知识、利己价值观、利他价值观、生态价值观、环境关注、道德规范 8 个变量,描述性分析如表 6—4 所示。其中,感知行为控制既作为自变量,又作为调节变量,在前文已进行阐述。

表 6—4 　　　　　　　　　自变量的描述性分析

变量	态度	社会规范	环境知识	利己价值观	利他价值观	生态价值观	环境关注	道德规范
均值	4.296	3.500	3.699	2.677	4.021	4.305	4.304	3.965
标准差	0.694	0.724	0.700	1.053	0.726	0.687	0.649	0.677

表 6—4 显示,态度、社会规范、环境知识等基于理性视角的心理变量均值分别为 4.296、3.500 和 3.699,标准差介于 0.694 和 0.724 之间。此结果表明居民对于 PM2.5 减排行为持有非常高的正面评价。相对来说,居民 PM2.5 减排的环境知识得分较低,说明普通居民对于 PM2.5 的形成机制、主要污染源和日常生活中 PM2.5 减排途径了解度还很不够,这会影响居民的 PM2.5 减排行为。居民感知到的社会规范压力相比预期也小很多,除继续增加政府宣传力度外,更要关注居民的"显著人群"自身的示范效应。

类似地,除利己价值观外,利他价值观、生态价值观、环境关注以及道德规范等基于感性思考视角的心理变量均值都相对较高,介于 3.965 和 4.305 之间,标准差介于 0.649 和 0.726 之间。此结果表明,面临严重的雾霾污染,居民的利他和生态价值观会很好地激发居民的环境关注,进而激发居民的环境道德感,最终有利于 PM2.5 减排行为的发生。当然,对于持有利己价值观的居民来说,均值仅为 2.677,会带来一定负面效应。

第三节 城市居民 PM2.5 减排行为
影响因素结构方程分析

采用结构方程模型（Structural Equation Model，SEM）剖析城市居民
PM2.5 减排行为的影响因素和影响机制。按照陈晓萍等（2012）的建议，
将其分为测量模型和结构模型两部分，分别借助 SPSS 21.0 和 Smart-PLS
2.0 对数据的合理性和假设路径进行检验。

一 信度分析

本章采用验证性因子分析（CFA）对数据进行信度和效度检验。构
念信度用来测量各个变量的测度项间的内部一致性。按照 Fornell 和
Larcker（1981）的建议，信度由 Cronbach's α 和联合信度（Composite Re-
liability，CR）来测量。Cronbach's α 检验一系列测度项作为一个群组的紧
密程度；联合信度检验一系列测度项能代表潜在变量的程度。Cronbach's α
和联合信度值的系数越大，显示该变量各测度项间的一致性越大，信度
越高。表 6—5 的信度检验结果显示，除感知行为控制和 PM2.5 减排行为
两个变量外，其余变量的 Cronbach's α 系数均大于 0.7。且感知行为控制
和 PM2.5 减排行为的 Cronbach's α 值也大于 0.6。同时，所有变量的联合
信度值都大于 0.7。此结果意味着所有变量的信度都很好。

表6—5 验证性因子分析结果

变量	测度项	因子载荷 （loading）	Cronbach's α	联合信度	AVE
态度	AT1	0.853	0.853	0.904	0.703
	AT2	0.878			
	AT3	0.847			
	AT4	0.771			
社会规范	SN1	0.757	0.779	0.858	0.603
	SN2	0.706			

续表

变量	测度项	因子载荷 （loading）	Cronbach's α	联合信度	AVE
社会规范	SN3	0.826	0.779	0.858	0.603
	SN4	0.812			
感知行为控制	PBC1	0.730	0.673	0.803	0.505
	PBC2	0.728			
	PBC3	0.707			
	PBC4	0.675			
环境知识	EK1	0.809	0.773	0.868	0.570
	EK2	0.793			
	EK3	0.793			
	EK4	0.674			
	EK5	0.696			
利己价值观	GV1	0.913	0.909	0.943	0.846
	GV2	0.935			
	GV3	0.912			
利他价值观	SV1	0.872	0.820	0.893	0.736
	SV2	0.841			
	SV3	0.860			
生态价值观	BV1	0.874	0.851	0.910	0.770
	BV2	0.889			
	BV3	0.870			
环境关注	EC1	0.793	0.813	0.877	0.641
	EC2	0.823			
	EC3	0.809			
	EC4	0.777			
道德规范	MN1	0.810	0.803	0.874	0.645
	MN2	0.758			
	MN3	0.815			
	MN4	0.803			
命令控制型政策	CCP1	0.736	0.729	0.832	0.554
	CCP2	0.762			

续表

变量	测度项	因子载荷（loading）	Cronbach's α	联合信度	AVE
命令控制型政策	CCP3	0.769	0.729	0.832	0.554
	CCP4	0.709			
经济激励型政策	EIP1	0.676	0.701	0.816	0.529
	EIP2	0.823			
	EIP3	0.776			
	EIP4	0.616			
教育引导型政策	EGP1	0.761	0.787	0.863	0.612
	EGP2	0.788			
	EGP3	0.831			
	EGP4	0.747			
PM2.5 减排意愿	INT1	0.824	0.801	0.885	0.719
	INT2	0.850			
	INT3	0.871			
PM2.5 减排行为	BEA1	0.846	0.602	0.870	0.574
	BEA2	0.767			
	BEA3	0.667			
	BEA4	0.785			
	BEA5	0.711			

注：(1) AVE = 平均变异抽取量；(2) AT1 – BEA5 为所有的测度项。

二　聚合效度分析

聚合效度是指一组变量在理论上或实际上彼此有关联的程度。一般借助于各个变量的测度项的因子载荷值和变量的平均变异抽取量（Average Variance Extracted，AVE）来测量（Fornell 和 Larcker，1981）。且因子载荷值大于 0.6，AVE 大于 0.5 表明变量间有高聚合效度。表 6—5 的因子分析结果显示，所有测度项的载荷值都介于 0.616 与 0.935 之间，大于 0.6 的最低要求；所有变量的 AVE 都介于 0.505 与 0.846 之间，同样大于 0.5 的最低要求。上述两个测度项目显示，所有变量都有足够高的聚合效度。

三　区分效度分析

区分效度是指两个或更多个变量从理论上应该彼此有所区别的程度。一般通过比较各个变量间的相关系数与 AVE 平方根的关系来验证数据的区别效度。考虑到概念模型中变量个数相对较多，按照芈凌云①的建议，可以对模型中的变量分组进行因子分析。因此，按照主要的路径关系，将所有变量分为以下两组分别进行区别效度分析。

1. 城市居民 PM2.5 减排意愿及其影响因素的区分效度分析

本部分主要选择城市居民 PM2.5 减排意愿、环境态度、社会规范、感知行为控制、环境知识、利己价值观、利他价值观、生态价值观、环境关注、道德规范 10 个变量，共 37 个测度项进行相关分析和验证性因子分析，结果如表 6—6 所示。结果显示，将所有变量与其他变量间的两两相关系数和该变量 AVE 的平方根相比，前者都小于后者，也就是说，城市居民 PM2.5 减排意愿及其影响因素的各个变量之间具有很好的区别效度。

表6—6　　居民 PM2.5 减排意愿及其影响因素相关性分析结果

	AT	SN	PBC	EK	GV	SV	BV	EC	MN	INT
AT	0.838									
SN	0.291**	0.777								
PBC	0.336**	0.538**	0.711							
EK	0.294**	0.264**	0.312**	0.755						
GV	-0.105**	0.098**	0.081*	0.057**	0.920					
SV	0.348**	0.215**	0.242**	0.271**	-0.093**	0.858				
BV	0.469**	0.224**	0.281**	0.308**	-0.146**	0.646**	0.878			
EC	0.429**	0.258**	0.234**	0.432**	-0.122**	0.313**	0.450**	0.801		
MN	0.484**	0.553**	0.572**	0.328**	-0.079*	0.386**	0.459**	0.398**	0.797	
INT	0.477**	0.484**	0.501**	0.299**	-0.114**	0.337**	0.412**	0.362**	0.671**	0.848

注：AVE 的平方根显示在表格对角线上；相关系数显示在对角线以下。* 表示 $p < 0.05$；** 表示 $p < 0.01$。

① 芈凌云：《城市居民低碳化能源消费行为及政策引导研究》，博士学位论文，中国矿业大学，2011 年，第 115—129 页。

2. 城市居民 PM2.5 减排行为、意愿和调节变量的区别效度分析

本部分主要选择城市居民 PM2.5 减排意愿、感知行为控制、命令控制型政策、经济激励型政策、教育引导型政策以及城市居民 PM2.5 减排行为 6 个变量，共 24 个测度项进行相关分析和验证性因子分析，结果如表6—7 所示。同样将所有变量与其他变量间的两两相关系数和该变量 AVE 的平方根相比，结果显示，前者都小于后者。也就是说，城市居民 PM2.5 减排意愿、调节变量和城市居民 PM2.5 减排行为各个变量之间具有很好的区别效度。

表6—7　　居民 PM2.5 减排行为、意愿及调节变量相关性分析结果

	INT	PBC	EIP	CCP	EGP	BEA
INT	0.848					
PBC	0.501**	0.711				
EIP	0.250**	0.260**	0.727			
CCP	0.399**	0.416**	0.484**	0.745		
EGP	0.512**	0.429**	0.337**	0.610**	0.782	
BEA	0.638**	0.419**	0.216**	0.343**	0.420**	0.758

注：AVE 的平方根显示在表格对角线上；相关系数显示在对角线以下。* 表示 $p < 0.05$；** 表示 $p < 0.01$。

四　结构模型分析结果及讨论

测量模型分析结果证实数据具有很好的信效度，可以进一步做路径分析。鉴于概念模型包含两条主要路径，因此，本章节的假设验证分为两部分，即对 PM2.5 减排行为、意愿及其影响因素这一路径进行结构方程分析；对 PM2.5 减排行为、意愿及调节变量这一路径借助分层回归进行调节效应分析。在此需要说明的是，人口统计变量作为 PM2.5 减排行为的影响因素，并没有和其他影响变量一起纳入此回归分析中。这主要是因为若增加 5 个人口统计变量，一方面，模型的自由度将大幅增加，降低每个自由度的解释能力；另一方面，研究模型将会更加庞大与复杂，增加挖掘主要影响因素的难度，不利于进行分析。

PM2.5 减排行为、意愿及其 9 个影响因素是概念模型的主要假设检

验路径。鉴于 11 个变量之间的路径关系，本部分将采用结构方程模型统计方法（Structural Equation Model，SEM）对假设进行检验，借助 Smart-PLS 2.0 统计软件来实现。表 6—8 是根据 Smart-PLS 中的参数估计运行结果整理而成。其中，各个假设的路径系数通过"PLS Algorithm"计算得出，路径系数的统计显著性是通过"Bootstrapping"得出的 t 值而做出的判断。

表 6—8　　　　　　城市居民 PM2.5 减排行为结构方程分析结果

路径	路径系数	t 值	路径假设检验结论
H1：PM2.5 减排意愿→PM2.5 减排行为	0.636	27.644 ***	支持
H2：环境态度→PM2.5 减排意愿	0.176	5.269 ***	支持
H3：社会规范→PM2.5 减排意愿	0.102	2.607 **	支持
H4：感知行为控制→PM2.5 减排意愿	0.099	2.506 *	支持
H6：环境知识→PM2.5 减排意愿	0.045	1.554	不支持
H7a：利己价值观→环境关注	−0.068	2.019 *	支持
H7b：利他价值观→环境关注	0.042	1.014	不支持
H7c：生态价值观→环境关注	0.417	9.490 ***	支持
H8：环境关注→道德规范	0.398	10.895 ***	支持
H9：道德规范→PM2.5 减排意愿	0.451	11.674 ***	支持

注：* 表示 $p<0.05$；** 表示 $p<0.01$；*** 表示 $p<0.001$。

从整体分析，结构方程检验结果显示，所有变量共解释 56.5% 的方差，较高的解释力度表明本书建立的城市居民 PM2.5 减排行为模型在个人 PM2.5 污染治理领域具有很好的适应性和预测力。接下来，针对表 6—8 的结果分别进行讨论。

1. 居民的 PM2.5 减排意愿对其 PM2.5 减排行为的影响

表 6—8 指出，居民 PM2.5 减排意愿到 PM2.5 减排行为的路径系数显著，且是正向作用关系，符合本书的预期假设。其路径系数 b_{H1} 为 0.636，显著度水平 $p<0.001$。假设 H1 得到了支持，即城市居民的 PM2.5 减排意愿越强烈，居民越有可能参与 PM2.5 减排行为。这一结论几乎被所有相关实证研究证实（Chen 和 Tung，2014）。其路径系数，在所有路径系

数中最大，t 值也最高，很好地论证了 Ajzen 的结论，即居民的 PM2.5 减排意愿是其减排行为的最直接的影响因素，也是最好的预测因素。在一定程度上也很好地解释了学者们没有特意区分亲环境意愿和行为的原因（Greaves 等，2013）。表 6—2 显示，被测试居民的 PM2.5 减排意愿（M = 4.192）要大于实际行为（M = 3.713），意味着并不是所有的 PM2.5 减排意愿都转化为实际的行为，这一结论也与 Castanier 等（2013）一致。说明转化的过程中，确实还要受到外部政策、个人行为控制能力等内外部客观条件的限制。当外部条件对居民的限制较小时，居民的意愿和行为就会越接近，甚至吻合。

2. TPB 变量对 PM2.5 减排意愿的影响

表 6—8 显示，居民的环境态度、社会规范以及感知行为控制到 PM2.5 减排意愿的三个路径系数都显著，且是正向作用关系（b_{H2} = 0.176，$p < 0.001$；b_{H3} = 0.102，$p < 0.01$；b_{H4} = 0.099，$p < 0.05$）。假设 H2、H3 和 H4 都得到了支持。说明城市居民的 PM2.5 减排意愿受到居民的环境态度、社会规范、感知行为控制的显著影响，且居民的评价越高、感受到的社会压力越大，同时，感知到的行为控制能力越强，居民越愿意参与 PM2.5 减排行为。相似的结论也在其他实证研究中得到证实（Botetzagias 等，2015；Han 等，2010；Peters，2011）。

关于环境态度，相对于社会规范和感知行为控制，态度到 PM2.5 减排意愿的路径系数最大（b_{H2} = 0.176）。这意味着，在城市居民的 PM2.5 减排行为中，居民的态度在三个 TPB 变量中是最强烈的影响因素。这与很多学者的结论一致（De Groot 和 Steg，2007；Yazdanpanah 和 Forouzani，2015）。从实际情况来看，居民对 PM2.5 减排持有的态度非常高，均值达到 4.296（表 6—4）。这主要归因于两方面。第一，我国当前雾霾污染形势确实非常严峻，居民已经深深地感受到了雾霾之全方位的危害。雾霾污染改善的心声呼之欲出。第二，随着我国居民生活水平的提高，居民的环境意识与环境诉求也得到逐步提升，PM2.5 污染作为"呼吸之痛"，躲无可躲，居民 PM2.5 减排的呼声也自然随之强烈。

关于社会规范，结果也显示在我国的居民 PM2.5 减排行为研究中，社会规范的力量不可小觑，与众多前人研究一致（Chen 和 Tung，2014；Han 等，2010；Smith 和 McSweeney，2007）。就像前文所述，这主要归因于我国几千年以来的文化传统背景。我国社会历来提倡"集体主义感"，无形的社会压力会促使个人趋同于"集体"的做法，并尽可能使自己的行为符合他们的要求。同样，随着雾霾污染的日益严重，社会规范的力量也在加强，比如，政府或公益组织加大了 PM2.5 减排的号召，环保热衷人士也积极发出呼吁。但描述性结果显示，居民感受到的社会规范压力仍然有限，均值只有 3.500（表6—4）。这主要是因为本书对社会规范的测度中实际上是包含了主观规范（Subjective Norm，SN）和描述性规范（Descriptive Norm，DN）两部分（Cristea 等，2013；Moan 和 Rise，2011）。二者虽然都是社会压力的一种，但压力来源截然不同。主观规范关注显著人群对自己的期望，描述性规范关注显著人群的实际行为。在我国现在 PM2.5 污染治理中，居民感受到的压力主要源于主观规范，也就是政府部门的大量呼吁。但实际上政府呼吁的力量并没有使广大居民满意。一方面，政府雾霾治理的现有措施效果不佳，使得雾霾污染得不到明显改善；另一方面，在雾霾治理中居民觉得不公平。他们认为企业和居民都是 PM2.5 污染的来源，甚至前者排放总量更大。但企业并没有为雾霾治理做出应有的努力，至少远远不及企业的 PM2.5 污染排放。鉴于此，被试居民对社会规范的压力预期值很低。

关于感知行为控制，感知行为控制到 PM2.5 减排意愿的路径系数为 0.099，且显著。这说明像其他诸多研究一样，尤其是伴随着高成本的亲环境行为研究（Botetzagias 等，2015；Kuo 和 Dai，2012），在居民 PM2.5 减排行为中，感知行为控制也是非常重要的一个因素，需得到充分重视。然而从现实情况来看，居民对 PM2.5 减排的感知行为控制并不强，均值只有 3.580（表6—3）。出现这样的情况也不难理解，就像 Ajzen（1991）说明的居民若想参加一个特定的行为，他是否具备相关的能力是一个关键因素。居民的 PM2.5 减排行为更多涉及的是居民的日常消费活动，其中，有金钱的投入，也有时间与机会的考虑，更有生活舒适度、便利度以及对固有习惯改变的深思熟虑。居民感觉到困难也在所难免。

3. 环境知识对 PM2.5 减排意愿的影响

表6—8 显示，居民的环境知识到 PM2.5 减排意愿的路径系数只有 0.045，并且不显著（$p > 0.05$）。与本书的预期假设相反。假设 H6 被拒

绝。这与 Pothitou 等的结论也不相符。[①] 但也有研究指出，环境知识可能更多以间接作用的形式影响亲环境行为。Zareie 和 Navimipour（2016）曾证实环境知识通过影响个体的态度而间接地影响环境行为。因此，从另一个角度来讲，环境知识虽不能直接影响居民的 PM2.5 减排意愿，却可以通过其他的变量间接地作用于居民的 PM2.5 减排意愿。此外，在众多的变量中，环境知识的均值也处于很低的水平，只有 3.699（见表6—4），说明大多数居民对 PM2.5 污染及减排的了解还停留在肤浅的表面层次。只粗略知道 PM2.5 有危害，是雾霾污染的主要颗粒物，但对于 PM2.5 的主要污染源人云亦云，对居民如何通过改变自身不环保行为来减缓雾霾污染更处于朦胧认识的阶段。这些 PM2.5 应对知识的欠缺也可能直接或间接地减少居民的 PM2.5 减排意愿。

4. 价值观对环境关注的影响

表6—8 显示，居民的利己价值观到环境关注的路径系数显著（$p < 0.05$），且路径系数为负值（$b_{H7a} = -0.068$），本书对 H7a 的预期假设得到支持；居民的利他价值观到环境关注路径系数不显著（$b_{H7b} = 0.042$；$p > 0.05$），与本书对 H7b 的预期假设相反，假设 H7b 被拒绝；居民的生态价值观到环境关注的路径系数显著（$b_{H7c} = 0.417$；$p < 0.001$），且是正向相关关系，与本书的预期假设相符，假设 H7c 得到支持。这说明居民的价值观对其环境关注有影响，但具体细分下影响差异较大。在雾霾污染压力下，居民对 PM2.5 减排的环境关注更多受到利己价值观与生态价值观的影响，但利己价值观越强居民的环境关注越小，生态价值观越强居民的环境关注越大。利他价值观对居民的 PM2.5 减排关注不产生太大影响。

关于利己价值观，利己价值观在个人环保行为研究中会发挥作用，因为居民作为"经济人"，对于是否参与亲环境行为，首先必然对自己的利益进行权衡。因为西方更多强调"个人价值观"，所以类似结论在相关研究中得以体现（Steg 等，2005）。本书中，利己价值观对环境关注有负

① Pothitou, M. Hanna, R. F., Chalvatzis, K. J., "Environmental Knowledge, Pro-Environmental Behaviour and Energy Savings in Households: An Empirical Study", *Applied Energy*, Vol. 184, 2016, pp. 1217 – 1229.

向影响，这主要是因为基于"利己"角度考虑，居民对"物质财富"和"社会地位"越向往，就越不愿意参与 PM2.5 减排行为。因为居民不愿意放弃更多的金钱利益而购买新能源汽车、厨房设备等减排产品；为了彰显所谓的"面子"和"社会地位"，居民更愿意购买大排量燃油汽车，出行也更倾向于开私家车。从现有情况来看，居民利己价值观还比较强烈（M = 2.677），这不利于居民参与 PM2.5 减排行为（表6—4）。

关于利他价值观，利他价值观对环境关注没有显著的影响，与 Zareie 和 Navimipour（2016）的结论不符。这可能是因为利他价值观主要基于对"他人"或"社会"公平性的考量（Fornara 等，2016）。居民在面对 PM2.5 减排的压力时，一方面，"利己价值观"对个人的考虑是"经济人"的本能行为；另一方面，随着人类对大自然的过分干预，大气、水、土壤等环境污染问题都濒临危险的界限，居民即使为了生存目的，也会主动或被动地加强环境行为的自我要求，因此"生态价值观"也会强烈。"利他价值观"的信念可能就没有太强烈，表6—4 显示，居民的"利他价值观"均值为 4.021，相较于生态价值观更低。

关于生态价值观，生态价值观在个人 PM2.5 减排行为中表现得最为突出，其路径系数很大，达到 0.417，在 0.001 的水平下显著，且是正向影响，尤其值得重视。这一结论也跟 Nguyen 等（2016）的一致。这主要是因为当前我国包括雾霾在内的环境污染整体形势严峻，雾霾治理是全国居民的共同呼声。另外，我国城市居民，尤其是发达区域城市居民，近些年生活水平、个人素质全方面提高，环境诉求亦提高，"生态价值观"逐渐形成。本书中被试居民生态价值观均值为 4.305，在所有自变量中为最高值，就是最好的体现（表6—4）。总之，学者们认为，在个人环保行为研究中，生态价值观将从深层次影响居民的亲环境行为决策，并能保持长久的效果（Nguyen 等，2016）。

5. 环境关注、道德规范对 PM2.5 减排意愿的影响

表6—8 显示，居民的环境关注到道德规范，以及居民的道德规范到 PM2.5 减排意愿的路径系数都显著，且都是正向影响关系（b_{H8} = 0.398，$p < 0.001$；b_{H9} = 0.451，$p < 0.001$），与本书的预期假设相符。换言之，假设 H8 和 H9 都得到了支持。也说明，在城市居民 PM2.5 减排行为中，居民的环境关注显著影响居民的道德规范，进而显著影响居民的 PM2.5

减排意愿，且居民的环境关注越高，其道德规范越可能被激发，居民越愿意参与 PM2.5 减排行为。相似的结论在 Saphores 等（2012）以及 Chen 和 Tung（2014）的研究中都存在。

环境关注和道德规范的路径系数相对来说都处于很高的水平，且都是在 0.001 的水平下显著，这主要源于道德规范和环境关注两个变量的本质特征。二者都是典型的感性变量，是来自个体内心深处的价值观生成的一种无形的自我压力。随着居民亲环境"价值观"的形成与稳固，居民对 PM2.5 污染环境后果更加关注，随之内心的道德规范感被激发，进而居民 PM2.5 减排意愿会加强。随着 PM2.5 污染的日益严峻，居民基于感性思考的价值观、环境关注、道德规范自然会显著增强，这对 PM2.5 减排行为是不可或缺的。考虑到居民 PM2.5 减排行为作为亲环境行为具有公共物品特征，居民的道德规范若是达到理想程度，将会很大程度上促进居民 PM2.5 减排意愿和行为的发生。这就是我国现在一直强调的"德治"的力量。德治就是"道德规范"的培养和塑造，将达到事半功倍的效果。本书也再次证明"德治"在 PM2.5 减排行为中是一个重要的影响因素和突破口，务必重视。

根据表 6—4，环境关注和道德规范的均值分别为 4.304 和 3.965，说明尽管居民已经意识到了 PM2.5 排放的后果，但是良好道德规范作为基于环境关注的高层次产物至今还不理想，这将阻碍居民参与 PM2.5 减排行为。总之，在 PM2.5 污染治理中，居民道德规范是重要的环节，但良好道德规范的培养仍是任重道远。

第四节　感知行为控制因素的调节效应分析

对于调节效应检验，当前国内外广为接受的是构造乘积项方法。[①] 第一，将自变量和调节变量中的连续变量进行中心化或标准化处理；第二，构造乘积项，将自变量和调节变量相乘。当调节效应显著时，下一个重要的步骤就是采用图解法（Graphical Procedure）进一步分析调节效应的

---

① 陈晓萍、徐淑英、樊景立：《组织与管理研究的实证方法》，北京大学出版社 2012 年版，第 420—430 页。

作用模式（陈晓萍等，2012）。依图 6—1 概念模型和假设阐述，感知行为控制会在一定程度上影响居民 PM2.5 减排意愿向减排行为的转化，调节关系如图 6—2 所示。

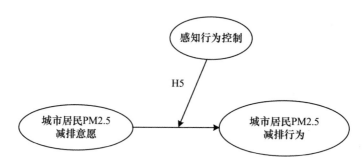

图 6—2   感知行为控制的调节效应

接下来借助 SPSS21 的分层回归分析，对感知行为控制变量的调节效应进行检验。分层回归分析结果见表 6—9。

表 6—9   感知行为控制的调节效应检验结果

变量	模型 1	模型 2	模型 3
INT	0.638 ***	0.572 ***	0.548 ***
PBC		0.133 ***	0.131 ***
INT × PBC			− 0.077 **
R^2	0.407	0.420	0.426
Ajusted R^2	0.407	0.419	0.424
F_{change}	624.968 ***	20.751 ***	8.447 **

注：** 表示 $p < 0.01$；*** 表示 $p < 0.001$。

结果显示，PM2.5 减排意愿和感知行为控制的交互项显著（$b_{H5} = -0.077$，$p < 0.01$），表明居民的感知行为控制对 PM2.5 减排意愿作用于 PM2.5 减排行为路径的调节效应显著。还有，调节效应增加了 0.6% 的解释度（$\triangle R^2 = 0.6\%$）。也就是说，居民 PM2.5 减排意愿对减排行为的影响确实受到居民感知行为控制能力的影响。因此，假设 H5 得

到了支持。这一结论与很多研究结论一致（Abrahamse 等，2009；Bang 等，2014）。这主要是因为感知行为控制能力作为居民实施 PM2.5 减排行为的一个客观限制条件，不管是从金钱成本，还是基于居民生活便利性、舒适性视角考量，都确实会在一定程度上影响居民 PM2.5 减排意愿向减排行为的转化。

接下来分析感知行为控制的调节效应的具体作用模式，结果详见图 6—3。图 6—3 显示，当居民的感知行为控制能力处于高水平时，居民的 PM2.5 减排意愿越强烈，居民越愿意参加到实际的 PM2.5 减排行为（b = 0.368，p < 0.001）；当居民的感知行为控制能力处于低水平时，居民的 PM2.5 减排意愿越强烈，同样地，居民也越愿意参加到实际 PM2.5 减排行为（b = 0.543，p < 0.001）。总之，无论居民的感知行为控制能力高还是低，始终会促进居民 PM2.5 意愿向实际行为的转化。但当居民的感知行为控制处于高水平时，其减排意愿对减排行为的影响，相比低水平感知行为控制，反而稍弱一些。类似的结论在 Abrahamse 等（2009）和 Bang 等（2014）的研究里得到体现。

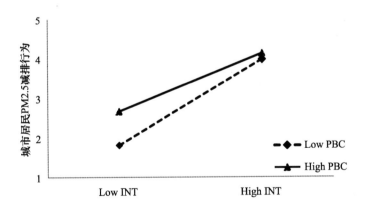

图 6—3　PBC 对 PM2.5 减排意愿和实际行为关系的调节效应

对于感知行为控制能力低的居民，尽管他们的能力有限，比如缺少足够的钱购买新能源汽车，更少的机会使用有限的亲环境设施，但是他们的 PM2.5 减排意愿仍可以较高地转化为实际的行为。这可能主要源于我国近几年严峻的雾霾污染现状。这些居民总是高度关注环境保护，他们也愿意放弃一部分金钱和生活舒适度，愿意通过改变个人的日常行为以减少 PM2.5 的排放。对于感知行为控制能力高的居民，根据被试者的反馈，他们往往拥有相对高的收入和社会地位。他们的一个显著特征就是在日常生活中会尽可能地维持自己特有的社会形象。他们会将私家车出行、驾驶高排量燃油汽车等日常行为视作身份和地位的象征。这些与西方发达国家有明显的不同。[①] 所以，尽管他们有相对高的能力，甚至相对高的 PM2.5 减排意愿，鉴于对维持社会形象的偏好，他们对于参加 PM2.5 减排行为仍会持犹豫的态度。

第五节　外部政策情境因素的调节效应分析

同样地，按照上述调节效应检验与分析步骤，对外部政策情境因素的调节效应进行检验，调节关系如图 6—4 所示。外部政策情境因素被分为命令控制型、经济激励型、教育引导型三种类型。为了避免相互之间互相干扰，现分别对其进行分层回归分析。

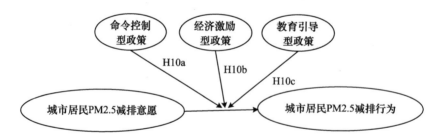

图 6—4　三类外部政策情境因素的调节效应

一　命令控制型政策对 PM2.5 减排意愿向减排行为转化路径的调节效应检验

将命令控制型政策作为调节变量，单独分析其对居民 PM2.5 减排意愿作用于 PM2.5 减排行为路径的调节效应，分层回归分析结果如表 6—10 所示。

---

① Oliver, J. D., Lee, S. H., "Hybrid Car Purchase Intentions: A Cross – Cultural Analysis", *Journal of Consumer Marketing*, Vol. 27, No. 2, 2010, pp. 96 – 103.

表 6—10　　　　　　　　命令控制型政策的调节效应检验结果

变量	模型 1	模型 2	模型 3
INT	0.638 ***	0.596 ***	0.583 ***
CCP		0.105 ***	0.103 ***
INT × CCP			−0.060 *
R^2	0.407	0.417	0.420
Ajusted R^2	0.407	0.415	0.418
F_{change}	624.968 ***	14.572 ***	5.230 *

注：* 表示 $p < 0.05$；*** 表示 $p < 0.001$。

结果表明：命令控制型政策和 PM2.5 减排意愿的交互项的回归系数显著（$b_{H10a} = -0.060$，$p < 0.05$），表明命令控制型政策对 PM2.5 减排意愿作用于 PM2.5 减排行为路径的调节效应显著。因此，假设 H10a 得到了支持。也就是说，居民 PM2.5 减排意愿对减排行为的影响确实受到命令控制型政策的影响。这个结论与芈凌云（2011）的一致。这主要是因为：第一，我国经济活动离不开各级政府的指导，命令控制型政策有时会大量出现；第二，PM2.5 减排行为作为具有公共物品特征的亲环境行为，需要命令控制型政策的大力参与和支持。

命令控制型政策调节效应的具体作用模式分析详见图 6—5。图 6—5 显示，当命令控制型政策高时，居民的 PM2.5 减排意愿越强烈，居民越愿意参加到实际 PM2.5 减排行为（$b = 0.453$，$p < 0.001$）；当命令控制型政策低时，居民的 PM2.5 减排意愿越强烈，同样地，居民也越愿意参加实际的 PM2.5 减排行为（$b = 0.628$，$p < 0.001$）。总之，无论命令控制型政策高还是低，始终会促进居民 PM2.5 意愿向实际行为的转化。但当命令控制型政策处于高水平时，其减排意愿对减排行为的影响，相比低水平命令型控制政策，反而稍弱一些。说明当命令控制型政策太高时，预期效果不会升反而稍降，意味着此类政策制定时还需保持适当的度。

二　经济激励型政策对 PM2.5 减排意愿向减排行为转化路径的调节效应检验

将经济激励型政策作为调节变量，单独分析其对居民 PM2.5 减排意

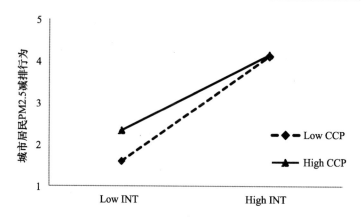

图 6—5　命令控制型政策对 PM2.5 减排意愿和实际行为关系的调节效应

愿作用于 PM2.5 减排行为路径的调节效应，分层回归分析结果如表 6—11
所示。

表 6—11　　　　　　　　　经济激励型政策的调节效应检验结果

变量	模型 1	模型 2	模型 3
INT	0.638 ***	0.623 ***	0.613 ***
EIP		0.060 *	0.061 *
INT × EIP			−0.044
R^2	0.407	0.411	0.412
Ajusted R^2	0.407	0.409	0.410
F_{change}	624.968 ***	5.206 *	2.851

注：* 表示 $p < 0.05$；*** 表示 $p < 0.001$。

　　结果表明：经济激励型政策和 PM2.5 减排意愿的交互项不显著
（$b_{H10b} = -0.044$，$p > 0.05$），表明经济激励型政策对 PM2.5 减排意愿作
用于 PM2.5 减排行为路径的调节效应在传统意义上不显著。因此，假设
H10b 被拒绝。也就是说，居民 PM2.5 减排意愿对减排行为的影响没有明
显地受到经济激励型政策的影响。这个结论与芈凌云（2011）不一致。
这可能是因为：第一，经济激励的幅度相对于 PM2.5 减排行为带来的困

扰而言刺激程度不够明显；第二，对不同的 PM2.5 减排行为和不同的居民群体，经济激励的效果会不同，容易相互抵消。

但换个角度，当 p 在 0.1 的显著度水平下，即 $p < 0.1$ 时，经济激励型政策和 PM2.5 减排意愿的交互项就显著。此时，居民 PM2.5 减排意愿对实际减排行为的影响在一定程度上会受到经济激励型政策的影响。经济激励型政策调节效应的具体作用模式见图 6—6。可见，当经济激励型政策高时，居民的 PM2.5 减排意愿越强烈，居民越愿意参加实际 PM2.5 减排行为（$b = 0.514$，$p < 0.001$）；当经济激励型政策低时，居民的 PM2.5 减排意愿越强烈，同样地，居民也越愿意参加到实际的 PM2.5 减排行为（$b = 0.609$，$p < 0.001$）。总之，无论经济激励型政策高还是低，始终会促进居民 PM2.5 意愿向实际行为的转化。虽然，当经济激励型政策处于高水平时，其减排意愿对减排行为的影响，相比低水平经济激励型政策，稍弱一些，但二者相差不大。

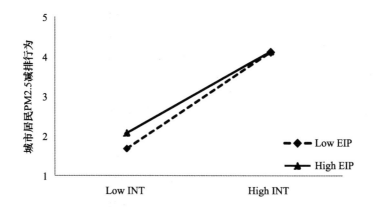

图 6—6 经济激励型政策对 PM2.5 减排意愿和实际行为关系的调节效应

三 教育引导型政策对 PM2.5 减排意愿向减排行为转化路径的调节效应检验

将教育引导型政策作为调节变量，单独分析其对居民 PM2.5 减排意愿作用于 PM2.5 减排行为路径的调节效应，分层回归分析结果如表 6—12 所示。

表6—12　　　　　　　　　教育引导型政策的调节效应检验结果

变量	模型 1	模型 2	模型 3
INT	0.638 ***	0.573 ***	0.564 ***
EGP		0.127 ***	0.118 ***
INT × EGP			− 0.051 *
R^2	0.407	0.419	0.421
Ajusted R^2	0.407	0.418	0.419
F_{change}	624.968 ***	18.561 ***	3.627 *

注: * 表示 $p < 0.05$；*** 表示 $p < 0.001$。

结果表明：教育引导型政策和 PM2.5 减排意愿交互项的回归系数显著（b_{H10c} = − 0.051，$p < 0.05$），意味着教育引导型政策对 PM2.5 减排意愿作用于 PM2.5 减排行为路径的调节效应显著。因此，假设 H10c 得到了支持。也就是说，居民 PM2.5 减排意愿对减排行为的影响还受到教育引导型政策的影响。这主要是因为：第一，教育引导型政策可以加强居民对 PM2.5 相关知识的了解，从居民环境意识和价值观等深层次促进居民实际行为的发生；第二，PM2.5 减排的针对性宣传更能直接引导居民参与 PM2.5 减排行为。

同样，教育引导型政策的调节效应的具体作用模式详见图6—7。图6—7 显示，当教育引导型政策高时，居民的 PM2.5 减排意愿越强烈，居民越愿意参加实际 PM2.5 减排行为（b = 0.652，$p < 0.001$）；当教育引导型政策低时，居民的 PM2.5 减排意愿越强烈，居民依然越愿意参加实际 PM2.5 减排行为（b = 0.582，$p < 0.001$）。总之，无论教育引导型政策高还是低，始终会促进居民 PM2.5 意愿向实际行为的转化。但当教育引导型政策处于高水平时，其减排意愿对减排行为的影响，相比低水平教育引导型政策，会更高一些。这意味着教育引导型政策制定时要尽可能得多一些。

综上所述，（1）命令控制型和教育引导型政策对居民 PM2.5 减排意愿作用于减排行为的路径的调节效应在 0.05 的水平下都显著。对于经济激励型政策的调节效应只能在 0.1 的水平下显著。但无论如何，在一定程度上，三类外部情境政策变量都会影响居民 PM2.5 减排意愿向实际行为

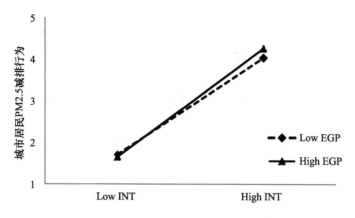

图 6—7 教育引导型政策对 PM2.5 减排意愿和实际行为关系的调节效应

的转化。（2）在三类政策调节效应的具体作用模式上，对任何类型的政策来说，当该政策处于高低不同的水平时，其对居民 PM2.5 减排意愿作用于减排行为的路径的调节效应都是正向影响，即都是强化居民 PM2.5 减排意愿向 PM2.5 减排行为的转化。（3）但对每类政策来说，处于高低不同的水平时，其影响强度是有区别的。当命令控制型政策处于高水平时，其减排意愿对减排行为的影响，相比低水平命令型控制政策，反而稍弱一些；经济激励型政策调节效应和命令控制型类似，当经济激励型政策处于高水平时，其减排意愿对减排行为的影响，相比低水平也会弱，但相差不多；对于教育引导型政策，与另两类相反，当教育引导型政策处于高水平时，其减排意愿对减排行为的影响，相比低水平教育引导型政策，会更强一些。

第六节 本章小结

居民日常消费行为是城市雾霾污染的重要来源，立足于居民层面引导居民 PM2.5 减排行为是雾霾污染治理的有效途径。本章重点讨论城市居民 PM2.5 减排行为影响因素与影响机制，以致力于雾霾污染的改善。基于以上研究结果与分析，得出以下主要结论。

（1）本书着重提出居民 PM2.5 减排行为概念，并基于 TPB、VBN 和 ABC 等亲环境行为理论建立城市居民 PM2.5 减排行为概念模型，且通过实证研究证实了模型在个人 PM2.5 减排行为研究中的适用性。

（2）实证结果指出，环境态度、社会规范、感知行为控制、（生态、利己）价值观、环境关注、道德规范等个体心理特征变量都能直接或间接地影响居民的 PM2.5 减排意愿和行为，这些变量是理性和感性变量的组合，"德治"的力量不可小觑。除此之外，感知行为控制和三类政策情境变量作为内外部情境变量对居民 PM2.5 减排意愿到行为的转化有调节作用。

（3）对于感知行为控制的调节效应。无论居民的感知行为控制能力高还是低，都会始终促进居民 PM2.5 减排意愿向实际行为的转化。但当居民的感知行为控制能力处于高水平时，其减排意愿对减排行为的影响，相比低水平感知行为控制能力，反而会稍弱。

（4）对于政策情境变量的调节效应。在一定程度上，三类政策情境变量对居民 PM2.5 减排意愿和减排行为的关系都有调节作用，经济激励型政策相对最弱；在调节效应的具体作用模式上，对任何类型的政策来说，当该政策处于高低不同的水平时，都是强化居民 PM2.5 减排意愿向 PM2.5 减排行为的转化；但对每类政策来说，处于高低不同的水平时，其影响强度有区别。

第 七 章

不同居民 PM2.5 减排行为的
影响因素差异分析

——以两种居民交通 PM2.5 减排行为为例

第六章对整合的城市居民 PM2.5 减排行为的影响因素进行了剖析，有助于在整体视角上引导居民的 PM2.5 减排行为。但如前文所述，城市居民 PM2.5 减排行为是一个复合概念，内涵上包含了交通减排、燃煤取暖、燃放烟花爆竹、厨房餐饮以及室内吸烟等不同的日常消费行为。事实上，各个行为彼此之间在 PM2.5 排放特点和排放量上仍有较大的区别，居民对各个 PM2.5 减排行为所持的态度和意愿也不尽相同。因此，各个 PM2.5 减排行为的影响因素在具体细节上也会有所差异，在雾霾治理中也需要关注与区别对待。鉴于此，在上一章对整合 PM2.5 减排行为进行广泛的分析之后，有必要选择特定的一个或两个有代表性的居民 PM2.5 减排行为进行更深入的对比分析。考虑到城市交通部门 PM2.5 排放是居民层面雾霾污染的重要构成部分，本章将对与居民密切相关的两种交通 PM2.5 减排行为进行重点研究，以尝试对不同居民 PM2.5 减排行为影响因素的差异性进行分析。

第一节　居民交通 PM2.5 减排行为

一　居民交通 PM2.5 污染现状

众所周知，雾霾治理的关键环节就是 PM2.5 颗粒的源头减排。尽管由于 PM2.5 形成机制的复杂性，迄今为止，各界关于 PM2.5 污染的排放源还没有一致的结论，但专家们已经证实道路交通是除工业企业外的另一个重要的 PM2.5 排放源，尤其是在人口密集的城市区域。[①②] 而且，专家们还进一步指出道路交通机动车尾气的 PM2.5 排放量几乎占 PM2.5 总量的 20%—30%（Hasheminassab 等，2014；Okuda 等，2011；Pekey 等，2013）。据中国生态部提供的数据，北京道路交通排放的 PM2.5 占全部总量的 22%，上海则占到 25%。雾霾天气时，由于空气质量差，能见度低，容易引起交通阻塞，发生交通事故，直接和间接损失巨大。

归根溯源，大量的交通 PM2.5 排放源于交通部门汽车保有量的扩增，因为数百万辆燃油汽车在道路上行驶并释放出大量的尾气。这些汽车尾气就是 PM2.5 颗粒的主要构成成分之一。根据公安部统计数据，2017 年底，全国汽车保有量达 2.17 亿辆；2018 年底，全国汽车保有量已达 2.4 亿辆，且私家车近五年的平均增长率达到 20%。除此之外，特别需要说明的是这些汽车中将近 99% 为传统燃油汽车，它们以汽油或柴油为燃料。同新能源汽车相比，这些传统燃油汽车会释放更多的 PM2.5。据悉，汽油和柴油的 PM2.5 产生系数分别为 0.1 克/千米和 0.3 克/千米，而相比之下，液化石油气（LPG）和生物柴油的 PM2.5 产生系数要低。为此，欧盟已经在 2009 年启动了可再生能源指令以加快在交通行业液化石油气和生物柴油的推广，并且当时确实实现了 PM2.5 排放量的明显下降。但是，这些传统燃油汽车都不如电动汽车，因为电动汽车的 PM2.5 排放率为零。

二　问题提出

简而言之，减少城市汽车保有量和相应传统燃料的消费，是减少交通 PM2.5 排放和改善城市雾霾污染的有效途径。根据《大气污染防治法》的要求，在实践中，可从以下两个层面来减少传统汽车的使用。第

---

① Sawyer, R. F., "Vehicle Emissions: Progress and Challenges", *Journal of Exposure Science and Environmental Epidemiology*, Vol. 20, No. 6, 2010, p. 487.

② Wang, Y., Li, L., Chen, C., et al., "Source Apportionment of Fine Particulate Matter During Autumn Haze Episodes in Shanghai, China", *Journal of Geophysical Research: Atmospheres*, Vol. 119, No. 4, 2014, pp. 1903–1914.

一，引导居民出行时乘坐公共交通而非私家车出行。公共交通是指任何一种城市交通网络，比如公共汽车、地铁等出行方式。同私家车出行方式相比，可通过减少私家车使用量和能源消费总量，进而直接降低汽车尾气排放量和 PM2.5 排放总量。此措施的目的就是调整和优化交通运输结构，从能源消费总量上直接减少 PM2.5 的排放。第二，引导居民购买汽车时选择新能源汽车而非传统燃油汽车。根据中华人民共和国工业和信息化部 2009 年发布的《新能源汽车生产企业及产品准入管理规则》，新能源汽车是指采用非传统燃料（汽油、柴油）作为动力来源（或使用常规的车用燃料、新型车载动力装置），综合车辆动力控制和驱动方面的先进技术而形成的技术原理先进，具有新技术、新结构的汽车。现有新能源汽车包括混合动力汽车、纯电动汽车（BEV，包括太阳能汽车）、燃料电池电动汽车（FCEV），氢发动机汽车、其他新能源（如高效储能器、二甲醚）汽车等各类别产品。目前中国市场上在售的新能源汽车多是混合动力汽车和纯电动汽车。与传统燃油汽车相比，新能源汽车具有能源使用效率高，零 PM2.5 排放的特点。同时，可以减少对传统生物燃料的依赖。[①] 此措施的目的就是改善交通工具的能耗结构，鼓励使用清洁能源。从能源使用效率上间接地减少传统燃料的消费，进而减少 PM2.5 的排放。

1. 我国公共交通现状

公共交通出行和新能源汽车购买都是基于居民行为基础上有效的交通 PM2.5 减排手段。城市公共交通在运量上优于私家车，优先发展公共交通，有利于减少私家车的需求，从而减少一个城市的机动车保有量。研究表明，完成一次同样的出行，使用公交车与小汽车所占用的道路面积比为 1∶7；而一列地铁或轻轨可同时解决 500—600 人的出行，相当于减少 125—150 辆轿车的使用量。所以在目前巨大的交通压力下，应优先选择大运量、高效率的公共交通工具。为了改善空气质量和交通拥堵，国外许多国家也是大力鼓励公交出行。法国巴黎用"单双号"限制地面

---

① Lieven, T., Mühlmeier, S., Henkel, S., et al., "Who Will Buy Electric Cars? An Empirical Study in Germany", *Transportation Research Part D: Transport and Environment*, Vol. 16, No. 3, 2011, pp. 236 – 243.

车辆，唯独对公共汽车网开一面，且让人免费使用，还要为之加装空调，以提高舒适度。被私人轿车挤出路面多年的有轨电车也再次回到居民的身边。公共汽车的主要问题是不守时，乘客心中无数，心情烦躁，为解决这个问题，卢森堡市各车站都设了电子线路牌，向等车人显示着车辆的实时运行情况，乘客据之能计算出车到各站的时间。当司机预感误点时，则可通过中央调度系统改变面前的信号灯，随即一路绿灯行驶。

我国也对公共交通加大推行力度，技术装备水平和基础设施建设运营成绩显著。截至 2017 年底，我国城市公共交通运营线路总长度达 79.6 万公里，其中，公共汽电车运营线路总长度为 79.1 万公里，城市轨道交通运营线路达到 4570.4 公里。全国有 24 个城市公交线网覆盖率超过了 70%，11 个城市 500 米站点覆盖率超过 80%。另外，我国在轨道交通（包括地铁、有轨电车、轻轨、单轨、磁悬浮、APM 等）方面已覆盖 33 个城市，162 条线路，总运营里程达 4824 公里。2017 年，全国城市公共汽电车年客运量超过 800 亿人次，公共汽电车中空调车占比超过 50%。近几年，我国各大城市也纷纷设置电子线路牌，以改善居民的公交出行。"互联网 +"应用不断加强，手机 App、电子站牌等稳步推进。各地还创新推出了定制公交、商务快巴、社区巴士等特色服务，较好地满足公众出行需求。尽管我国各个城市都在大力发展公共交通，但公共交通的进展仍阻力重重。一方面，我国公民环保意识较差，在人均收入稳步上升之时，更多的人追求私家车所带来的享受；另一方面，"滴滴出行"和"Uber"等手机 App 的流行以及使用上的便捷也使得较少的群体选择公共交通出行。

2. 我国新能源汽车现状

目前，我国政府已经把发展新能源汽车上升到国家战略层面，"十三五"规划中将新能源汽车产业作为国家重点发展的战略性新兴产业和支柱产业。2010 年私人购买新能源汽车补贴政策的出台标志着新能源汽车私人消费市场的开启。相关促进政策相继出台，于 2012 年 7 月发布了《节能与新能源汽车产业发展规划（2012—2020）》，于 2014 年发布了《国务院关于加快新能源汽车推广应用的指导意见》等优惠政策。然而在政策大力扶持及企业投入的前提下，新能源汽车的市场推广却并没有达到预期的效果。表 7—1 为我国部分城市 2017 年新能源汽车保有量。中汽协数据显示，2017 年底，全国新能源汽车保有量达 153 万辆，占汽车总量的 0.7%。2018 年底，全国新能源汽车保有量达 261 万辆，占汽车总量的 1.1%。虽然新能源汽车保有量绝对值增幅达 70.6%，但相较于汽车总量而言还是九牛一毛。更不容乐观的是，相比新能源汽车发展比较好的国家，我国新能源汽车主要是政府占据主导力量进行公共领域及专业领域的批量采购，私人购买占比较低，其中 70% 主要依靠限购城市的带动。这意味着除了在公共领域推广新能源汽车，虽然国家在私人购买领域进行了一定的激励，但没有从根本上拉动私人新能源汽车市场的需求。研究表明，消费者的认知与采纳是新能源汽车产业发展的主要拉动力。无疑，我国新能源汽车私人消费动力不足，是市场制约新能源汽车发展的一个主要瓶颈。当前，国内消费者对新能源汽车的认知程度以及接受程度仍然不高，有效购买需求更是极其低下。因此，加快新能源汽车私人公众购买市场的培育，引导消费者购买，具有重要意义。

表 7—1　　　　　　　　　　代表城市新能源汽车保有量

序号	城市	新能源汽车保有量	公布时间	截至 2017 年底汽车保有量（万辆）
1	成都	截至 2017 年，成都"绿牌"上牌 2.76 万余辆。成都全市累计推广新能源汽车 3.5 万辆。	2017.12	452
2	上海	上海新能源汽车保有量约为 11 万辆	2017.10	359
3	北京	北京市新能源汽车数量接近 16 万辆。其中，私人汽车超过 11 万辆，租赁汽车 1.56 万辆	2017.11	564
4	深圳	新能源汽车保有量超 8 万辆	2017.7	322
5	杭州	新能源汽车保有量超 2 万辆	2017.8	244
6	广州	广州市累计推广新能源汽车达 4 万辆	2017.10	240

资料来源：人民网。

可见，公共交通出行和新能源汽车购买两种行为都是基于居民消费行为视角上有效的交通 PM2.5 减排手段。同其他亲环境行为一样，这两种交通 PM2.5 减排措施和人类的日常活动紧密相关（Abrahamse 和 Steg，

2009；Castanier 等，2013；Greaves 等，2013），在相关的 PM2.5 减排和大气污染文献中都得到了学者们的重点关注和讨论（Donald 等，2014；Okuda 等，2012；Sawyer，2010）。当然，学者们也从技术和法律视角证实了这两种行为在 PM2.5 减排上确实有着积极效果（Sang 和 Bekhet，2015；Sawyer，2010）。但是，迄今为止，还没有人在 PM2.5 减排的背景下对这两种居民消费行为一起进行实证研究，并对这两种交通 PM2.5 减排行为的影响因素以及相互间的差异进行对比分析。这在国内外雾霾污染治理理论和实证研究上都是一个新课题，值得进行深入探讨。

　　总之，道路交通 PM2.5 排放是居民的不同消费行为综合作用的结果。居民对不同的交通 PM2.5 减排行为持不同的态度和意愿，居民在这些行为上的不同表现会进一步影响交通领域的 PM2.5 排放总量（Abrahamse 和 Steg，2009；Bamberg 等，2007；Castanier 等，2013）。这在中国背景下表现得尤为突出，因为我国城市人口众多，多民族、多文化、多消费行为背景更为凸显。所以，为了高效地减少城市交通 PM2.5 排放，对两种交通 PM2.5 减排行为的影响因素展开研究并进行对比分析是非常必要的。鉴于此，为了系统地对城市居民交通 PM2.5 减排行为进行研究，本章欲完成以下两个目标。第一，基于整合的 TPB 和 NAM 理论挖掘影响居民参与交通 PM2.5 减排行为的关键影响因素及其影响机制。第二，着重探索两种居民交通 PM2.5 减排行为在自变量以及感知行为控制变量调节效应上的差异。第三，基于研究结论，希望可以通过针对性地调控两种行为的影响因素以鼓励居民参与更加亲环境的交通 PM2.5 减排行为，也为城市交通 PM2.5 污染治理提供有益借鉴。

第二节　居民交通 PM2.5 减排行为
意愿模型及研究假设

一　概念模型构建

　　本章致力于引导居民积极参与公共交通出行和新能源汽车购买两种交通 PM2.5 减排行为以减少城市道路交通的 PM2.5 排放。迄今为止，尽管基于雾霾治理视角的居民交通 PM2.5 减排行为研究还很少见，但考虑到居民交通 PM2.5 减排行为是立足于雾霾治理的个人亲环境行为，因此，本章也会借鉴亲环境行为的相关研究和理论模型，如计划行为理论（TPB）和规范激活理论（NAM），尝试在 TPB 和 NAM 理论的基础上构建城市居民交通 PM2.5 减排行为的概念模型。在前文的理论综述部分，已经对这些相关的亲环境行为理论做了详细的介绍，在此不再赘述。其中，态度、感知行为控制、社会规范等理性感知变量和道德规范等感性感知变量构成了理论框架的核心变量。

　　TPB 理论指出，个体的态度、主观规范和感知行为控制（PBC）会显著影响个体的行为意愿和行为（Ajzen，1991）。此结构搭建了本章的基础理论框架。TPB 理论已经在个人亲环境行为研究中得到普遍认可，如绿色购买行为、[1] 公共交通使用行为，[2] 以及绿色旅游行为。[3] NAM 理论同样在个人亲环境行为中得到广泛的运用，如节能行为研究、[4] 废弃物再利用研究。[5] 但是两个理论在居民交通 PM2.5 减排行为研究中的效用都还没有进行验证。除此之外，在第六章中已经提出和验证了 PBC 变量在 PM2.5 减排行为中的重要作用，本章也会结合交通 PM2.5 减排行为对居民 PBC 能力进行更细致的讨论。图 7—1 为概念模型。

　　其中，行为意愿是指个体愿意参加某种行为的程度（Ajzen，1991；De Groot 和 Steg，2007），是计划行为理论的重要变量。本章将城市居民交通 PM2.5 减排意愿定义为，居民在多大程度上愿意参加交通 PM2.5 减排行为，包括选择公共交通出行和购买新能源汽车两种行为。当然，本

---

　　① Yazdanpanah, M., Forouzani, M., "Application of the Theory of Planned Behaviour to Predict Iranian Students' Intention to Purchase Organic Food", *Journal of Cleaner Production*, Vol. 107, 2015, pp. 342 –352.

　　② Donald, I. J., Cooper, S. R., Conchie, S. M., "An Extended Theory of Planned Behaviour Model of the Psychological Factors Affecting Commuters' Transport Mode Use", *Journal of Environmental Psychology*, Vol. 40, 2014, pp. 39 –48.

　　③ Han, H., "Travelers' Pro-Environmental Behavior in a Green Lodging Context: Converging Value-Belief-Norm Theory and the Theory of Planned Behavior", *Tourism Management*, Vol. 47, 2015, pp. 164 –177.

　　④ Zhang, Y., Wang, Z., Zhou, G., "Antecedents of Employee Electricity Saving Behavior in Organizations: An Empirical Study Based on Norm Activation Model", *Energy Policy*, Vol. 62, 2013, pp. 1120 –1127.

　　⑤ Saphores, J. D. M., Ogunseitan, O. A., Shapiro, A. A., "Willingness to Engage in a Pro-Environmental Behavior: An Analysis of E-Waste Recycling Based on a National Survey of US Households", *Resources, Conservation and Recycling*, Vol. 60, 2012, pp. 49 –63.

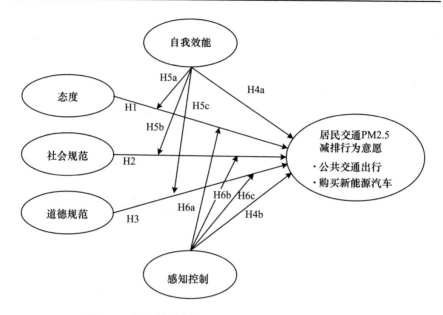

图 7—1　城市居民交通 PM2.5 减排行为意愿概念模型

章选择对城市居民交通 PM2.5 减排意愿进行研究，而没有特别区分减排意愿和实际行为，主要基于以下考虑。第一，根据 TPB 理论观点，个体行为意愿是其实际行为的最直接和最主要的影响因素，且二者含有共同的自变量。也可以说，行为意愿和自变量间的关系可能比实际行为还要亲密。Ajzen（1991）指出当行为意愿能够被合理测度时，意愿就会在最大程度上预测实际行为。尽管从变量测量视角来看，行为意愿往往要稍微大于实际行为，但行为意愿确实可以在很大程度上合理地预测个体的行为。这一观点也得到了众多研究的证实（Greaves 等，2013；De Groot 和 Steg，2007；Heath 和 Gifford，2002）。第二，从现实角度考虑，居民的实际交通 PM2.5 减排行为在某种程度上来说很难测度。居民的交通 PM2.5 减排行为还处于初步探索中，并没有达到实质性操作阶段，尤其是居民的新能源汽车购买行为。我国新能源汽车的推广还更多依靠政府购买，个人市场推广还没有打开局面，几乎完全处于购买意愿阶段。鉴于此，城市居民交通 PM2.5 减排行为意愿作为预测实际行为的重要变量是可信的，也是合适的。对本书城市居民交通 PM2.5 减排行为意愿来说，意愿和行为的差距不是本书讨论的重点。现阶段对交通 PM2.5 减排意愿的研究可以为交通部门 PM2.5 污染治理提供有价值的参考，具备足够重要的研究意义。

二 假设提出

1. 态度

态度是 TPB 理论的重要变量，针对城市居民交通 PM2.5 减排行为，态度同样会发挥其重要的作用。居民对公共交通出行的态度越积极，对购买新能源汽车的态度越积极，居民就越愿意加入交通 PM2.5 减排行为。在此，居民的评价主要依赖于居民对这些行为的了解程度以及对优良空气质量的偏好，而后者间接地受他们自身交通选择行为的影响。本书也认为，居民的交通 PM2.5 减排行为也会在外界的游说下随着居民态度的改变而变得更加亲环境（Ajzen，1991；Yazdanpanah 和 Forouzani，2015）。所以，提出第一个假设：

H1：城市居民的态度对其交通 PM2.5 减排行为意愿有正面影响。

2. 社会规范

社会规范也是来自 TPB 理论。结合 Ajzen 和前文阐述，以及我国的历史文化传统，社会规范同样会影响我国居民交通 PM2.5 减排行为。我国提倡集体主义观，个人对集体的融入感强烈。公共交通出行、购买新能源汽车等皆是居民的日常消费行为，无形中很容易受到对自己来说重要的人（家人、领导、朋友）或组织（政府、工作单位）的影响。所以，在雾霾污染治理的大氛围下，显著人群或组织的期望会显著影响居民的交通 PM2.5 减排意愿。其给予的期望压力越大，居民越有可能参与交通 PM2.5 减排行为。假设如下：

H2：城市居民的社会规范对其交通 PM2.5 减排行为意愿有正面影响。

3. 道德规范

道德规范作为规范激活理论的核心变量，同社会规范一样也给居民的行为选择施加了一定程度的压力。不同的是，这种压力不是来源于外部，而是源于居民个人内心深处。据 Schwartz（1977）阐述，居民对环境后果的关注，对自身环境责任感的认同，其内心的道德规范自然会被激活。一旦如此，居民道德规范会在很大程度上促进居民交通 PM2.5 减排意愿的发生。再者，居民的亲环境行为往往具备公共物品性质，只有具备较高的道德责任感，亲环境的交通 PM2.5 减排行为才会发生。因此，"道德规范"会影响居民的交通 PM2.5 减排行为，当居民的道德规范越高，居民参与交通 PM2.5 减排行为的意愿越强烈。基于此，得出以下假设：

H3：城市居民的道德规范对其交通 PM2.5 减排行为意愿有正面影响。

4. 不同的 PBC 构成成分

感知行为控制（PBC），就是居民对于参与交通 PM2.5 减排行为感知到的难易程度。根据 Ajzen 的阐述，PBC 的内涵实际上由难度和控制因素两部分构成。Castanier 等[①]指出"难/易"和"能控制/不能控制"并不是完全相同的两组概念。前者指的是个体对于参与某个特定行为所需具备的相应能力是否有足够的信心；后者指的是个体是否具备参与某个特定行为的相应控制条件和资源。尽管"难度"和"控制条件"有相似的一面，但二者的区别不容忽视（Amaro 和 Duarte，2015）。事实上，对于一个特定的行为，"难度"和"控制条件"可能会展现出不同的预测效度和影响（Castanier 等，2013；Norman 和 Conner，2006）。许多学者在研究中提及了这两个 PBC 的不同构成成分，并对这两个成分进行了对比研究。当然，在研究过程中二者的命名可能会稍有差异。比如，Castanier 等（2013）学者就将这两个概念分别称为"Perceived Capacity"和"Perceived Autonomy"。在此，参照 Amaro 和 Duarte（2015）以及 Norman 和 Conner（2006）的说法，将这两个不同的 PBC 构成成分命名为"自我效能"（Self-efficacy，SE）和"感知控制"（Perceived Control，PC）。

另外，Ajzen 特别强调，PBC 是影响个体意愿的一个重要因素，众多研究者也普遍证实 PBC 和行为意愿的正向关系，即随着个体感知行为控制能力的提高，个体参与特定行为的意愿也越强烈（Han 等，2010）。所以，基于上面的阐述，分别提出以下假设：

---

① Castanier, C., Deroche, T., Woodman, T., "Theory of Planned Behaviour and Road Violations: The Moderating Influence of Perceived Behavioural Control", *Transportation Research Part F: Traffic Psychology and Behaviour*, Vol. 18, 2013, pp. 148–158.

H4a：城市居民的自我效能对其交通 PM2.5 减排行为意愿有正面影响。

H4b：城市居民的感知控制对其交通 PM2.5 减排行为意愿有正面影响。

5. 不同 PBC 构成成分的调节效应

鉴于 PBC 变量自身的特点，学者们指出，除了关注 PBC 对行为意愿的直接影响外，还要考虑 PBC 的调节效应，因为 TPB 变量间会相互影响（Ajzen，1991；Castanier 等，2013）。Castanier 等（2013）发现在不同 PBC 水平下，态度和主观规范对意愿的影响会有所差异。同样地，Abrahamse 等（2009）也在其研究中指出，只有在高的 PBC 水平下，PBC 才会调节道德—行为意愿间的关系。换句话说，不同的 PBC 水平会对其他几个变量和行为意愿间的关系产生调节效应。这意味着 PBC 作为一个调节变量，会为其他自变量对行为意愿的影响提供一个边界条件，即对何时态度、主观规范和道德规范会显著影响行为意愿进行说明和界定（Zhang 等，2013）。这一边界条件的界定对居民交通 PM2.5 减排行为的真正产生也至关重要。在此，本章期望验证在交通 PM2.5 减排背景下，两个不同的 PBC 构成变量是否会对 TPB 变量和道德规范变量与减排意愿的关系产生调节效应，从而为居民交通 PM2.5 减排提供更加严谨的研究视野。对不同 PBC 构成变量调节效应的研究将有助于理解 TPB 等变量间实际的交互影响机制，并为政策制定者提供贴合实际的针对性建议。所以，提出以下假设：

H5a – c：居民的自我效能对态度、社会规范、道德规范和居民交通 PM2.5 减排意愿的关系有显著调节作用。对具有高水平自我效能感的居民来说，其态度越积极，感知到的社会规范压力越大，道德规范越高，其 PM2.5 减排意愿相较于低水平的居民越强烈。

H6a – c：居民的感知控制对态度、社会规范、道德规范和居民交通 PM2.5 减排意愿的关系有显著调节作用。对具有高水平感知控制的居民来说，其态度越积极，感知到的社会规范压力越大，道德规范越高，其 PM2.5 减排意愿相较于低水平的居民越强烈。

第三节　研究方法

一　样本选择和数据收集

为了确保收集数据的科学性和合理性，需率先对调研地点和调研时间进行慎重选择。对于调研地点，仍是以雾霾严重的三个区域的核心城市的居民作为调查对象，包括京津冀地区（北京、天津、石家庄）、长三角地区（上海、南京、杭州和合肥）以及成渝地区（成都和重庆）城市。主要基于以下原因考虑：一方面，这些城市都位于我国当今雾霾最为严重的三大区域之中，符合本书雾霾治理的大前提；另一方面，作为中国大城市或特大城市，伴随着人口和经济的迅速发展，传统燃油汽车的私人保有量，以及公共交通设施都有了极大的发展（表5—2）。另外，从2010 年开始，几乎所有的目标城市都被选定为新能源汽车的试点城市，以加大新能源汽车的推广力度。迄今为止，新能源汽车试点城市共完成三批，共包括25 个城市，北京、上海、重庆、杭州、合肥均在第一批范围。且近期原则上没有考虑扩大试点范围，旨在重点观察现有25 个城市的推广成效。对于调研时间，仍是选择一年中雾霾相对最为严重的秋冬季节。此次调研的具体实施时间为2015 年12 月到2016 年1 月。这样，在合适的地点和合理的时间，身处雾霾严重区域的居民，正在经历着雾霾天气，实时和亲身地感受确保被调查居民在接受调研时能真正反映出内心最客观的想法。从而确保了调研数据的质量和可靠性。

本部分采用实地调研，在目标城市采取随机抽查方式对各地人口集中区域的居民进行问卷调查，包括居民小区、商业步行街、火车站点以及大学校园等。在调研中，有70 位居民直接拒绝了调查，因为他们认为乘坐公共交通和购买新能源汽车这两种行为对城市 PM2.5 污染治理效果不理想。其他居民在调研人员的邀请和指导下顺利答完问卷，共回收问卷680 份。对回收问卷进行初步筛选，将大部分测度项为相同的答案或有逻辑错误的问卷剔除。总之，最后共得到"公共交通选择行为"有效问卷595 份，有效问卷率为87.5%；"新能源汽车购买行为"有效问卷为580 份，有效问卷率为85%。

接下来，对有效问卷的样本分布特征进行分析以初步判断调查样本分布的均衡性。问卷中包含的人口统计变量有性别、年龄、受教育程度以及月收入等。"公共交通选择行为"和"新能源汽车购买行为"两部分问卷的人口统计变量分布基本相似。其中，公共交通选择行为问卷的人口统计特征的详细描述结果如表 7—2 所示。

表 7—2　　社会人口统计学变量分布情况（公共交通选择行为，N = 595）

社会人口统计学变量	分类项目	频数	频率（%）
性别	1. 男	284	47.7
	2. 女	311	52.3
年龄	1. 22 岁及以下	67	11.3
	2. 23—35 岁	259	43.5
	3. 36—55 岁	197	33.1
	4. 56 岁及以上	72	12.1
受教育程度	1. 初中及以下	58	9.7
	2. 高中、中专或技校	68	11.4
	3. 大学或大专	287	48.2
	4. 硕士及以上	182	30.6
月收入	1. 2000 元以下	104	17.5
	2. 2001—4000 元	250	42.0
	3. 4001—6000 元	122	20.5
	4. 6000 元以上	119	20.0

表 7—2 显示，接受调研的居民中，大约一半以上为女性，性别比为 1 : 0.91，与我国现阶段 1.07 : 1 的性别比相差无多；关于年龄分布，样本中 23—35 岁的居民占 43.5%，36—55 岁的为 33.1%。这两部分群体的居民正好是本次调查的核心群体，他们处于人生的工作和生活活跃期，在自己的日常出行行为中会释放大量的 PM2.5 颗粒；样本的月收入分布也相对均衡，17.5% 的居民月收入少于 2000 元，42% 的居民收入在 2001 和 4000 元之间，20.5% 的居民在 4001 和 6000 元之间，另外 20% 收入超过 6000 元；反观样本的受教育程度，总体水平较高。48.2% 的样本居民都拥有大专文凭或学士学位，且 30.6% 的样本受教育程度在硕士及以上水平。在很大程度上，这要归咎于样本偏差，因为我们的调研目标城市

基本为中国发达区域的发达城市，甚至是北京、上海等特大城市（Jak-ovcevic 和 Steg，2013；Nordfjærn 等，2014）。结合调研目的，这对本书研究问题不产生特别的影响。总的来说，关于两种交通 PM2.5 减排行为调研样本的人口统计特征与目标区域基本相符，对本研究来说是可以接受的。

二　问卷设计

严格按照量表开发的步骤和原则，开发了居民交通 PM2.5 减排行为的正式问卷。鉴于本章的研究目的和概念模型理论框架，调查问卷分为三个部分。第一部分为调查对象的社会人口统计特征信息，包括了居民的性别、年龄、受教育程度和月收入等。第二部分和第三部分为问卷的主体，分别就"公共交通出行行为"和"新能源汽车购买行为"两种交通 PM2.5 减排行为进行调查。需要说明的是，为了便于二者的对比研究，对两种行为的调查采用了基本相同的调查结构、相同的变量和测度项。正式问卷见附录 2，问卷中只是将"公共交通出行"和"新能源汽车购买"两个关键词互相替代。

对第二部分和第三部分问卷的具体内容来说，都是分别对两种行为的居民参与意愿和五个影响因素进行测量。为了保证问卷具有良好的信效度，每个变量都是严格参考前人的成熟量表制定，主要是 Francis 等（2004）关于 TPB 变量的通用建议以及相关亲环境行为研究问卷。其中，行为意愿、态度和社会规范三个变量主要在 Francis 等（2004）的基础上进行改编，道德规范采用 Smith 和 McSweeney（2007）的说法，自我效能主要参考了 Francis 等（2004）以及 Smith 和 McSweeney（2007），感知控制则参考了 Han 等（2010）。当然，对于专家意见和调研反馈也给予了充分的考虑。每个变量的测度都采用多测度项（Multi-item）方式，因此公共交通选择行为问卷共有测度项 20 个；新能源汽车选择行为共有测度项 19 个，其中，由于效度问题删掉了测度项 SN4，详见附录 2。此量表采用 Likert 7 级量表进行测度，请被调查居民指出他们在多大程度上同意或不同意各个测度项的阐述。其中，"1"表示完全不同意，"7"表示完全同意。

第四节　两种居民交通 PM2.5 减排行为的影响因素差异分析

本章的交通 PM2.5 减排行为包含"公共交通选择"和"新能源汽车购买"两种具体的行为，因此，本部分将借助两个独立的分层回归分析，对两种居民交通 PM2.5 减排行为意愿的影响因素及其影响机制进行研究。具体实施中，将借助 SPSS 21.0 统计软件进行数据的信效度检验和假设的验证。

一　描述性分析

变量的描述性分析，可以帮助分析各个变量的现状。表 7—3 给出了所有变量的描述性分析结果。首先来看公共交通选择行为，居民对公共交通出行所持的态度、社会规范、道德规范以及自我效能和行为意愿的均值得分都相当高。不过，感知控制的均值相对来说较低，只有 3.66（最高分设定为 7）。这些结果透露出被试居民对公共交通 PM2.5 减排行为持有非常满意的评价，感受到了很强的社会压力，并拥有非常强的参与意愿。此外，他们对公共交通出行的道德责任感以及自信心也处于可以接受的水平。但是，居民自认为其对公共交通出行的控制能力很低，这主要是因为我国的公共交通设施还高度缺乏和不完善，再加上我国人口众多的现状，公共设施更是供不应求，拥挤不堪。

对新能源汽车购买行为来说，居民对购买新能源汽车所持的态度、道德规范以及感知控制和行为意愿的均值得分都相当高。同样地，此结果意味着被试居民对新能源汽车 PM2.5 减排行为持有颇为满意的评价，拥有很高的道德责任感，甚至很高的感知控制能力和强烈的购买意愿。出人意料的是，被试居民的社会规范和自我效能感的均值相对要低，分别只有 4.16 和 4.23。这可能主要在于私人新能源汽车的购买在个人层面还不被大众接受，形不成社会舆论压力。此外，在很大程度上来讲，居民对新能源汽车的质量以及其配套设施持怀疑态度，比如充电电池和充电桩等。

表7—3 均值、标准差和相关分析

变量	AT	SN	MN	SE	PC	INT	M	SD
AT	0.85 (0.88)	0.55 **	0.62 **	0.59 **	0.28 **	0.70 **	5.33	1.16
SN	0.53 **	0.85 (0.87)	0.69 **	0.75 **	0.12 **	0.64 **	4.16	1.33
MN	0.61 **	0.41 **	0.78 (0.80)	0.70 **	0.18 **	0.67 **	4.32	1.22
SE	0.64 **	0.39 **	0.65 **	0.82 (0.88)	0.10 *	0.61 **	4.23	1.28
PC	0.50 **	0.32 **	0.60 **	0.75 **	0.92 (0.88)	0.22 **	5.39	1.13
INT	0.64 **	0.48 **	0.68 **	0.59 **	0.51 **	0.93 (0.92)	4.88	1.34
M	5.21	5.18	4.21	4.22	3.66	4.94		
SD	1.21	1.24	1.18	1.22	1.39	1.36		

注：（1）M 为均值；SD 为标准差；（2）AVE 的平方根呈现在表格的对角线上，其中括号内的为新能源汽车；其他的为相关分析结果，其中新能源汽车呈现在对角线上方。（3）* 表示 $p < 0.05$；** 表示 $p < 0.01$。

二 信度和效度分析

数据的可靠性和有效性是进行回归分析的前提。因此，本部分依然先对数据的信效度进行检验。检验过程借助 SPSS 21.0 完成。

1. 信度分析

如前所述，信度分析主要是对变量的 Cronbach's α 和联合信度系数进行检验（Fornell 和 Larcker，1981）。表7—4 的信度检验结果显示，对公共交通出行行为来说，所有变量的 Cronbach's α 系数均大于 0.7，且所有变量的联合信度值也都大于 0.7；同样地，对购买新能源汽车行为来说，所有变量的 Cronbach's α 系数和联合信度值也都大于 0.7。这意味着两种行为的所有变量都具有满意的信度。

表 7—4　　　　　　　　　　　　验证性因子分析结果

变量	测度项	因子载荷	Cronbach's α	联合信度（CR）	AVE
居民两种交通 PM2.5 减排意愿（INT）	INT1	0.92（0.90）	0.92（0.91）	0.95（0.95）	0.86（0.85）
	INT2	0.94（0.94）			
	INT3	0.93（0.93）			
态度（AT）	AT1	0.90（0.91）	0.86（0.90）	0.91（0.93）	0.72（0.77）
	AT2	0.91（0.91）			
	AT3	0.78（0.85）			
	AT4	0.81（0.83）			
社会规范（SN）	SN1	0.85（0.90）	0.81（0.90）	0.89（0.93）	0.72（0.76）
	SN2	0.86（0.90）			
	SN3	0.85（0.92）			
	SN4	（0.75）			
道德规范（MN）	MN1	0.79（0.84）	0.78（0.82）	0.86（0.88）	0.60（0.64）
	MN2	0.72（0.74）			
	MN3	0.82（0.80）			
	MN4	0.77（0.82）			
自我效能（SE）	SE1	0.83（0.89）	0.77（0.85）	0.86（0.91）	0.68（0.77）
	SE2	0.83（0.84）			
	SE3	0.82（0.90）			
感知控制（PC）	PC1	0.92（0.88）	0.81（0.70）	0.91（0.87）	0.84（0.77）
	PC2	0.92（0.88）			

注：（1）AVE = 平均变异抽取量；（2）INT1 – PC2 为所有的测度项；公共交通的 SN4 被删除以增加信效度；（3）括号内为新能源汽车购买行为的结果，括号外为公共交通出行结果。

2. 效度分析

聚合效度主要对相应变量的因子载荷值和 AVE 值来测量（Fornell 和 Larcker，1981）。考虑到本书变量都是依据前人的成熟量表改编而来，所以采用验证性因子分析方法（CFA），分析结果详见表 7—4。结果表明，对公共交通出行行为来说，所有测度项的因子载荷值都从 0.72 到 0.94 之间变化，大于 Fornell 和 Larcker（1981）建议的 0.7 的临界值。且所有变量的 AVE 的最低值为 0.60，大于其建议的 0.5 的基准值；同样地，对于购买新能源汽车行为来说，所有测度项的因子载荷值都从 0.74 到 0.94 之间变化，且所有变量的 AVE 的最低值为 0.64，都达到了聚合效度的要求。所以，上述两个测度项目显示，两种交通 PM2.5 减排行为的所有变量都有足够高的聚合效度。

区别效度的检验要验证各个变量间的相关系数与 AVE 平方根的关系，以及各变量的测度项的交叉因子载荷值与各变量本身的因子载荷值的关系。对各个变量的相关分析结果，详见表 7—3。结果显示，对公共交通出行和新能源汽车购买两种行为来说，所有变量的 AVE 的平方根值都大于此变量与其他变量间的两两相关系数。同时，所有测度项的交叉因子载荷值都小于对应变量的因子载荷值。也就是说，两种城市居民交通 PM2.5 减排意愿及其五个影响因素的各个变量之间具有很好的区别效度。总之，公共交通出行行为和新能源汽车购买行为的测量模型都具有足够好的信度和效度。

三　回归分析结果

在回收数据质量得到保证的前提下，本部分采用分层回归分析方法对假设进行验证。[①] 对每个交通 PM2.5 减排行为，都将相继对 4 个模型进行回归分析检验，以充分理解各个影响因素和 PM2.5 减排行为意愿的影响机制。其中，第一个模型（Model 1）的自变量仅包含了控制变量，第二个模型（Model 2）在控制变量的基础上增加了 TPB 变量，第三个模型（Model 3）又加入了道德规范变量。第四个模型（Model 4）是一个全模型，自变量包括了上述所有的变量以及所有的调节变量。在公共交通选择意愿的全模型中，所有的自变量共解释了 57.9% 的方差，而在新能源汽车购买意愿中，所有的自变量则解释了 62% 的方差。可见，本章基于 TPB 和 NAM 建立的交通 PM2.5 减排意愿模型在交通 PM2.5 减排研究中有很强的适用性。完整的计算结果详见表 7—5。

---

① 薛薇：《SPSS 统计分析方法及应用》，电子工业出版社 2013 年版，第 184—211 页。

表 7—5 两种交通 PM2.5 减排行为的分层回归分析结果

变量	公共交通出行选择行为（N = 595）				新能源汽车购买行为（N = 580）			
	Model 1	Model 2	Model 3	Model 4	Model 1	Model 2	Model 3	Model 4
Gender	0.074	0.057	0.027	0.018	0.093 *	0.03	0.021	0.023
Age	0.027	0.056	0.031	0.030	− 0.053	− 0.016	− 0.030	− 0.031
Income	− 0.121 **	0.003	− 0.003	− 0.004	− 0.121 **	− 0.018	− 0.014	− 0.013
AT		0.341 ***	0.246 ***	0.232 ***		0.451 ***	0.388 ***	0.384 ***
SN		0.177 ***	0.143 ***	0.191 ***		0.282 ***	0.209 ***	0.182 ***
SE		0.218 ***	0.112 *	0.111 *		0.121 **	0.040	0.046
PC		0.124 **	0.042	0.031		0.049	0.041	0.051
MN			0.366 ***	0.348 ***			0.247 ***	0.252 ***
AT × SE				− 0.008				0.074
SN × SE				− 0.007				− 0.004
MN × SE				− 0.072				− 0.114 *
AT × PC				0.017				− 0.054
SN × PC				0.130 **				0.133 **
MN × PC				− 0.078				− 0.080
R^2	0.019	0.498	0.562	0.579	0.029	0.585	0.610	0.620
Ajusted R^2	0.014	0.492	0.556	0.569	0.024	0.580	0.604	0.611
F_{change}	3.730 *	140.333 ***	84.749 ***	3.958 ***	5.803 ***	191.635 ***	35.743 ***	2.685 *

注：* 表示 $p < 0.05$；** 表示 $p < 0.01$；*** 表示 $p < 0.001$。

根据表 7—5 的结果，可以发现对"公共交通出行"和"新能源汽车购买"两种行为来说，假设 H1 和 H2 都得到了支持。居民的态度显著正向影响其公共交通选择意愿（b = 0.232，$p < 0.001$），也显著正面影响其新能源汽车购买意愿（b = 0.384，$p < 0.001$）。同样，社会规范对每个行为意愿也都有显著的正向影响（b = 0.191，$p < 0.001$；b = 0.182，$p < 0.001$）。假设 H3 提出道德规范正向影响两种交通 PM2.5 减排意愿。表 7—5 的结果显示居民的道德规范影响公共交通选择意愿的路径系数为 0.348（$p < 0.001$），对新能源汽车购买意愿影响的路径系数为 0.252（$p < 0.001$）。所以，对这两种行为来说，H3 都得到了支持。

关于两个 PBC 构成成分，表 7—5 的回归分析结果显示，自我效能只是正向影响了居民的交通 PM2.5 减排意愿（b = 0.111，p < 0.05）。而感知控制却对任何一个行为的居民减排意愿都不产生直接的影响。所以，对公共交通出行行为来说，假设 H4a 得到了支持；对新能源汽车购买行为来说，假设 H4a 被拒绝。假设 H4b 对两种行为来说都被拒绝。

四　感知行为控制因素的调节效应检验结果

接下来，重点分析两个 PBC 构成成分的调节效应。两个 PBC 构成成分的直接影响和间接影响是本章节重点讨论的对象。表 7—5 的调节效应分析结果显示，两个 PBC 构成成分的调节效应皆显著增加了两种交通 PM2.5 减排意愿的解释方差。其中，对公共交通出行意愿增加了 1.7%（p < 0.001），对新能源汽车购买意愿增加了 1.0%（p < 0.5）。这说明 PBC 的调节效应确实在此居民交通 PM2.5 减排行为研究中是存在的。

H5 假设自我效能对态度、社会规范、道德规范和交通 PM2.5 减排意愿间的关系都有显著的正向调节效应。对居民的公共交通选择意愿来说，表 7—5 指出自我效能对三组关系的调节效应都不显著（b_{H5a} = − 0.008，p > 0.05；b_{H5b} = − 0.007，p > 0.05；b_{H5c} = − 0.072，p > 0.05）。所以，假设 H5a、H5b 和 H5c 对公共交通行为来说都被拒绝；而对居民的新能源汽车购买意愿来说，表 7—5 的调节效应结果显示自我效能仅仅显著调节了道德规范和行为意愿的关系（b_{H5c} = − 0.114，p < 0.05）。但是，是负向调节。所以，对新能源汽车行为来说，假设 H5a 和 H5b 皆被拒绝，H5c 得到了一定程度的支持。

H6 假定感知控制对态度、社会规范、道德规范和交通 PM2.5 减排意愿间的关系都有显著的正向调节效应。事实上，对居民的公共交通选择意愿来说，感知控制只显著调节了社会规范和行为意愿的关系（b_{H6b} = 0.130，p < 0.01），而对态度—意愿和社会规范—意愿两组关系的调节效应都不显著（b_{H6a} = 0.017，p > 0.05；b_{H6c} = − 0.078，p > 0.05）；对居民的新能源汽车购买意愿来说，则呈现出了相似的结论（b_{H6b} = 0.133，p < 0.01；b_{H6a} = − 0.054，p > 0.05；b_{H6c} = − 0.080，p > 0.05）。所以，对每个交通 PM2.5 减排行为来说，假设 H6b 都得到支持，而 H6a 和 H6c 都被拒绝。

三个调节效应被证实是显著的。紧接着，对三个调节效应的具体作用模式展开进一步详细分析。按照前述陈晓萍等（2012）的步骤，对三个调节变量都分别构建高、低两个群组，然后对高、低两组都进行回归分析，并在同一个图中画出自变量和因变量的关系图，得到图 7—2、图7—3 和图 7—4。

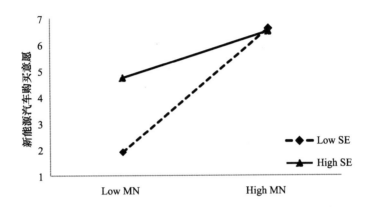

图 7—2　自我效能对道德规范—新能源汽车购买意愿的调节效应分析

图 7—2 用两条倾斜的回归线展示出了不同自我效能感下居民道德规范和新能源汽车购买行为意愿间的关系。结果显示当自我效能感处于高水平时，居民的道德规范越高，居民购买新能源汽车以追求 PM2.5 减排的意愿越强烈（b = 0.295，p < 0.001）；当自我效能感居于低水平时，居民的道德规范越高，居民购买新能源汽车以追求 PM2.5 减排的意愿还是越强烈（b = 0.783，p < 0.001）。总之，无论居民的自我效能感是高还是低，居民道德规范都是显著正向影响居民的新能源汽车购买意愿。换言之，居民的新能源汽车购买意愿会随着其道德规范的增强而增强。但当自我效能感居于高水平时，其道德规范对新能源汽车购买意愿的影响，相比低水平自我效能，反而弱很多。

图 7—3 用两条倾斜的回归线展示出了不同感知控制水平下居民社会规范和公共交通出行意愿间的关系。结果显示当感知控制处于高水平时，居民的社会规范越高，居民选择公共交通出行以追求 PM2.5 减排的意愿越强烈（b = 0.569，p < 0.001）；当感知控制处于低水平时，居民的社会规范越高，居民选择公共交通出行以追求 PM2.5 减排的意愿依旧越强烈

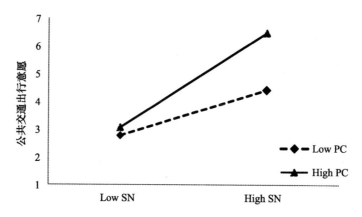

图7—3　感知控制对社会规范—公共交通出行意愿的调节效应分析

（b＝0.274，p＜0.001）。总之，无论居民的感知控制高还是低，居民社会规范都是显著正向影响居民的公共交通出行意愿。换言之，居民的公共交通出行意愿会随着其社会规范的增强而增强。但当感知控制处于高水平时，其社会规范对公共交通出行意愿的影响，相比低水平感知控制，会高很多。

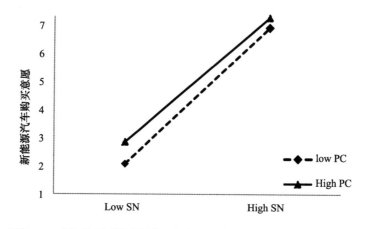

图7—4　感知控制对社会规范—新能源汽车购买意愿的调节效应分析

图7—4用两条倾斜的回归线展示出了不同感知控制水平下居民社会规范和新能源汽车购买意愿间的关系。结果显示当感知控制处于高水平时，居民的社会规范越高，居民选择购买新能源汽车以追求 PM2.5 减排

的意愿越强烈（b = 0.736，p < 0.001）；当感知控制处于低水平时，居民的社会规范越高，居民选择购买新能源汽车以追求 PM2.5 减排的意愿依旧越强烈（b = 0.806，p < 0.001）。总之，无论居民的感知控制高还是低，居民社会规范都是显著正向影响居民的新能源汽车购买意愿。换言之，居民的新能源汽车购买意愿会随着其社会规范的增强而增强。但当感知控制处于高水平时，其社会规范对新能源汽车购买意愿的影响，相比低水平感知控制，会稍低，不过总体相差不多。

第五节　两种居民交通 PM2.5 减排行为影响因素结果讨论

有效引导居民的交通 PM2.5 减排行为对减少城市 PM2.5 排放有很重要的实践意义。本章的目标就是基于 TPB 和 NAM 理论构建交通 PM2.5 减排行为意愿模型，以很好地剖析公共交通出行和新能源汽车购买两种行为的影响因素；并对两种交通 PM2.5 减排行为影响因素的异同进行分析，以为其他 PM2.5 减排行为的推广提供借鉴。表 7—5 的结果显示，态度都显著影响两种交通行为，且在 TPB 的三个初始变量中，态度影响都是最强的，这与前人的结论一致（Amaro 和 Duarte，2015；Yazdanpanah 和 Forouzani，2015；Zhang 等，2014）。此外，对这两种行为来说，态度都是唯一的一个仅直接对行为意愿施加影响却不被 PBC 构成成分调节的变量。这主要的原因可能在于居民对于交通减排行为持有的态度更多源于中国严重的雾霾污染现况。在这样的前提下，居民不管是否拥有足够的自我效能感和感知控制能力，他们总是会对雾霾污染充满担心与忧虑。因此，对交通 PM2.5 减排行为正确态度的培养与引导，是居民积极参与城市交通部门雾霾污染治理的良好起点。

社会规范对每个交通 PM2.5 减排意愿都有显著的正向影响。且需要注意的是在三个模型（Model 2 – 4）的论证中，对每个行为来说，社会规范对 PM2.5 减排意愿的影响都是稳定一致的。相似的结论在 Blok 等（2015）和 Matthies 等（2012）的研究中也得到体现，他们都在各自亲环境研究中就领导对个体行为的示范性效应进行了强调。在中国，经历了传统的集体主义教育的长期熏陶，个体更加倾向于追随那些对他们来说很重要的显著人群的行为。同样地，对于是否选择公共交通出行，是否选择购买新能源汽车以减少 PM2.5 排放，居民也愿意参考显著人群的期望与实际行为，比如那些他尊敬的人，甚至是企业和政府组织等。

道德规范，作为 NAM 理论的核心变量，是唯一的一个添加到初始 TPB 变量的感性变量，不仅增加了每个交通 PM2.5 减排意愿的解释方差（6.4%；2.4%），而且对每个减排意愿的影响还很强烈（b = 0.348；b = 0.252）。这与大量前人的研究结论一致（Bamberg 等，2007；Yazdan-panah 和 Forouzani，2015）。Abrahamse 等（2009）以及 Donald 等（2014）在对通勤者交通出行方式使用的研究中也证实了道德规范的重要作用。这其中的原因也许根源于亲环境行为利他特点，道德规范无疑是和亲环境行为，或是利他的公共物品，如影相随的。也正是此利他特点会直接带来人们的高道德规范。同样地，具有良好道德规范的居民会有更大的意愿参与交通 PM2.5 减排行为。依此而言，积极培养居民的道德规范感对 PM2.5 减排来说是一个有效的途径。事实上，越来越多的学者在他们的亲环境行为研究中愿意关注道德规范并证实了道德规范的效果。[1]

两个 PBC 成分在两种居民交通 PM2.5 减排意愿中表现出了与众不同的效果。自我效能和感知控制对居民公共交通出行意愿和新能源汽车购买意愿的影响有相同之处，也有区别所在。一方面，就像假设中预期的一样，两个 PBC 成分对每个交通 PM2.5 减排意愿都有显著影响，不管是以直接影响形式，还是间接调节效应的形式。这也证实了 PBC 同样在居民交通 PM2.5 减排领域中有重要的作用，这与相关亲环境行为研究的结论一致（Abrahamse 等，2009；Zhang 等，2014）；另一方面，也是更重要的一点，两个不同的 PBC 成分对每个具体的交通 PM2.5 减排行为的影响效果展现出了差异性。[2][3] 除了上述直接、间接影响的区别外，在三个间

---

① Matthies, E., Selge, S., Klöckner, C. A., "The Role of Parental Behaviour for the Development of Behaviour Specific Environmental Norms-The Example of Recycling and Re-Use Behaviour", *Journal of Environmental Psychology*, Vol. 32, No. 3, 2012, pp. 277 – 284.

② Amaro, S., Duarte, P., "An Integrative Model of Consumers' Intentions to Purchase Travel Online", *Tourism Management*, Vol. 46, 2015, pp. 64 – 79.

③ Castanier, C., Deroche, T., Woodman, T., "Theory of Planned Behaviour and Road Violations: the Moderating Influence of Perceived Behavioural Control", *Transportation Research Part F: Traffic Psychology and Behaviour*, Vol. 18, 2013, pp. 148 – 158.

接的调节效应分析中，在不同水平的自我效能感和感知控制能力下，自变量对两种 PM2.5 减排意愿的影响模式也有所差异。对公共交通出行来说，当感知控制处于高水平时，其社会规范对公共交通出行意愿的影响，相比低水平感知控制，会高很多。对新能源汽车购买来说，当自我效能感和感知控制处于高水平时，其道德规范对新能源汽车购买意愿的影响，以及社会规范对新能源汽车购买意愿的影响，相比低水平，都会弱。这些区别所在更值得关注与分析。

追根溯源，自我效能和感知控制对两种交通 PM2.5 减排行为意愿有相似的影响，主要是因为两种行为实质相同，都是个人亲环境行为，目标都是追求交通 PM2.5 排放的减少。自我效能和感知控制对居民公共交通出行和新能源汽车购买两种行为意愿上表现出的区别也主要源于每个行为本身特性的差异。对城市居民来说，选择公共交通代替私家车出行意味着更多便利性和舒适性上的烦恼而非经济成本的困扰。据被试居民反馈，虽然他们对公共交通出行有信心（SE，均值为 4.22），但现在公共交通拥挤不堪的出行状况非常不满，而这直接会降低他们选择公共交通出行的可控性（PC，均值较低，只有 3.66）。图 7—2 的调节效应模式也显示，当居民的感知控制处于高水平时，社会规范对公共交通意愿影响更大。

然而购买汽车时选择新能源汽车代替传统燃油汽车就意味着要承担潜在的技术和质量风险以及稍微高的经济成本，因此被试居民对新能源汽车的信心较低（SE），均值为 4.23，对经济成本的可控能力（PC）较高，均值为 5.39。首先，新能源汽车毕竟作为一个新生的事物，新生的节能车辆，居民首先会特别关注它的质量问题。事实上而言，他们对充电电池技术以及充电桩设施都没有足够的信心。除此之外，居民也关注新能源汽车的价格问题。确实从表面上看，相对于相同水平的传统燃油汽车，新能源汽车的售价相对较高。但是，若扣除政府补贴，新能源汽车的实际购买成本还是接近于传统燃油汽车。举例来说，我国比亚迪汽车公司生产的一款著名的插电式混合动力汽车——"秦"市场售价为 20.98 万—21.98 万元，政府补贴约为 6 万元。所以，消费者对比亚迪"秦"的实际总购买成本为 15 万元左右。这与一些传统燃油汽车价格基本相仿，比如丰田花冠和大众汽车。而且，就运行成本而言，新能源汽车比传统汽车要便宜很多。驾驶新能源汽车每运行 100 公里需花费 15 元，而传统汽车要花费 50 元。总体而言，新能源汽车的总经济成本（包括购买成本和运行成本）同传统汽车相差无几。鉴于此，需指出的是新能源汽车的总经济成本确实可以影响居民的感知控制能力，但是在近几年（有政府补贴）对居民购买新能源汽车来说并不是主要的问题。

第六节　本章小结

本章以公共交通出行和新能源汽车购买两种居民交通 PM2.5 减排行为为例，尝试对不同居民 PM2.5 减排行为影响因素的差异性进行探索。在雾霾污染治理中，既要有全局观，统一行动，又要注意对不同行为区别对待。基于研究结果，得出以下主要结论，可为其他居民 PM2.5 减排行为提供参考。

（1）不同的居民交通 PM2.5 减排行为都会受到个体心理特征变量的显著影响，包括态度、社会规范等理性感知变量和道德规范等感性感知变量。其中，态度、社会规范、道德规范对两种 PM2.5 减排意愿的影响在不同的理论模型中都显著且稳定，且态度是唯一一个仅直接对行为意愿施加影响却不被 PBC 构成成分调节的变量。

（2）对于不同居民交通 PM2.5 减排行为来说，尤其要关注 PBC 变量的影响。PBC 变量作为其他影响因素发挥作用的边界条件，包含"自我效能"和"感知控制"两方面的内涵，分别或直接或间接地影响 PM2.5 减排行为的发生。但其处于不同的水平时，对不同的行为影响结果也会有所差异。

第八章

双重环境教育对大学生 PM2.5
减排行为的影响机制研究

第一节　环境教育和大学生 PM2.5 减排行为

如前所述，为了治理雾霾污染，尽管我国政府已从政策立法、技术研发和行政管理等方面积极寻求突破，雾霾治理也有所成效，但空气质量与 WHO 标准仍相距甚远，我国雾霾治理和生态文明建设依旧任重道远。对城市区域来说，个人层面 PM2.5 排放是重要的雾霾排放源，如城市交通、冬季取暖、厨房餐饮（包括露天烧烤）、燃放烟花爆竹以及室内吸烟，故各界逐步意识到：引导居民 PM2.5 减排行为是城市雾霾治理的有效手段。第六章和第七章聚焦于社会心理学视角，验证了个体态度、主观规范等理性心理因素和价值观、道德规范等感性心理因素是居民 PM2.5 减排行为的有力驱动因素。毋庸置疑，我国个人层面 PM2.5 减排行为研究仍处于探索阶段。Shi 等（2017）指出理性和感性因素在一定程度上均能显著影响个人 PM2.5 减排行为。Ru 等（2019）通过对浙江高校学生进行调查，认为主观规范对大学生 PM2.5 减排行为有显著影响。但迄今为止，还未有研究深层挖掘环境教育对居民个体的 PM2.5 减排行为的影响作用。环境教育本质也是心理因素的范畴，对个人亲环境行为的作用逐渐受到重视。环境教育内涵是一个全面的教育，一方面，可以直接提升环境知识，进而增强居民的态度、感知行为控制等理性心理类因素；另一方面，也可以直接或间接提升居民的生态世界观、价值观和道德规范等感性心理类因素。鉴于此，环境教育对理性和感性心理影响因素以及居民 PM2.5 减排行为的价值重大，潜力无限。

　　越来越多的学界和政界开始关注个体 PM2.5 减排行为。其中，青年大学生是 PM2.5 减排的重要目标人群，也是环境教育的主体。故本章以大学生群体为研究对象，探索环境教育的价值，期望为居民整体环境教育提供参考。这是因为：第一，我国大学生群体人数众多，是未来 PM2.5 减排和生态文明建设的主力军。2017 年在校大学生人数达到 2753.6 万人，近五年平均增长速度为 2.8%。大学生是重要而又特殊的责任主体，若干年后，他们将逐渐成为社会建设的中坚力量，对雾霾大气污染和生态文明建设负有不可推卸的时代使命。第二，大学生群体有自身特殊优势。作为青年群体，处于生态价值观形成的关键时期，其思维活跃，易于接受新事物，可塑性和适应性强，为环境教育的深入开展提供强有力的主体基础。[①] 环保意识一旦形成，对其一生的消费行为乃至对整个国家的生态文明建设将起到引领作用。第三，大学生群体生态文明建设的辐射作用强。大学生的良好社会规范行为，会直接或间接地影响家人、朋友乃至周围人群，通过对相关人群适时地熏陶和教育，有助于形成人人参与 PM2.5 减排行为的良好氛围与社会风气。大学生的环境行为会起到事半功倍的效果（De Leeuw 等，2015）。鉴于此，关注大学生群体的 PM2.5 减排行为，基于社会心理因素视角，剖析环境教育对大学生 PM2.5 减排行为影响因素及影响机制是雾霾治理以及未来生态文明建设的有效手段。

　　总之，本章尝试采用规范激活理论，基于环境教育构建大学生 PM2.5 减排行为理论模型，挖掘大学生 PM2.5 减排行为的重要影响因素，进一步明确环境教育和社会规范对大学生 PM2.5 减排行为意愿的影响机制。大学生 PM2.5 减排行为归属于个人亲环境行为范畴，具有公共服务性质，环境教育在亲环境行为领域扮演着重要角色；[②] 社会规范涵盖道德规范、主观规范和描述性规范等丰富内涵，在我国全面德治教育和集体

　　[①] 张庆鹏：《青少年亲社会行为干预模式的拓展路径》，《青年研究》2018 年第 2 期。

　　[②] Zsóka, Á., Szerényi, Z. M., Széchy, A., et al., "Greening Due to Environmental Education? Environmental Knowledge, Attitudes, Consumer Behavior and Everyday Pro-Environmental Activities of Hungarian High School and University Students", *Journal of Cleaner Production*, Vol. 48, 2013, pp. 126 – 138.

主义文化熏陶下，对 PM2.5 减排行为必有所裨益。二者的深层次结合更有助于探索大学生 PM2.5 减排行为的持久影响机制。本章的主要贡献在于：第一，考虑到大学生群体对于雾霾治理的特殊价值，文章聚焦于大学生的 PM2.5 减排行为研究，探索青年群体雾霾治理和生态文明建设机制。第二，着力挖掘道德规范（内部因素）、主观规范和描述性规范（外部因素）等全面社会规范的力量对大学生 PM2.5 减排行为的影响。第三，探索学校和家庭双重环境教育对大学生 PM2.5 减排行为的影响效果和路径，关注环境教育对生态文明建设的贡献，为"打赢蓝天保卫战"提供参考。

第二节　基于双重环境教育的大学生 PM2.5 减排行为模型构建

大学生 PM2.5 减排行为归属于个人亲环境行为范畴。规范激活理论（NAM）是解释个人亲环境行为的经典理论之一，由 Schwartz 于 1977 年提出，更多被赋予了感性思考的特征。它包括三个关键变量：道德规范、环境后果和环境责任感。其中，道德规范是 NAM 的核心变量，指的是个人履行或逃避特定行为所承担的道德义务。环境后果指的是当特定的人不履行亲环境行为时，他所意识到的对他人或所珍视的其他事物的负面后果。环境责任感指的是某人对不履行亲环境行为的负面后果所产生的责任感。根据 Schwartz 的阐述，个人所感知的环境后果和环境责任感会激活其内心的道德规范，进而促进个人亲环境行为的产生。个人亲环境行为往往具备公共服务的性质，道德规范作为最具代表性的感性变量，在促进个人亲环境行为中发挥重要的作用（Schwartz，1977）。道德规范以及 NAM 理论也被广泛地应用于多种亲环境行为研究中，比如新能源汽车购买行为、可持续交通行为、绿色旅游行为和垃圾分类行为（He 和 Zhan，2018；Han，2015；Wan 等，2014；Matthies 等，2012）。

另外，NAM 理论重点阐述道德规范的产生，但并未结合实际情况深度剖析环境后果和责任感产生的来源或途径。Matthies 等[①]指出环境教育可有效促进青年的循环行为。环境教育的概念在斯德哥尔摩召开的"人类环境会议"中提出。青年大学生是当前环境教育的重要目标人群，联合国教科文组织认为环境教育可以提高大学生的环境意识，培养他们的环境责任感，环境教育是缓解环境污染的根本途径。按照提供环境教育的主体，环境教育可以划分为学校环境教育和家庭环境教育两个途径。同时，除了道德规范以外，引入主观规范和描述性规范，以从内部和外部因素更加全面地描述大学生社会规范的内涵。具体的大学生 PM2.5 减排行为理论模型见图 8—1。

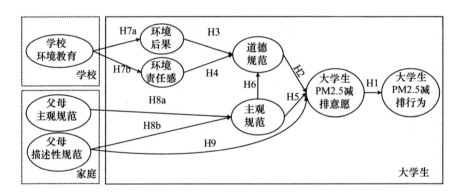

图 8—1 理论模型

第三节　概念界定与研究假设

一　大学生 PM2.5 减排行为和意愿

如前所述，根据《大气十条》提出的个人层面 PM2.5 排放源，将大学生积极参与公共交通出行、调整冬季取暖方式（将空调或暖气温度设置为不高于 24 摄氏度）、减少露天烧烤、减少燃放烟花爆竹和减少室内

① Matthies, E., Selge, S., Klöckner, C. A., "The Role of Parental Behaviour for the Development of Behaviour Specific Environmental Norms-The Example of Recycling and Re-Use Behaviour", *Journal of Environmental Psychology*, Vol. 32, No. 3, 2012, pp. 277 –284.

吸烟等日常消费方式和行为定义为大学生的 PM2.5 减排行为。大学生 PM2.5 减排意愿则指某大学生愿意参与上述减排行为的程度。Ajzen（1991）指出个体意愿是其实际行为的最直接影响因素，且意愿往往能很好地预测行为。鉴于此，提出假设：

H1：大学生 PM2.5 减排意愿对实际行为具有正向影响。

二 道德规范对大学生 PM2.5 减排意愿的影响

道德规范（MN）作为 NAM 理论的核心变量，以内在情感驱动力作为显著特征。从个体内心来讲，只要其认为参与特定行为是正确的，即具备强烈的道德情感，他就非常愿意参与此亲环境行为。而且，个体的道德规范感越强烈，其越有可能参与此行为。诸多研究已证实道德规范对个人亲环境行为发挥着重要促进作用。[①] Wan 等（2014）通过对香港居民废物回收行为的研究证实道德规范能显著增加回收意愿的解释度。同样地，大学生 PM2.5 减排行为的实质仍是一种个人亲环境行为，是为了保护空气和环境而在大学生层面采取的行动或举措。进一步来讲，其具有公共服务性质，在很大程度上需要大学生放弃个人的经济利益或生活舒适度来助力打赢蓝天保卫战。因此，道德规范无疑是大学生 PM2.5 减排行为得以履行的最佳保障之一。且大学生具备的道德规范越强烈，其参与 PM2.5 减排的意愿也越强烈。鉴于此，本书提出如下假设：

H2：道德规范对大学生 PM2.5 减排意愿具有正向促进作用。

根据 NAM 理论，个体对特定行为感知到的环境后果以及环境责任感会激活其参与此行为的道德规范（Schwartz，1977）。环境后果（AC）和环境责任感（AR）作为环境意识分别从两个视角描述个体对亲环境行为的关注。前者指出个体对不参与亲环境行为所产生的后果认识越到位，认为后果越严重，越容易激活其内在的道德规范。后者指个体对参与亲环境行为的责任归属感越强烈，其内在的道德规范感也会随之而生（Shi 等，2017；He 和 Zhan，2018；刘宇伟，2017）。越来越多的研究逐渐关注环境后果和环境责任感。雾霾作为典型的大气污染，给经济、交通和

---

① 韩震、匡海波、武成圆等：《基于消费者感知的产品道德属性表达研究——以网购农产品为例》，《管理评论》2018 年第 4 期。

人类健康等诸多方面带来严重负面影响，且包括大学生在内的居民对深陷雾霾的后果感知更加明显。随着环境知识的提高，青年大学生会率先意识到自身日常消费行为是 PM2.5 颗粒的排放源，为了打赢蓝天保卫战，自己有义务积极参与 PM2.5 减排行为。因此，提出以下假设：

H3：环境后果对大学生道德规范具有正向促进作用。

H4：环境责任感对大学生道德规范具有正向促进作用。

三　大学生主观规范对其 PM2.5 减排意愿的影响

主观规范和描述性规范是计划行为理论的重要变量，Ajzen（1991）对其进行了重点阐述，指出个体处于社会人群中，两种规范作为来自外部的社会压力会大力影响并促进个体参与亲环境行为，有时效果会有所差异。尽管与道德规范一样，二者都是促进亲环境行为的压力，但彼此压力来源不同，道德规范是源于个体内心的情感压力，主观规范和描述性规范是源于周围重要人群的外在压力（Matthies 等，2012）。在此，大学生主观规范（SSN）指的是大学生个体感知到的周围重要人群或组织带来的参与或逃避某特定行为的压力。Ru 等（2019）也验证了主观规范对青年学生 PM2.5 减排行为有显著影响。同样，青年大学生们正处于价值观与人生观形成的重要时期，外部各方面的正确引导都会对其亲环境行为产生良好促进作用，包括我国生态文明建设的社会氛围和以雾霾治理为目标的个体 PM2.5 减排。政府对个体参与雾霾治理的呼吁与要求、环保组织的积极倡议，以及各级管理部门和团体的大力宣传，都会促进大学生参与 PM2.5 减排意愿的产生。

除了主观规范对大学生 PM2.5 减排意愿的直接影响外，主观规范和道德规范作为最具代表性的两个规范还会共同对减排意愿产生影响（刘宇伟，2017）。Matthies 等（2012）在对废纸循环和再使用行为的研究中发现，大学生的主观规范会通过激发自身的道德规范进而间接影响其循环行为。在大学生 PM2.5 减排行为中，我们同样期望外部主观规范的压力可以促进大学生的道德规范，发挥出两个规范的最大效用。因此，提出以下假设：

H5：大学生主观规范对其 PM2.5 减排意愿具有正向促进作用。

H6：大学生主观规范对其道德规范具有正向促进作用。

四　学校环境教育对大学生 PM2.5 减排意愿的影响

环境教育可以加强对个体的环境素养和生态价值观的培养。Meyer（2015）指出环境教育可以大力促进亲环境行为，学者们逐渐开始关注环境教育对个体亲环境行为的作用。我国环境教育相对不足，且当前通识性环境教育又普遍存在"假大空"问题，针对雾霾治理和个人 PM2.5 减排的教育就更加缺乏。随着环境污染和雾霾天气的反复出现，个人 PM2.5 减排相关环境教育的具体功能急需挖掘。青年大学生是当前环境教育的重要目标人群，多渠道、多途径共同培养大学生群体的环境保护意识可事半功倍。与大学生紧密相关的教育主体主要包括学校环境教育和家庭环境教育两个途径。

学校环境教育（SED）是大学生最主要的教育手段，毕竟大学生的日常生活主要围绕大学展开。四年左右的大学生涯中，学校通过设置系统的环境课程，并辅之以专家环保报告或讲座，可针对性加强学生的环境素养，丰富学生的环境知识，进而培养良好的生态价值观，受益终生。环境污染知识普及和相应的环境后果宣传与推广是学校教育的内容之一，帮助青年大学生从专业的视角了解环境污染知识及其负面后果。同时，学校教育的另一重要目标就是培养大学生的环境责任感，帮助学生意识到自身作为利益相关者，同企业和政府一样，对环境保护和雾霾治理负有责任，不能袖手旁观。因此，同样期待学校环境教育可以增强大学生的雾霾污染环境后果意识和参与 PM2.5 减排行为的环境责任感，提出以下假设：

H7a：学校环境教育对大学生的环境后果具有正向促进作用。

H7b：学校环境教育对大学生的环境责任感具有正向促进作用。

五　家庭环境教育对大学生 PM2.5 减排意愿的影响

家庭环境教育是大学生环境教育的另一重要手段。① 除了学校外，大学生与家庭保持最亲密的联系，父母在家庭教育中扮演着最重要的角色。

———————————

① 吴真：《代际环境行为互动及其家庭影响因素探析》，《中国人口·资源与环境》2019 年第 1 期。

父母在有形或无形中会对大学生的亲环境行为通过言传身教和身体力行等外在规范压力进行教育与影响。也就是说，家庭 PM2.5 减排环境教育主要通过父母的主观规范和描述性规范影响大学生群体。父母的主观规范（PSN）指父母对自家大学生参与 PM2.5 减排行为的期望（Ajzen，1991）。父母的描述性规范（PDN）指的是父母在雾霾治理中自身参与 PM2.5 减排行为的实际情况。对大学生来说，二者虽然都是外在压力，但主观规范重点指父母的期望和要求，而描述性规范强调的是父母的实际行为对自己潜移默化的影响。Matthies 等（2012）指出父母的主观规范和身体力行的描述性规范会间接地促进子女形成良好的主观规范和亲环境行为。De Leeuw 等（2015）指出，父母的生态环境素养和描述性规范还能直接促进子女的亲环境行为。因此，本书同样认为，父母的主观规范和描述性规范会通过影响子女的主观规范间接形成子女参加 PM2.5 减排的外部压力。同时，父母以身作则的描述性规范会直接促进子女的PM2.5 减排意愿。相应地，得到以下假设：

H8a：父母主观规范对大学生自身的主观规范具有正向促进作用。

H8b：父母描述性规范对大学生自身的主观规范具有正向促进作用。

H9：父母描述性规范对大学生 PM2.5 减排意愿具有正向促进作用。

第四节 研究方法

一 样本选择与数据收集

根据研究目标，采用问卷调查方法对大学生 PM2.5 减排行为影响因素进行分析。为保证样本的代表性，问卷发放对象选择所处京津冀、长三角和成渝三大雾霾严重区域内的高校大学生。问卷的调查时间从 2019年 1 月 10 日持续至 3 月 10 日。首先，此时间段为我国冬季时节，是一年中雾霾相对严重的时期，身处十面"霾"伏中的大学生对雾霾污染与雾霾危害感受正当时；其次，其为春节前后且正逢我国学生的寒假假期，大学生日常消费行为较平时更加频繁与广泛，对相关 PM2.5 排放行为的参与感受更为直接与深刻。合适的调查区域和调查时间，确保问卷具有较高的回收质量。

网络问卷是问卷调研采用的主要形式。在选定的几所高校中分别邀请一位负责学生管理的老师或专业教师作为问卷调查负责人，由他将问卷邀请函通过微信或 QQ 这些在学生群体中最广为接受的网络社交平台发放到学生手中。电子问卷的网址或二维码同时伴随邀请函送达。在邀请函中向被调查者清楚说明此次问卷调查的目的、填写方法，同时承诺采用匿名形式消除被调查者潜在的顾虑。被调查者的回复会提交至问卷星后台。共发出邀请函 1000 份，回收问卷 672 份。删除无效问卷 136 份，包括逻辑错误或大部分测度项答案相同的问卷。共得到 536 份（79.8%）有效问卷。样本的社会人口统计特征分布如表 8—1 所示。

表 8—1　　　　　　　　　样本人口特征统计（N = 536）

变量	类别	频数	百分比（%）
性别	男	246	45.9
	女	290	54.1
受教育程度	大一	209	39.0
	大二及以上	327	61.0
家庭月收入	小于 4000 元	230	42.9
	4001—8000 元	188	35.1
	8001—12000 元	78	14.6
	大于 12000 元	40	7.50
学科	人文	143	26.7
	理科	194	36.2
	工科	199	37.1

二　问卷制定

问卷的构成主要基于图 8—1 的理论模型，包括两大部分：被调查者的人口统计信息和大学生 PM2.5 减排行为、意愿及环境教育、社会规范等影响因素。为了保证数据的可靠性，所有变量的测度项都严格参考已有的相关研究成果，并结合我国大学生 PM2.5 减排的实际背景和专家建议进行局部修订。具体地，大学生 PM2.5 减排行为参考 Matthies 等（2012）的研究。大学生 PM2.5 减排意愿参考 Wan 等（2014）的研究。道德规范依据 Han（2015）的研究。环境后果和环境责任感主要依据 He

和 Zhan（2018）的研究进行修订。大学生的主观规范参考了 Wan 等
（2014）。根据 Matthies 等（2012）的探讨设置学校环境教育。参考 Shi 等
（2017）和 Matthies 等（2012）对家庭环境教育借助父母主观规范和描述
性规范两个途径进行测量。问卷详见附录 3。本书选用 5 分制 Likert 量表，
1—5 表示不同的程度。其中，5 意味着被调查者对该问题持"完全同意"
或"完全了解"的态度，1 则代表被调查者"完全不同意"或"完全不
了解"。

第五节　描述性统计分析

一　大学生 PM2.5 减排行为和影响因素描述性分析

变量的描述性统计见表 8—2。相对来说，环境后果、道德规范、减
排行为和意愿的均值得分较高，但环境责任感、学校教育、父母主观规
范和描述性规范，以及大学生主观规范的得分都较低。说明在当前雾霾
和环境污染大背景下，青年大学生在一定程度上已具备雾霾污染后果意
识和初步的道德规范以及减排行为和意愿，但没形成强烈的环境责任感。
另外，学校和家庭环境教育不足，大学生自身的主观规范也不容乐观。
但总的来讲，所有变量的均值都小于 4，都处于较低水平，意味着现阶段
学校和家庭环境教育的开展以及社会规范的培养非常迫切。

表 8—2　　　　　　　　　　描述性统计与相关系数

变量	AC	AR	SED	PSN	PDN	SSN	MN	INT	BEA
AC	0.847								
AR	0.388**	0.875							
SED	0.135**	0.230**	0.846						
PSN	0.100*	0.244**	0.457**	0.923					
PDN	0.079	0.204**	0.366**	0.721**	0.914				
SSN	0.198**	0.283**	0.419**	0.566**	0.581**	0.868			
MN	0.339**	0.316**	0.255**	0.361**	0.336**	0.434**	0.829		
INT	0.236**	0.280**	0.300**	0.438**	0.396**	0.469**	0.654**	0.853	
BEA	0.199**	0.204**	0.207**	0.193**	0.158**	0.222**	0.472**	0.504**	0.727

变量	AC	AR	SED	PSN	PDN	SSN	MN	INT	BEA
均值	3.63	3.18	3.30	3.19	2.85	3.30	3.68	3.90	3.74
标准差	0.90	1.01	1.02	1.09	1.09	0.84	0.79	0.82	0.76

注: 各变量 AVE 的平方根位于对角线行; ＊＊ 表示在 0.01 (双侧) 水平上显著相关; ＊ 表示在 0.05 (双侧) 水平上显著相关。

二　大学生 PM2.5 减排行为参与状况

问卷中结合 5 个具体 PM2.5 减排行为设置题项来测度大学生参与减排行为的现状, 被试者根据其实践参与程度对每个行为进行评价, 设置 5 个选项等级, 分别为 "从没做到、很少做到、不确定、做到、经常做到"。为了简化分析, 将选项合并形成 "消极、中立和积极" 三个分类, 详见表 8—3。

表 8—3　　　　　　　　　　　　行为统计结果

行为	消极 (%)	中立 (%)	积极 (%)
公共交通出行	6.9	18.8	74.3
调整冬季空调或暖气取暖方式	12.9	28.9	58.2
减少露天烧烤	15.7	33.4	50.9
减少燃放烟花爆竹	12.3	29.9	57.8
减少室内吸烟	11.3	21.8	66.9

调查结果显示, 74.3% 的大学生愿意积极参与公共交通出行, 愿意调整冬季取暖方式、减少燃放烟花爆竹与室内吸烟的大学生比率分别为 58.2%、57.8% 和 66.9%, 仅 50.9% 的大学生愿意减少露天烧烤; 20%—30% 的大学生对 5 个行为持中立或观望态度。可见, 大学生日常行为仍有很大减排空间, 环境教育仍未全面铺开, 但也证实环境教育潜在价值巨大。

三　我国环境教育开展情况

调查结果 (表 8—2) 显示, 大学生感知到的学校环境教育并不乐观

（M＝3.30）。同样，家庭环境教育（M＝3.19 和 M＝2.85）更低，以社区、网络等为媒介的社会环境教育也同样偏低。我国的环境教育以学校环境教育为主体，现以四川省为例，就高校环境教育课程开展情况进行初步了解，并以四川某高校为例展开针对性研究。

首先，对该高校专业设置以"环境"关键词展开搜索，共包括三个环境类专业：环境工程（环境与资源学院）、环境设计（文学与艺术学院）、建筑环境与能源应用工程（土木工程与建筑学院）。

其中，在川内同样开设"环境工程"专业的学校有：四川大学、西南交通大学、成都理工大学、西南石油大学、四川农业大学、西南科技大学、成都信息工程大学、西华大学、四川师范大学、四川轻化工大学、西南民族大学等 18 所高校；在川内同样开设"环境设计"专业的学校有：成都理工大学、四川农业大学、西南科技大学、四川师范大学、西华大学、西华师范大学、西南民族大学、绵阳师范学院、攀枝花学院、四川旅游学院、西南交通大学、四川大学等 31 所高校；在川内同样开设"建筑环境与能源应用工程"专业的学校有：西华大学、西南科技大学、西南石油大学、西南交通大学、四川大学等 7 所高校。可见，四川大部分高校都设置了环境类专业与相关课程，对专业环境教育普及打下基础。

接下来，对该高校 2019 年度开课课程以"环境"关键词展开搜索，分析其环境教育类课程设置情况，统计结果见表 8—4。

可见，该高校共计 77 个本科专业，与环境相关的专业数有 3 个，开展专门环境教育的专业比例非常低，大约 4%，环境专业学生开展的环境教育专业性质强，包括《环境学概论》《环境生态学》《环境保护与可持续发展》等通识课程与《环境监测》《建筑环境测试技术》《建筑环境学》技术类课程；更值得关注的是，非环境类专业相关环境课程设置中只涉及《人口、资源与环境经济学》《环境资源法学》《现代城市生态与环境学》等课程，与各自专业有或多或少的关系，通识的环境教育非常缺乏，全校性的环境普及课程也非常有限。众所周知，非环境类专业是高校大学生的主体，该高校非环境专业占比 96%，非环境类专业学生的整体环境素质是大学生环境教育成果的重要构成部分。可见，高校中非环境专业的环境教育课程明显低于当代生态文明建设的高要求。环境教育是一个系统和长远的过程，惠及后代，面对环境教育，将环境教育课程合理纳入学校环境教育体系是未来的新课题。

表 8—4　　　　　　　　　四川某高校环境课程设置情况

环境类专业—环境相关课程	非环境类专业—环境相关课程	开展环境类课程专业数	总专业数
环境工程：环境学概论、环境生态学、环境保护与可持续发展、环境系统工程、环境工程技术经济、环境工程微生物学、环境化学、环境监测、环境污染治理设备、环境影响评价、矿业环境工程、环境地质学、矿山环境保护与复垦、环境工程原理、环境保护法	人口、资源与环境经济学、环境与资源保护法学、核环境学基础、环境辐射监测与评价、家畜环境卫生学、食品工厂设计与环境保护、现代城市生态与环境学、环境生物工程、环境资源法学、环境生物工程综合实训、居室环境与健康、环境工程原理	3	77
环境设计：环境设计工程制图、建筑与环境速写、环境设计专业导论、环境设计专业学术交流			
建筑环境与能源应用工程：城市环境与城市生态学、建筑环境行为学、建筑环境测试技术、建筑环境与能源应用工程专业英语、居室环境与健康、建筑环境学、建筑环境与能源应用工程专业概论			

第六节　结构模型检验与分析

鉴于变量结构的复杂性，本书采用偏最小二乘（PLS）结构方程分析探讨大学生 PM2.5 减排行为意愿的影响因素及相互作用机制。运用 SPSS 22.0 和 Smart-PLS 2.0 对数据和假设进行检验。

一　信度与效度检验

为了保证数据的合理性，需对数据进行验证性因子分析以检验其信度和效度。信度用于测量各变量内部指标的一致性。结果显示：大学生

PM2.5 减排行为、意愿、道德规范、主观规范、环境后果、环境责任感，以及学校环境教育、父母主观规范和描述性规范等所有变量的 Cronbach's α 系数均大于标准值0.7。同样地，上述所有变量的联合信度值也都大于标准值0.7，详见表8—5。因此，数据具有很高的信度。

表8—5　　　　　　　　　　　验证性因子分析

变量	测度项	因子载荷	Cronbach's α	联合信度	AVE
环境后果 （AC）	AC1	0.782	0.802	0.883	0.717
	AC2	0.862			
	AC3	0.892			
环境责任感 （AR）	AR1	0.863	0.847	0.908	0.766
	AR2	0.871			
	AR3	0.891			
学校环境教育 （SED）	SED1	0.893	0.865	0.909	0.715
	SED2	0.903			
	SED3	0.795			
	SED4	0.784			
父母主观规范 （PSN）	PSN1	0.906	0.913	0.945	0.851
	PSN2	0.942			
	PSN3	0.920			
父母描述性 规范（PDN）	PDN1	0.925	0.900	0.938	0.835
	PDN2	0.927			
	PDN3	0.889			
主观规范 （SSN）	SSN1	0.886	0.834	0.901	0.753
	SSN2	0.884			
	SSN3	0.831			
道德规范 （MN）	MN1	0.857	0.771	0.868	0.688
	MN2	0.768			
	MN3	0.860			
大学生 PM2.5 减排意愿（INT）	INT1	0.866	0.854	0.911	0.774
	INT2	0.894			
	INT3	0.879			

续表

变量	测度项	因子载荷	Cronbach's α	联合信度	AVE
大学生 PM2.5 减排行为（BEA）	BEA1	0.677	0.775	0.848	0.528
	BEA2	0.658			
	BEA3	0.719			
	BEA4	0.794			
	BEA5	0.774			

效度检验包括聚合效度和区别效度，前者检验不同变量间的相关性程度，后者检验不同变量间的不相关性程度。表8—5表明，在 $p < 0.001$ 或 $p < 0.05$ 的显著度下，所有测度项的因子载荷值均大于0.7，且各变量的平均萃取变异量（AVE）均大于0.5，这意味着调查数据的聚合效度很好。同时，所有变量 AVE 的平方根都比各潜在变量相互间的相关系数大（表8—2），显示数据具有很好的区别效度。

表8—6   假设检验结果

假设路径	路径系数	t - 值	检验结果
H1：INT→BEA	0.515	19.366 ***	支持
H2：MN→INT	0.544	19.800 ***	支持
H3：AC→MN	0.218	7.158 ***	支持
H4：AR→MN	0.133	4.156 ***	支持
H5：SSN→INT	0.163	4.969 ***	支持
H6：SSN→MN	0.366	12.295 ***	支持
H7a：SED→AC	0.149	4.550 ***	支持
H7b：SED→AR	0.244	7.653 ***	支持
H8a：PSN→SSN	0.312	7.338 ***	支持
H8b：PDN→SSN	0.355	8.602 ***	支持
H9：PDN→INT	0.113	3.738 ***	支持

注：*** 表示 $p < 0.001$。

二 结构模型检验

表8—2显示，大部分自变量间的相关系数都低，且共线性检验表明，所有变量的方差膨胀因子（VIFs）均远小于10，说明多重共线性在

回归分析中将不是问题。另外，所有数据都是采用被调查者自己提供答案的感性方法而获得，故采用 Harman 单因素检测方法验证其潜在的共同方法偏误问题。结果显示，所有的测度项可分为 6 个特征值大于 1 的因子，且首个因子不解释数据的大部分方差。在总体 71% 的方差中解释 18% 的部分，小于 30% 的标准。因此，在数据收集中共同方法偏误也不构成威胁。接下来，采用 PLS Algorithm 和 Bootstrapping 对上述数据进行结构方程检验，剖析大学生 PM2.5 减排意愿及各影响因素间的路径，详见表 8—6。

结果（表 8—6）显示，大学生 PM2.5 减排意愿到实际行为的路径系数显著（$\beta_{H1} = 0.515$，$p < 0.001$），故假设 H1 成立。大学生自身道德规范到 PM2.5 减排意愿的路径系数，以及环境后果和环境责任感到其道德规范的路径系数都显著（$\beta_{H2} = 0.544$，$p < 0.001$；$\beta_{H3} = 0.218$，$p < 0.001$；$\beta_{H4} = 0.133$，$p < 0.001$）。所以，假设 H2、H3 和 H4 都成立。大学生主观规范到其 PM2.5 减排意愿和道德规范的路径系数都显著（$\beta_{H5} = 0.163$，$p < 0.001$；$\beta_{H6} = 0.366$，$p < 0.001$）。所以，假设 H5 和 H6 成立。

学校环境教育到大学生环境后果和环境责任感的路径系数都显著（$\beta_{H7a} = 0.149$，$p < 0.001$；$\beta_{H7b} = 0.244$，$p < 0.001$）。所以，假设 H7a 和 H7b 成立。父母主观规范到大学生主观规范的路径系数显著（$\beta_{H8a} = 0.312$，$p < 0.001$）。父母描述性规范到大学生主观规范的路径系数显著（$\beta_{H8b} = 0.355$，$p < 0.001$），同时，父母描述性规范到大学生 PM2.5 减排意愿的路径系数显著（$\beta_{H9} = 0.113$，$p < 0.001$）。所以，假设 H8a、H8b 和 H9 都成立。

三　讨论

根据实证分析结果可以看出，基于双重环境教育的大学生 PM2.5 减排行为影响机制得到证实，包括两条主要作用路径："学校环境教育→环境后果 + 环境责任感→大学生道德规范→减排意愿（行为）"和"家庭环境教育（父母主观规范 + 父母描述性规范）→大学生主观规范→减排意愿（行为）"，为促进大学生 PM2.5 减排行为提供了理论指导。

第一，道德规范能显著促进大学生 PM2.5 减排行为意愿，且影响力度最大（$\beta_{H2} = 0.544$），具有举足轻重的地位，此结论与 Han（2015）和 Shi 等（2017）的研究一致。这是因为大学生 PM2.5 减排行为作为个人亲环境行为，自身具备公共服务性质，良好道德规范是不可或缺的驱动力。同时，大学生作为未来社会建设的中坚力量，更能接受生态文明建设和绿色消费的理念，与基于生态价值观的道德规范一脉相承。因此，道德规范的培养在大学生 PM2.5 减排行为中极为重要。

第二，大学生的主观规范也能显著促进大学生 PM2.5 减排行为意愿，且是重要的组成部分，此结论也得到多数学者的认同（Wan 等，2014；刘宇伟，2017）。这是因为，大学生作为身处人类社会的一员，无疑会受到外界相关组织或重要人群的影响。在我国集体主义观的历史文化熏陶中，由此形成的从众行为会尤为明显。同时，值得注意的是，社会规范还能明显促进其道德规范的提升。这主要是由于青年大学生作为正在接受教育的群体，也正处于价值观形成的关键时期，积极的社会规范可有助于塑造影响其一生的良好道德规范。

第三，学校环境教育能够显著提升大学生对雾霾污染环境后果和环境责任感的认知，并间接培养其道德规范。这主要是因为学校教育能够系统地提供包括雾霾在内的系列环境污染知识，如 PM2.5 污染机制、后果、污染源等，提升学生对雾霾污染后果的认知。更重要的是，此专业且权威的环境教育可在很大程度上引导学生对环境保护的责任感，勇于担当，不再逃避和推诿。这两方面可双双促进大学生道德规范的培养，刘宇伟（2017）、He 和 Zhan（2018）也对此持相似观点。但学校环境教育并未得到充分重视，相应调查显示（表 8—2 和表 8—4），当前大多学校非环境专业的环境教育并不充分。

第四，以父母主观规范和描述性规范为代表的家庭环境教育能够显著促进大学生的主观规范，后者还在一定程度上直接促进其 PM2.5 减排意愿。Matthies 等（2012）的研究也得到类似结论。这是因为父母在子女成长过程中扮演着最亲密的领路人角色，其言传身教和身体力行均可作为最直接和最强有力的外部压力从两方面给大学生施加影响，形成大学生自身的主观规范，进而直接或间接地引导大学生参与 PM2.5 减排的亲环境行为中。同时，父母的身体力行作为典型的榜样力量，可直接引导与促进子女的减排意愿，这种榜样的示范作用也需适度挖掘。

第七节　研究结论与启示

本书以雾霾治理和大学生 PM2.5 减排行为为研究对象，从学校和家庭双重环境教育视角出发，引入社会规范中间因素，通过结构方程模型深入剖析双重环境教育和社会规范对大学生 PM2.5 减排行为的影响机制，并针对雾霾治理得出以下结论：

第一，鉴于雾霾治理的公共服务性质，基于规范激活理论建立的大学生 PM2.5 减排行为理论模型具有很好的适用性。第二，道德规范和主观规范均能显著促进大学生 PM2.5 减排意愿，道德规范可从心理内部激发大学生的环境责任感，主观规范是外部驱动力。道德规范的影响相对更强，但主观规范能在很大程度上促进道德规范。第三，双重环境教育对于大学生 PM2.5 减排行为意义重大，二者影响路径有差异。学校环境教育作为教育的主体，能够系统地通过增加环境后果和环境责任感的认知，进而间接地增强大学生 PM2.5 减排行为。家庭环境教育以父母的主观规范和描述性规范两种形式对大学生自身的主观规范和减排行为施加影响，此言传身教和身体力行同样重要。

结合我国雾霾污染、大学生 PM2.5 减排以及生态文明建设等具体国情，得到以下启示：

第一，着力加强大学生道德规范的培养。"德治"是生态文明建设的强有力的推动剂，可有效弥补"法治"在个人亲环境行为领域的短板，对于鼓励大学生群体参与 PM2.5 减排行为效果尤为显著。且良好的道德规范一旦养成，其可持续性效果明显，有助于营造"我为人人，人人为我"的良性循环。第二，有效发挥主观规范力量对大学生 PM2.5 减排行为的促进作用。大学生作为青年群体，易于接受新观念，也容易受周围重要人群或组织的影响。父母言传身教是最直接的外在影响，除此之外，也要探索教师、班级、学生社团组织以及社会环保组织的力量。第三，相关教育部门和学校、家庭共同积极推动大学生环境教育工程建设。努力发挥学校教育的主体作用，系统地设置环境必修课程进课堂环节，并结合环境热点辅之以定期环保专家讲座或报告。家庭环境教育是学校环境教育的有效补充，建立家庭和学校通力合作机制，共同推动大学生的环境教育。

第 九 章

政策因素对城市居民 PM2.5
减排行为的动态干预研究

前文实证结果（第六章）表明，城市居民的 PM2.5 减排意愿由居民心理特征因素决定，且城市居民 PM2.5 减排行为受到居民减排意愿和外部政策情境因素的共同影响。但鉴于调研数据的静态特点，上述实证分析还只能局限于对居民 PM2.5 减排行为的静态分析，难以判断外部政策因素的动态调节作用，事实上我国的 PM2.5 减排政策正处于不断调整与完善中，而且长期内政策的动态调整会是一种常态趋势；此外，居民是具有社会属性的个体，在雾霾严重污染的社会大背景下，居民与居民相互之间通过社会规范互相影响，且 PM2.5 减排政策不断出台，居民也需调整自己的行为与之配合，即居民与外部政策环境之间也存在着交互，这在实证分析中也无法检验。因此，本章基于城市居民 PM2.5 减排行为概念模型和实证检验结果，构建城市居民 PM2.5 减排行为仿真模型，基于居民主体的智能性和交互性，进一步挖掘外部政策因素在较长时间段内的动态干预效果。

第一节 基于 Agent 的建模与仿真方法简介

随着研究的深入，资源环境问题的研究日益呈现出交叉学科的发展趋势，它涵盖了经济—社会—环境等多个子系统，彼此之间通过能量和信息互换又互相影响。近年来，复杂适应性系统（Complex Adaptive System）为解决资源环境管理问题提供了又一突破口，可以很好地解释所涉其中的社会学与环境科学诸多因素的关系。其基本思想是适应性造就复杂性。在对复杂系统进行研究的过程中，社会科学借助计算机动态建模可达到另一种范式：可验证和跨学科交流。英国学者 Nigel Gilbert 是将此技术运用于社会科学研究的开拓者。他将基于主体建立的模型视为社会科学界的"实验室"，因为此"实验室"可很好地帮助学者们从动态的视角研究社会过程，这完全打破了传统社会科学研究不能反复试验的局限。① 我国城市居民 PM2.5 减排行为作为个人亲环境行为研究的范畴，也是一个涉及成千上万的居民个体和宏观政策制定主体的资源环境管理复杂系统。本章欲通过构建基于主体的城市居民 PM2.5 减排行为仿真模型，对外部政策因素的短期和长期效果进行更加科学的预测和分析。

基于主体的建模与仿真方法（Agent-based Modeling & Simulation，ABMS），又称多主体模型（Multi-agent Simulations），是一种基于计算机的仿真技术，根源于"机器学习"与"分布式人工智能"两种人工智能技术手段。它通过计算机模拟出一个虚拟的由一系列相互作用的主体构成的进化系统，关键在资源环境管理建模过程中可设置并调整各种社会参数，进而可基于动态视角很好地解释相关资源管理问题。② 迄今为止，就国内社会科学整体研究而言，基于 Agent 建模仍然是一种新的，被社会科学研究者乐于接受的研究方法。在社会科学文献中，"Agent"通常被用来指所研究的个体对象，往往被译为"代理"，体现了"Agent"在社会活动中的主动性和自治性（黄璜，2010）。计算机科学则常常将"Agent"翻译为"主体"或"智能体"，强调其智能性和主动性。实际上，无论是计算机科学，还是社会科学，在使用"Agent"这一词义时并无本质区别。社会科学研究本身对"Agent"的智能性要求主要是注重个体的交互能力，因此，将"Agent"翻译为"主体"被普遍接受。Agent 是主体建模的核心概念，Agent 可能是人、组织、动植物或其他各种实体对象。在本书中 Agent 指城市居民和政策制定者。Agent 彼此之间的交互关系是微

① 黄璜：《社会科学研究中"基于主体建模"方法评述》，《国外社会科学》2010 年第 5 期。
② 蔡晶晶：《资源环境经济学中的基于主体建模方法最新进展》，《环境经济研究》2016 年第 1 期。

观层面的交互,具备局部的、并行的且无中央控制的特点,微观交互在宏观上会呈现诸如集体行动准则的"涌现"规则,反过来,宏观规则又会对主体微观层面的交互方式产生影响和限制。总结相关文献,[①] 基于 A-gent 建模方法具有以下几个方面的特点。

(1)关注个体的异质性与个体之间的互动,这是行为演化的基础。严格来讲,社会中的个体彼此之间有不同的属性。城市居民的异质性在于个体间各种社会属性的差异,如性别、年龄、收入以及对 PM2.5 减排知识的不同理解、感知到的不同能力等。也正是因为有这些差异,个体之间才会出现对 PM2.5 减排行为的不同态度和意愿,有部分个体总是要比其他个体更早地意识到 PM2.5 减排行为的必要性并积极地参与其中。在这些差异中,个体才有彼此交互学习的必要,才能在交互学习中完成行为的优化。

(2)借助"Agent"模拟人类的主要社会特征,包括主动性、有限理性、交互性和学习能力。首先,对于主动性,也就是说 Agent 由于拥有自己的目标和行动规则,所以能够对外界的刺激做出相应的反应,并根据已建立的行动规则主动地完成某项行动任务以实现其自我目标。其次,Agent 是有限理性,即不存在能够通晓全局,又能做出超智能分析的主体。鉴于现实情况,Agent 被设定在特定的时间、空间和社会关系中,不可能了解全局情况,外部环境也处于随时变化中。且对于这些有限的信息,Agent 受自身能力限制,也可能只具有相对有限的处理能力,比如,只能参考周围有限 Agent 的行动等。再者,交互性,即主体之间可以相互交流。不同于传统的数学建模,Agent 被设定处于与其他人交往互动的社会中,具有社会属性,自我学习与相互模仿是人类的基本能力。实际上,ABMS 允许主体之间互相交流、互相模仿。最后,学习能力,即 Agent 可以通过相互学习,改变自己的行动策略。Agent 在于其他 Agent 和外部环境交互中会尽可能地根据当时情况获取新信息从而更新自己的规则,调整自己决策使利益最大化。

(3)基于 Agent 的模型能够更好地分析系统的微观行为与宏观属性

---

① 岳婷:《城市居民节能行为影响因素及引导政策研究》,博士学位论文,中国矿业大学,2014 年,第 163—176 页。

之间的关系。因为基于 Agent 建模遵循的是一种"自下而上"（Bottom-up）的建模途径，即首先创建各个组成要素的 Agent 模型，再研究各个 Agent 之间的交互关系，最终构建起系统模型。这种思路着重讨论的是微观行动 Agent 的行为及其之间的互动与社会宏观系统变迁之间的关系，可以很好地创建系统微观与宏观之间的研究手段。这种"自下而上"的从 Agent 到整体，从微观到宏观层面的研究模式，尤其适用于诸如经济系统、生态系统以及人类组织等复杂系统的研究。

（4）基于 Agent 的模型能够更好地支持复杂系统中的所谓"涌现"现象。由于系统总是大于部分之和，"涌现"就是通过系统内各个代理之间的交互而产生出的无法用微观个体意图来描述的宏观结果。这种宏观结果往往是一种"出乎意料的情况"，需要用新的范畴，而不能仅用微观个体的行为来解释。这种"出乎意料"的结果就称作"涌现"（Emergence）。从实质上而言，"涌现"是一种系统层面的均衡。支持"涌现"是基于 Agent 建模方法的核心价值。"涌现"的结果往往与各个 Agent 的出发点相反，这也正是基于真实社会系统的复杂性而需要捕捉和分析的社会科学特征。

构造一个基于 Agent 的建模系统有其规范的思路。首先，建构微观个体模型，并令多个 Agent 之间进行复杂的相互作用，形成虚拟世界或人工社会；然后，通过在计算机上对人工社会进行多次模拟运行，观察系统呈现的宏观模式，通过归纳提炼得到一般规律。其中，建立个体 Agent 的内部结构和行为模型是 ABMS 方法的核心。具体来说，一般需要遵循以下几个步骤：

（1）首先，梳理研究的现实系统，厘清系统功能、体系结构、系统所处环境以及系统要实现的最终目标。选择合理的抽象层次，进而区分系统内部的不同成员个体，明确 Agent 的建构对象。对消息流进行分析，包括物质流、信息流和资金流，这是系统中 Agent 之间、Agent 与外部环境之间联系的纽带。

（2）抽象出系统的关键属性，构造一个"Agent"的模型及其所生存的社会或自然环境。任何一个 Agent 通常包括基本属性、行为标准、交互规则以及系统的演化机制和相关约束条件。其中，Agent 的基本属性记录其静态特征，描述 Agent 的基本状态，比如 Agent 的人口社会统计变量情况、拥有的内外资源、社会关系以及对过去的记忆等。行为标准和交互规则规定了 Agent 在各种内外条件下应该采取什么样的行动。具体的演化机制和约束条件将由规则解释器根据外部环境或其他 Agent 给出的信号、Agent 的自身状态或者过去的记忆等作出判断。Agent 的生存环境可以看作除主体之外，能够对 Agent 行为产生影响的各种因素的集合。社会环境，即主体中所有社会关系的集合，比如感受到的社会规范；自然环境，包括主体活动的空间范围、可以用的相关资源等。

（3）运行 ABMS 系统，研究系统 Agent 个体行为对系统整体特性产生的影响。基于研究的需要，可以将实验结果和现实情况进行比较分析，通过可重复的实验来推断和总结系统最终行为产生的原因。在运行中，通常需要设置一个"时间"变量。这个时间变量通常被设定为一系列离散的时间段。在初始时间段，若干 Agent 被"放置"于环境中；在以后每个时间段，Agent 将从环境中获取信息来选择实施自己的行动策略，也可设置不同的环境条件进行对比分析。

第二节　城市居民 PM2.5 减排行为仿真模型构建

一　基于多 Agent 的城市居民 PM2.5 减排行为仿真建模

1. ABMS 方法在居民 PM2.5 减排行为建模的适用性

本书仿真系统旨在揭示在我国雾霾污染治理的社会背景下，城市居民作为 PM2.5 减排行为主体，与其他 PM2.5 减排行为主体，以及与政府外部政策制定主体之间的交互，即政策对居民主体的 PM2.5 减排意愿和行为施加的影响与相应的变化趋势。一方面，本书重点关注城市居民 PM2.5 减排行为主体，实证结果显示各个居民主体具有不同的属性，居民个体之间由于社会规范而互相影响。同时，城市居民主体的 PM2.5 减排行为还受到外部政策制定主体的调节作用；其次，城市居民 PM2.5 减排行为主体表现出主动性学习、有限理性、交互性以及学习能力，这正是模拟 Agent 的关键特征。能够根据自身获得的有限知识与资源主动地学习，居民与居民之间互相影响，也会根据外部不同的政策做出相应的反应；再者，城市居民是微观主体，政策制定主体是宏观主体，通过"自下而上"的建模可以很好地联系两个层面的关系。在模拟系统中,通过调控三类外部政策的参数模拟真实社会的政策干预手段,进而观察政策对城市居民 PM2.5 减排行为的动态影响;最后,单个居民的 PM2.5 减排效果微乎其微,但居民 PM2.5 减排行为具有完全主体贡献特征,只要身处城市系统的成千上万的居民主体都参与 PM2.5 减排行为,PM2.5 减排效果会以积聚的形式呈现,这是单个主体所无法达到的状态,进而很好地支持模拟系统中的"涌现"现象。可见,城市居民 PM2.5 减排行为研究具备 ABMS 建模的要求与特点,ABMS 建模仿真技术适用于城市居民 PM2.5 减排行为动态模拟研究。

2. 仿真目标与真实系统描述

前文实证部分验证了城市居民 PM2.5 减排意愿由居民的心理特征因素决定,PM2.5 减排意愿到减排行为的实施过程又受到外部政策情境因素的调节作用。实际中,居民个体与居民个体之间的交互以及个体与外部政策环境之间的交互也影响着居民的最终行为选择。本章基于 ABMS 方法构建城市居民 PM2.5 减排行为仿真系统,旨在研究外部干预政策与 PM2.5 减排行为涌现之间的关系,判断外部政策情境因素的动态调节作用,对比分析不同政策情境因素对 PM2.5 减排行为的作用,以探索有效的干预政策,为进一步支持政策体系构建打下基础。

仿真概念模型构建的关键是合理刻画与抽取现实系统的主要元素,而模型构建的核心又是基于仿真目标设定各 Agent 的行为规则与属性(岳婷,2014)。第六章实证结果显示,居民个体心理特征因素和行为控制类因素是我国居民 PM2.5 减排行为 Agent 的内生属性,具体包含了态度、社会规范、感知行为控制、价值观、环境关注、道德规范,主要通过 PM2.5 减排意愿作用于 PM2.5 减排行为,也就是说居民的 PM2.5 减排心理特征属性等通过 PM2.5 减排意愿反映出来。这是居民群体的内部系统,从某特定节点或从短期来看,由于居民的心理特征因素等相对稳定,因此具有相对稳定性。但从长期来看,对居民 Agent 而言,外部政策环境不断变化且能够通过影响居民 PM2.5 减排意愿和行为的关系最终影响其行为的改变,整个过程是动态的。实证研究只能对居民 Agent 与外部政策制定主体间的交互进行静态的分析,无法进行长期动态的进一步研究;另外，实证研究也无法测度社会规范对居民 Agent 减排意愿的动态影响，但现实世界中居民是具有社交能力的、具有主动性的个体，是在彼此交互中不断相互影响的，且居民 Agent 间的交互作用是一个复杂的过程，因此，在模拟仿真中，还需设定居民社会规范交互对居民 Agent 减排意愿的影响。

更为重要的是，模拟系统中还有一个潜在的政策制定 Agent，政府扮演着这一角色，政策制定 Agent 通过调整命令控制型、经济激励型以及教育引导型三类外部政策变量的大小干预居民 PM2.5 减排意愿向实际行为的转化过程，这也是结构方程模型所无法分析的。即模拟仿真系统中，居民 Agent 与外部环境的交互效果会借助三类政策干预措施对 PM2.5 减排意愿向实际行为转化过程的调节效应来实现。图 9—1 是基于 ABMS 方法的城市居民 PM2.5 减排行为仿真概念模型，对本章的模拟仿真系统进行了全面的阐释。

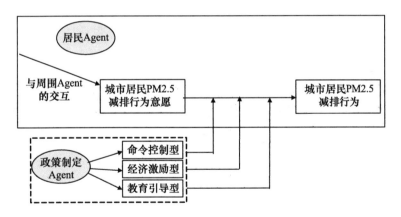

图 9—1　基于 ABMS 的居民 PM2.5 减排行为仿真概念模型

3. 居民 Agent 的行为规则和属性设定

在确定了本书的仿真概念模型后，需要对系统中各个 Agent 的行为规则及其属性进行设定。根据 ABMS 建模方法，Agent 的行为规则就是根据外部环境的输入，选择自身相应的行为参数，在尽可能满足自身约束前提下，最大限度地达到自己的目标，以适应外部环境的变化。对本书居民 PM2.5 减排行为来说，在无外部因素干扰的状态下，居民 Agent 的

PM2.5 减排行为完全由 PM2.5 减排意愿决定，二者在一定程度上等同，但这只是假设的一种理想状态。实际情况是，居民 Agent 从产生 PM2.5 减排意愿到实施行为，受到多种因素的干扰，比如外部的限制条件和促进因素等。长期来看，正是这些外部因素，通过缓慢地影响居民的 PM2.5 减排意愿和实际行为的关系，最终导致居民的 PM2.5 减排意愿和实际行为产生很大的差距，且往往是意愿难以转化为实际行为。这对现实 PM2.5 减排和雾霾治理来说仍是劳而无功。其中，本书讨论的政策情境因素是非常重要的一种外部影响因素，只要措施得当，可以促进居民 PM2.5 减排意愿向实际行为的转化。

根据实证检验的结果，城市居民 PM2.5 减排行为仿真系统中，居民 Agent 有三种主要属性：社会规范、PM2.5 减排意愿和 PM2.5 减排行为。其具体的属性设定如表 9—1 所示。

表 9—1　　　　　　　　居民 Agent 的相关属性设定

居民 Agent 的属性	属性描述
Agent 的社会规范	SN_j
Agent 的 PM2.5 减排初始意愿值	$INT_j^0 = f\ (AT,\ SN,\ PBC,\ EK,\ GV,\ SV,\ BV,\ EC,\ MN)$
Agent 的 PM2.5 减排意愿	$INT_j^t = f\ (INT_j^{t-1},\ SN_j)$
Agent 的 PM2.5 减排行为	$BEA_j^t = f\ (BEA_j^{t-1},\ CCP,\ EIP,\ EGP)$

注：SN 表示社会规范；j 指第 j 个居民 Agent；INT 表示居民 Agent 的 PM2.5 减排意愿；上标"0"指初始时期，"t"指第 t 个时期；BEA 表示居民的 PM2.5 减排行为。

其中，居民 Agent 的社会规范是指其他社会群体或个人对居民 PM2.5 减排意愿的影响，在模拟仿真系统中被设定为居民 Agent 之间的交互体现。根据前文问卷调查结果，每位被试居民都具备各自强弱不同的社会规范。模拟中，居民的社会规范采用实际的问卷调查值，被赋值为"1"—"5"之间的某一数值，表示主体的社会规范由弱到强。其中，"1"代表主体的社会规范最弱，当然，也最易被其他主体影响；"5"则相反，意味着最不易受其他主体影响。在模拟系统中，居民 Agent 社会规范属性值的大小决定了居民有多大的概率调整其减排意愿。假

定某特定居民 Agent 将其自身的社会规范值与其周边距离为 1 的 Agent
进行比较，假设对方社会规范值大，该居民 Agent 就会调整其 PM2.5
减排意愿，至于其意愿改变量值的大小则要依赖于二者社会规范差值
大小。通用的原则是：二者社会规范差值越大，该特定居民意愿调整
概率也越大。

前文实证研究已经证实，居民的个体心理特征因素会决定居民 Agent
的初始 PM2.5 减排意愿。模拟中，其赋值范围为"1"至"5"的连续数
值（运行时，可视情况进行归一标准化处理），表明居民 Agent 的 PM2.5
减排意愿初始值大小，"1"表示非常不愿意参与 PM2.5 减排行为，"5"
表示非常愿意参与 PM2.5 减排行为。

居民的 PM2.5 减排行为由居民 PM2.5 减排意愿和外部政策情境因素
共同决定，这已在前文调节效应分析中得以验证。其中一个重要前提是：
假设任何一个居民 Agent 都是本质无差异的，如此，外部政策情境因素对
任一居民 Agent 的 PM2.5 减排行为影响效果一致。居民 Agent 对三类政策
情境因素大小的感知变化会促使其调整自身的 PM2.5 减排行为，最终，
居民 AgentPM2.5 减排意愿到实际行为的相对稳定的状态会形成。居
民 Agent 的 PM2.5 减排行为选择函数可用构建的包含 PM2.5 减排行
为意愿和三类政策情境因素的人工神经网络，基于问卷调查数据计算
而得到。

二　基于 Matlab 的仿真模型实现

ABMS 建模方法已有多个主体建模工具平台，不同的建模平台具有不
同的特点和适用性，本书选择 Matlab 仿真平台，搭建模拟仿真环境。
Matlab 是一种适用于工程应用各个领域的分析设计与复杂计算的科学计
算软件，在 1984 年由美国 Mathworks 公司正式推出。随后，不断更新版
本，内容和功能也逐渐强大。近几年来，Mathworks 公司推出 Matlab 语言
运用于系统仿真和实时运行方面，扩大了应用前景。该软件主要包括
Matlab 和 Simulink 两大部分，Simulink 作为 Matlab 仿真工具之一，以 Mat-
lab 工具包形式出现，主要功能是用来建模、分析和仿真各种动态系统的
交互环境。

本书建立的 Matlab 仿真系统包括两个核心子系统，分别为行为模拟

子系统与人工神经网络子系统，通过将二者在一个模型中集成，实现三类政策对居民 PM2.5 减排行为的动态干预与调整。仿真系统主要有初始化、人工神经网络训练和 PM2.5 减排行为模拟三个运行步骤（朱凯和王正林，2010）。基于 Matlab 平台，编写 M 文件，主要包含三个类别的功能函数：（1）居民 Agent PM2.5 减排意愿的交互模拟；（2）基于实际调研数据，训练人工神经网络，获得系统输入（意愿、三类政策）与输出（PM2.5 减排行为）之间的关系；（3）系统操作者通过设置或调整三类政策参数的属性值，模拟行为输出，以获得居民 PM2.5 减排行为和 PM2.5 减排意愿的仿真输出结果，表现为居民 PM2.5 减排意愿和减排行为的变化曲线和平均值，分析各类参数变化对居民 Agent PM2.5 减排行为的影响。

本书设计的 Matlab 仿真系统相当于现实世界的居民生活环境，Agent 与其紧密接触的 Agent 互相进行意愿的影响，并在较长时间内受到外部政策的调控而影响行为。在居民 PM2.5 减排行为仿真模型中，居民 Agent 是系统最主要的 Agent，居民 Agent 的 PM2.5 减排行为是系统的主要输出。在上文对 Agent 的行为规则和属性设定中，已经对居民 Agent 的属性进行了定义，包括居民 Agent 的社会规范属性、T 时刻的 PM2.5 减排行为选择和 T 时刻的 PM2.5 减排意愿。在仿真模拟中，对居民 Agent 的属性具体设定如下。

1. 居民 Agent 的数量

居民 Agent 的数量可由操作者视实际情况设定，是可控参数，基于模拟系统的拟合程度和误差大小的考虑，同时，构建矩形社区（29 * 29）的需要，在此设定了 841 个 Agent。

2. 居民 Agent 的活动区域和位置

根据居民 Agent 的数量，操作者在模拟系统的矩形区域内随机分配 Agent 的位置，同时对活动区域进行固定。

3. 居民 Agent 的交互作用范围

按照模型设计的理念，居民 Agent 通过与周围居民 Agent 的日常交流活动完成彼此间的交互。居民 Agent 的社会规范大小决定了其 PM2.5 减排意愿调整概率的大小。根据居民在现实生活中的实际交互情况，在模拟系统中设定最亲密层次的居民为其受到的最主要影响。也就是说，位

于中心点的居民 Agent 的 PM2.5 减排意愿调整只受到与其坐标相距为 1
的其他居民 Agent 的影响。另外，考虑到实际社会中社会规范具有累积效
应，因此，对某特定核心居民 Agent 来说，其受到的交互影响总值为其周
围 Agent 的社会规范影响求和。模拟系统已假设 Agent 位于一个 29 * 29 的
社会网格上。根据核心居民在网格上所处位置，共分为三种情况，如图
9—2 所示。第一，位于网格中心的 Agent，受到 4 个亲密 Agent 的影响，
如 Agent A；第二，位于网格四个角的 Agent，受到 2 个亲密 Agent 的影
响，如 Agent B、C、D、E；第三，位于网格四条边界的 Agent，受到 3 个
亲密 Agent 的影响，如 Agent F。

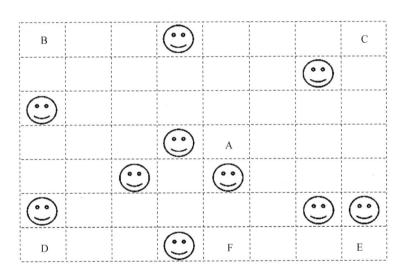

图 9—2　居民 Agent 在社会网格上的分布

4. T 时刻的居民 PM2.5 减排意愿

居民的 PM2.5 减排意愿初始值由其个体心理特征因素等决定。假定
外部政策环境不改变的初始状态下，居民 Agent 的 PM2.5 减排意愿初始
值处于稳定状态，每个居民 Agent 是本质无差异的，其赋值范围为
"1 - 5"的数值，表示 PM2.5 减排意愿由小到大递增。系统中，居民
Agent 和居民 Agent 之间有日常交流，通过社会规范生成交互影响，会对
居民的 PM2.5 减排意愿产生影响。因此，T 时刻 Agent 的 PM2.5 减排意
愿受 T - 1 时刻意愿值和其社会规范的交互影响。

5. T 时刻的居民 PM2.5 减排行为

T 时刻居民 Agent 的 PM2.5 减排行为由 T − 1 时刻的 PM2.5 减排意愿和三类外部政策情境共同决定，借助人工神经网络实现具体作用路径。

三　基于人工神经网络的居民 PM2.5 减排行为模拟训练

借助 Matlab 平台，可以很好地完成神经网络的创建。实证结果显示，我国居民的 PM2.5 减排行为由 PM2.5 减排意愿和外部政策情境因素共同决定。在此，基于实际调查问卷数据，利用人工神经网络来拟合居民 Agent 的 PM2.5 减排行为选择和意愿以及三类政策因素之间的相互关系。人工神经网络模拟的基础数据来源于实际调研数据，从 912 份中需随机抽取 841 份。基于此 841 份数据建立人工神经网络。其中，本模拟系统设置如图 9—3 所示，为 4 个输入层节点、20 个隐藏层节点和 1 个输出层节点。

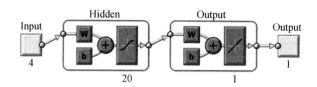

图 9—3　人工神经网络示意图

人工神经网络的学习速率和学习案例由外部给定，其学习速率的取值范围原则上设置于 0—1。学习速率决定人工神经网络的收敛速度，当学习速率较小时，意味着人工神经网络以较慢的速度收敛，同时意味着此神经网络更接近实际情况。本书采用了 Matlab 人工神经网络工具箱中的默认设置，即最大迭代次数取为 1000。经过一段时间的学习之后，网络的残差减小到 0.261，如图 9—4 所示，满足了默认设置的要求。表明此人工神经网络与实际调查数据的拟合度达到预期效果。

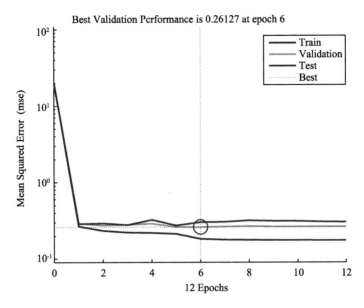

图9—4　残差和人工神经网络收敛曲线

第三节　政策因素对居民 PM2.5 减排
行为的动态干预分析

仿真系统有基准模式和分析模式两种情况，基准模式下设置居民 Agent 的总数，不同的居民 Agent 在其自身的 PM2.5 减排意愿值和外部政策环境下（基于实际的调研数据），选择相应的 PM2.5 减排行为。此时，居民 Agent 的相关社会属性以及外部政策情境状态是固定不变的，因此，居民 PM2.5 减排意愿值和行为值都稳定在某一状态。分析模式下，目标就是通过调整外部政策情境（居民的 PM2.5 减排意愿和社会规范为随机赋值），改变居民 Agent 对三类政策情境因素的认知，进而改变居民 Agent 的行为选择，以观察和分析居民 Agent 在政策环境变化下 PM2.5 减排意愿和实际行为的变化趋势。

一　基准模式下政策干预结果

系统模拟中，居民 Agent 的数量设定为 841 人，PM2.5 减排意愿和行为的调整速率（adjust-rate）设定为 0.2。意味着交互 Agent 的社会规范大于中心居民 Agent 自身社会规范时二者进行交互，交互调整值设定为二者社会规范差值与意愿差值乘积的 20%。当交互 Agent 的社会规范小于中心居民 Agent 自身社会规范时，中心 Agent 不受其他居民 Agent 的影响，二者不进行交互。

模拟初始，实际调查结果将被设定为基准模式，居民 Agent 初始 PM2.5 减排意愿、社会规范以及三类外部政策都采取调研的实际数值，经过 1000 次交互居民 Agent PM2.5 减排意愿会发生变化，最终会稳定到某一固定值；同时，运行系统可得基准模式下经过人工神经网络生成的居民 PM2.5 减排行为的稳定状态。841 份实际调查数据的 PM2.5 减排意愿均值为 4.1788，在 Matlab 中经过一次模拟交互后均值为 4.2140，经过 1000 次模拟交互后系统意愿均值收敛到 4.5644，详见图 9—5，可见居民意愿确实受到社会规范影响，且社会规范促进了居民 PM2.5 减排意愿的发生，与实证结论相符；经过更长时间的交互后，意愿会逐渐加强，最终稳定到一个更高的水平。841 份实际调查数据的行为均值为 3.7113，从人工神经网络的输出结果可见，基准模式下居民 PM2.5 减排行为平均值

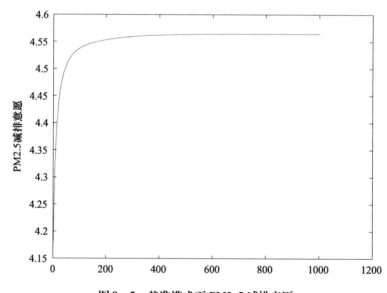

图 9—5　基准模式下 PM2.5 减排意愿

为 3.7105，详见图 9—6。可见，模拟中随机抽取的 841 样本的行为均值
与人工神经网络输出的预测均值相近，可认为得到的人工神经网络预测
模型较为合理。

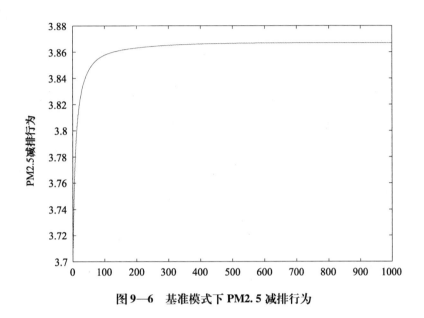

图 9—6　基准模式下 PM2.5 减排行为

二　分析模式下政策干预结果

通过改变政策的不同参数设置以观察居民 Agent 的 PM2.5 减排行为的
变化趋势是模拟系统的最终目的。在分析模式下，系统操作者可模仿政策
制定 Agent 借助调整三类政策参数的大小来完成此目标。三类政策措施对居
民 Agent PM2.5 减排行为的影响由系统根据基准模式情形下训练得到的人工
神经网络给出。在分析模式下，通过调整其参数可分析系统输出结果的演
变。接下来，通过对三类政策根据模拟目的设置不同的情境状态，并将各
个不同参数设置情境和分析模式的初始状态进行对比，以探索三类政策因
素对居民 PM2.5 减排行为的动态干预效果。分析模式下，考虑到样本意愿
值的分布均衡性，居民 Agent 初始 PM2.5 减排意愿设定为随机赋值。

1. 无政策激励情形与政策最优情形对比

首先，分析无政策激励情形和政策最优情形两种状态。这是两种极

端的情形，现实中不易达到，也基本不会存在，但有助于观察政策的主要变化，并对政策的有效性进行验证。

（1）无政策激励情形

实证结果发现，命令控制型、经济激励型和教育引导型三类政策越完善，居民 PM2.5 减排意愿向实际行为转化的促进程度越高。因此，将三类政策情境因素均为最小值"1"的情形，设定为系统分析模式的初始状态，并认定其为无政策激励情形。然后，在前面建立的仿真系统中运行，居民 Agent 初始 PM2.5 减排意愿为随机赋值。根据人工神经网络计算结果，在此无外部政策影响的情况下，居民 Agent 的 PM2.5 减排行为经过训练后（运行 1000 ticks）达到一个基本稳定的状态，详见图 9—7。其输出的是具有不同 PM2.5 减排意愿值的居民 Agent 的一组 PM2.5 减排行为变化曲线。其中，居民 Agent 的 PM2.5 减排意愿是 0—5 随机赋值，在此，被划分为 0—1、1—2、2—3、3—4、4—5 五个不同的意愿水平，分别表示为 INT1、INT2、INT3、INT4、INT5。为了深入分析，分析模式下都做如此处理。

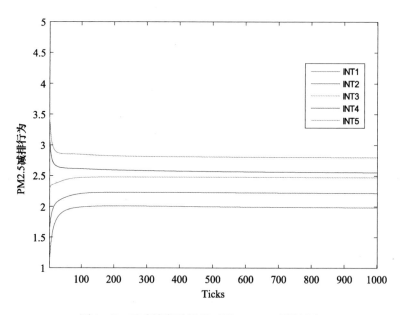

图 9—7　无政策激励情形下的 PM2.5 减排行为

经计算，具有不同 PM2.5 减排意愿值的居民 Agent 的 PM2.5 减排行为平均值为 2.4。就政策制定 Agent 来说，居民 Agent 的 PM2.5 减排行为实施状况可谓很差。事实上，居民 PM2.5 减排行为是居民 PM2.5 减排意愿和三类政策因素共同作用而形成的相对的稳定状态，因此，当外部政策缺失时，居民的 PM2.5 行为非常不容乐观。这也意味着政府部门的政策干预对个人 PM2.5 减排是必要的，是城市雾霾治理不可缺少的一环。

另外，图 9—7 还显示，具有不同 PM2.5 减排意愿的居民 Agent，其实际的 PM2.5 减排行为也有所区别。具有较高 PM2.5 意愿的居民，其实际 PM2.5 减排行为也相应地较高。此结论与实证结果也相符。

需要说明的是，在本书中 PM2.5 减排意愿作为居民的自然属性，由心理因素决定，在系统模拟中只受到个体社会规范的交互影响。但居民 Agent 的 PM2.5 减排意愿值在分析模式下为随机赋值，社会规范也为随机赋值，所以，在相同的人工神经网络下，居民 Agent 的 PM2.5 减排意愿认定为不发生变化，后面不同分析模式下，不再对意愿进行比较。

（2）政策最优情形

同理，将三类政策情境因素均为最大值"5"的情形设定为政策最优情形。此时，三类政策都达到最优状态，运行仿真系统，观察政策情境因素变化时仿真输出结果的变化。模拟时，为了便于比较，先令系统在初始状态下运行至 1000 Ticks 时调整政策变量参数为"5"，然后令系统再稳定运行 1200 Ticks。做后面对比分析时，都采用同样方法处理。仿真输出结果如图 9—8 所示。

系统输出结果显示，当政策处于最优情形时，具有不同 PM2.5 减排意愿值的居民 Agent 的 PM2.5 减排行为平均值为 4.19，比"无政策激励"状态时增加了 1.79，增幅为 75%，可谓效果显著。此结果也进一步验证了三类政策情境因素确实对居民 PM2.5 减排行为有很好的促进作用。

2. 单个政策情境因素干预效果

为了对比分析三类政策情境因素对居民 PM2.5 减排行为的单独影响，下面采取调整其中某一政策因素，固定另外两个因素的方法，着重观察单个政策情境因素变化对居民 Agent PM2.5 减排行为的动态干预效果。

（1）固定其他两类政策，仅将命令控制型政策从"1"调整为"5"

由"1"到"5"调整命令控制型政策，同时将其他两类政策因素固

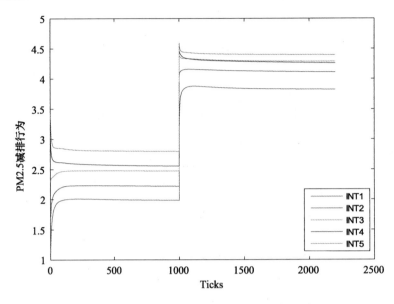

图 9—8　政策最优情形下的 PM2.5 减排行为

定在初始状态值。即命令控制型政策设定为"5",经济激励型、教育引导型政策设定为"1"。其输出结果变化情况如图 9—9 所示。

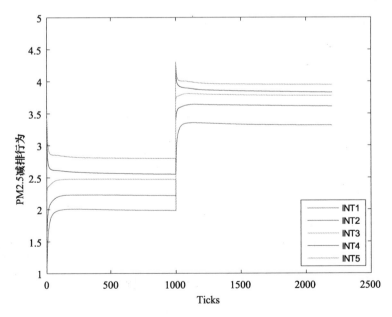

图 9—9　仅命令控制型政策为"5"的居民 PM2.5 减排行为

由图 9—9 可以看出，仅将命令控制型政策从"1"调整为"5"的情形下，具有不同 PM2.5 减排意愿值的居民 Agent 的 PM2.5 减排行为平均值从初始的 2.4 增加到 3.71，增幅为 55%，表明命令控制型政策的改善会令居民的 PM2.5 减排行为较初始状态有明显的增加，即命令控制型政策这一外部情境因素在长期内能显著促进居民 PM2.5 减排行为的发生。

（2）固定其他两类因素，仅将经济激励型政策从"1"调整为"5"

类似地，将经济激励型政策从"1"调整为"5"，同时固定其他两类政策因素为初始状态值。即经济激励型政策设定为"5"，命令控制型、教育引导型政策设定为"1"。观察输出结果的变化，详见图 9—10。

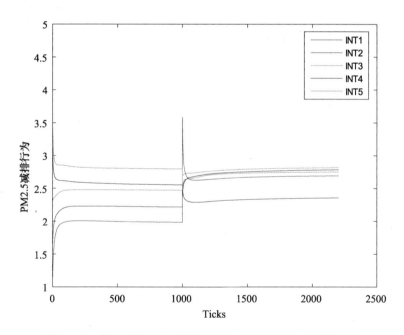

图 9—10　仅经济激励型政策为"5"的居民 PM2.5 减排行为

图 9—10 显示，仅将经济激励型政策从"1"调整为"5"的情境下，具有不同 PM2.5 减排意愿值的居民 Agent 的 PM2.5 减排行为平均值从初始的 2.4 增加到 2.65，增幅为 10%，较初始状态有些许增加。表明经济激励型政策的改善在一定程度上也会促进居民 PM2.5 减排行为的发生，但促进程度相对有限。

另外，对比具有不同 PM2.5 减排意愿下的居民 Agent PM2.5 减排行为，当经济激励型政策改善的情况下，意愿对行为的影响趋势有明显的不同。对具有较低 PM2.5 减排意愿的居民来说（比如 INT1、INT2、INT3 三个水平），经济激励政策对居民 PM2.5 减排行为有明显的促进作用，尤其是 INT 为 0—1 的最低水平时，说明经济激励型政策对于意愿度较低的居民群体影响更为显著。相对来说，对具有较高 PM2.5 减排意愿的居民来说（比如 INT4、INT5 两个水平），经济激励型政策对居民的 PM2.5 减排行为促进作用非常有限，甚至有负面作用（见图 9—10）。这也意味着经济激励对我国居民 PM2.5 减排来说，甚至是个人环保行为来说，始终是一个值得商榷的问题，需视不同群体区别对待。

（3）固定其他两类因素，仅将教育引导型政策从"1"调整为"5"

同样，将教育引导型政策从"1"调整为"5"，同时固定其他政策情境因素为初始状态值。即教育引导型政策设定为"5"，命令控制型、经济激励型政策设定为"1"。观察输出结果的变化，详见图 9—11。

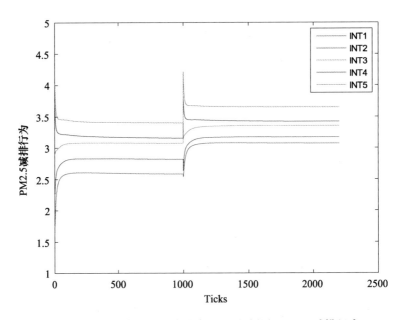

图 9—11　仅教育引导型政策为"5"的居民 PM2.5 减排行为

由图 9—11 可以看出，仅将教育引导型政策从"1"调整为"5"的情境下，具有不同 PM2.5 减排意愿值的居民 Agent 的 PM2.5 减排行为平均值从初始的 2.4 增加到 3.13，增幅为 30%，较初始状态有明显增加。表明教育引导型政策的改善会对居民 PM2.5 减排行为有显著的促进作用，尤其从长期发展来看。这一结论与前文实证结果也相符。

总之，三类政策都能促进 PM2.5 减排行为，但效果有所不同，其个中原因可能在于，居民 PM2.5 减排行为跟其他亲环境行为一样具有公共物品性质，因此，基于政府 Agent 的命令控制型政策必不可少，尤其在雾霾治理的初期阶段；考虑到亲环境行为的利他特点，长期来看，教育引导型政策可以培养居民的道德规范感，对居民 PM2.5 减排行为和亲环境行为的养成不可或缺。相对来说，对于整体依旧不发达的中国来说，短期内的经济刺激也是 PM2.5 减排行为的有利促进点，但长期效果堪忧，尤其对于不同的居民群体，经济刺激要区别对待。

3. 政策组合效应分析

三类 PM2.5 减排政策都有各自的特点与适用性，政策组合可以取长补短，对于 PM2.5 减排政策调控来说是一个必然的选择。考虑到单个政策模拟分析和实证分析结果中，命令控制型、教育引导型政策相比经济激励型政策对居民 PM2.5 减排行为的影响显著度更好。在此，借助仿真系统尝试寻找个人 PM2.5 减排的最佳政策组合。下面在分析模式初始状态的基础上，通过分步骤地提升三类政策的参数来分析政策组合的效应。具体的政策调整方案为：命令控制型、经济激励型、教育引导型三类政策进行两两组合，并将此三类政策组合设定为每 600 Ticks 分别从初始最低值调整为最优值，图 9—12 为系统的输出结果。系统具体运行情况如下：第一个 600 Ticks，命令控制型、经济激励型和教育引导型三类政策依次赋值为 1、1、1 的初始状态；第二个 600 Ticks，三类政策设定依次为 5、5、1（组合Ⅰ）；第三个 600 Ticks，依次为 1、5、5（组合Ⅱ）；第四个 600 Ticks，依次为 5、1、5（组合Ⅲ）；第五个 600 Ticks，依次为 5、5、5 的最优状态。

图 9—12 显示，具有不同 PM2.5 减排意愿值的居民 Agent 的 PM2.5 减排行为平均值在无政策激励情形时最低，为 2.4，在政策最优时最高，为 4.19。这两种状态在前面已分别阐述。现重点分析政策组合Ⅰ、Ⅱ、Ⅲ三个状态。首先，相较于无政策激励和政策最优两种情形，三类政策组合的效度都高于无政策激励情形，但都弱于政策最优情形。组合Ⅰ情

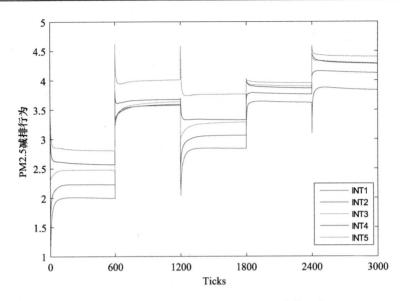

图 9—12　三类政策组合的居民 PM2.5 减排行为

形下，不同 PM2.5 减排意愿值的居民 Agent 的 PM2.5 减排行为平均值为
3.67。组合Ⅱ情形下，居民 Agent 的 PM2.5 减排行为平均值为 3.24。组
合Ⅲ情形下，居民 Agent 的 PM2.5 减排行为平均值为 3.83。说明相对于
无政策状态，三类 PM2.5 减排政策组合确实对 PM2.5 减排意愿向实际行
为的转化有明显的促进作用。政策组合在 PM2.5 减排中是一个有益的途
径。PM2.5 减排政策值得政策制定 Agent 的足够重视。

　　再者，不同的政策组合状态对居民 PM2.5 减排行为的促进作用也有
所区别。组合Ⅰ为命令控制型和经济激励型均优的情形，相较于无政策
情形，不同 PM2.5 减排意愿值的居民 Agent 的 PM2.5 减排行为平均值增
加了 1.27；组合Ⅱ为经济激励型和教育引导型均优的情形，相较于无政
策情形，居民 Agent 的 PM2.5 减排行为平均值增加了 0.84；组合Ⅲ为命
令控制型和教育引导型均优的情形，相较于无政策情形，居民 Agent 的
PM2.5 减排行为平均值增加了 1.43。可见，命令控制型和教育引导型政
策组合（组合Ⅲ）以及命令控制型和经济激励型政策组合（组合Ⅰ）两
种对 PM2.5 减排行为效果相对更好。总之，如何发挥各类政策的最优效
果，政策和政策彼此间如何组合事半功倍，更是 PM2.5 减排政策制定
Agent 关注的问题。从模拟结果来看，在政策组合中，命令控制型政策显

得尤为重要，和其他政策的两两组合效应都很好，当然包含它在内的三类政策最优情形也都最好。

三　系统输出的汇总分析与结论

通过对模拟系统基准模式和分析模式下的相关参数进行设定与比较，对居民 Agent 的 PM2.5 减排行为输出结果进行对比与分析，可以发现外部政策情境因素对 PM2.5 减排行为有显著影响。

第一，在无政策激励情形下，外部政策激励作用缺失，居民的 PM2.5 减排意愿和实际行为出现明显的不匹配。这也再次强调了实证的结论：居民 PM2.5 实际行为的产生是居民 PM2.5 减排意愿和外部政策情境因素共同作用的结果。这也意味着政府部门的政策干预对个人 PM2.5 减排是必要的，是城市雾霾治理不可缺少的一环。

第二，在政策最优情形下，具有不同 PM2.5 减排意愿下的居民 Agent PM2.5 减排行为均值都有显著增加，此结果也进一步验证了三类政策情境因素确实对居民 PM2.5 减排行为有很好的促进作用。且具有较高 PM2.5 意愿的居民，其实际 PM2.5 减排行为也相应地较高。此结论与实证结果也相符。

第三，对于单个 PM2.5 减排政策来说，各个政策都能促进 PM2.5 减排意愿向实际行为的转化，这也再次验证了实证检验的结论，即外部情境政策对 PM2.5 减排行为的发生有正向调节作用。但模拟结果也发现，各个政策对 PM2.5 减排行为的促进效果有所差异。其中，命令控制型政策相对来说效果最好，其次为教育引导型政策。经济激励型政策相对来说效果最差。这与实证中调节效应检验结论一致。即命令控制型和教育引导型政策对 PM2.5 减排意愿和减排行为的促进效果更加显著。经济激励型政策相对来说，对二者关系的促进和调节作用要稍逊一筹。其个中原因可能在于，居民 PM2.5 减排行为跟其他亲环境行为一样具有公共物品性质，因此，基于政府 Agent 的命令控制型政策必不可少，尤其在雾霾治理的初期阶段；考虑到亲环境行为的利他特点，长期来看，教育引导型政策可以培养居民的道德规范感，对居民 PM2.5 减排行为和亲环境行为的养成不可或缺。相对来说，对于整体依旧不发达的中国来说，短期内的经济刺激也是 PM2.5 减排行为的有利促进点，但长期效果堪忧。

第四，各类政策都有各自的特点与适用性，无疑，政策组合可以取长补短，对于 PM2.5 减排政策调控来说是一个必然的选择。对于命令控制型、经济激励型和教育引导型三类政策来说，设定的最优情形是三类政策的强强联合，对 PM2.5 减排行为的促进效果也毋庸置疑，其均值最高，效果最好。对于两两组合的政策组合来说，相对于无政策状态，对 PM2.5 减排意愿向实际行为的转化都有明显的促进作用，但都弱于政策最优情形。进一步来说，不同的政策组合状态，对居民 PM2.5 减排行为的促进作用也有所区别。命令控制型和教育引导型政策组合相对 PM2.5 减排行为效果最好，其次为命令控制型和经济激励型政策组合，最差的为经济激励型和教育引导型政策组合。可见，在政策组合中，更应注意发挥命令控制型和教育引导型，或者是和经济激励型的组合政策效应。

第四节　本章小结

本章构建了基于 Agent 的城市居民 PM2.5 减排行为仿真概念模型，运用 ABMS 技术借助 Matlab 平台和人工神经网络，重点探讨命令控制型、经济激励型和教育引导型三类外部政策因素对居民 PM2.5 减排行为的动态干预效果。通过对居民 Agent 的 PM2.5 减排行为输出结果进行对比与分析，得出以下主要结论。

第一，居民 Agent 与 Agent 之间通过社会规范的交互确实会对居民的 PM2.5 减排意愿产生促进效果，并最终会稳定到某一更高水平的固定值。

第二，在无政策激励情形下，外部政策激励作用缺失，居民 Agent 的 PM2.5 行为非常不容乐观。这意味着政府部门的政策干预对个人 PM2.5 减排是必要的。在政策最优情形下，居民 Agent PM2.5 减排行为均值显著增加，验证了三类政策情境因素确实对居民 PM2.5 减排行为有很好的促进作用。此结论与实证结果也相符。

第三，模拟结果显示，从长期来看，单个 PM2.5 减排政策都能促进 PM2.5 减排意愿向实际行为的转化。但各个政策对 PM2.5 减排行为的促进效果有所差异。其中，命令控制型政策相对来说效果最好，其次为教育引导型政策，经济激励型政策相对来说效果最差。

第四，政策组合对于 PM2.5 减排政策调控来说是一个有益的途径。

模拟结果显示，设定的最优情形是三类政策的强强联合，对 PM2.5 减排行为的促进效果也毋庸置疑，其均值最高，效果最好。当政策两两组合时，相对于无政策状态，对 PM2.5 减排意愿向实际行为的转化都有明显的促进作用，但命令控制型和教育引导型政策组合以及命令控制型和经济激励型政策组合两种对 PM2.5 减排行为效果相对更好。

第 十 章

城市居民 PM2.5 减排行为
干预路径与实现策略

归根结底，本书居民 PM2.5 减排行为研究的最终目标就是通过合理引导居民的日常消费行为以降低 PM2.5 排放，实质就是如何促进居民日常行为的改变使之变得更加亲环境。众所周知，个体行为的改变相对来说往往较为困难，因为决定和影响行为改变的因素更为复杂，但是根据行为干预策略的观点，个体行为仍然能够通过恰当的干预措施加以改变，即从个体行为的诱因分析入手。这一观点也得到了许多专家的认可（陈凯，2012；韩娜，2015），专家们认为最行之有效的干预办法就是从个体行为的影响因素和影响机制入手。鉴于此，若欲通过政府干预引导居民 PM2.5 减排行为来缓解雾霾污染，就需要基于居民 PM2.5 减排行为的影响机制和影响因素，针对性构建居民 PM2.5 减排行为的政府干预路径与支持政策。

前面章节基于心理、政策等各类影响因素的模拟仿真分析和实证分析，已对城市居民 PM2.5 减排行为的影响因素以及影响机制展开翔实的论证，为本章政策干预路径选择与支持政策建议打下了扎实的基础。接下来，将尝试基于上述研究结论，提出具体的富有针对性的居民 PM2.5 减排行为干预路径与政策建议。

第一节 城市居民 PM2.5 减排行为的干预路径

基于前文实证分析和模拟分析的结果，得到环境态度、感知行为控

制、社会规范、环境知识、价值观、道德规范、政策情境因素等若干个
居民 PM2.5 减排行为的主要影响因素。这些影响因素源于几大经典亲环
境行为理论。从实质上可划分为政策情境类因素、行为控制类和个体心
理类三大类别，都直接或间接地对居民的减排意愿或行为施加影响。除
此之外，还有社会人口统计因素也是学者们重点关注的内容。这三大类
别的影响因素以及相应影响机制也在一定程度上，刻画出了管理部门对
居民 PM2.5 减排行为进行干预的四大路径，详见图 10—1。例如，当个体
心理类因素显著正向影响居民 PM2.5 减排行为时，可以通过提高相应个
体心理类因素来激励居民参与 PM2.5 减排行为。四大路径具体阐述如下。

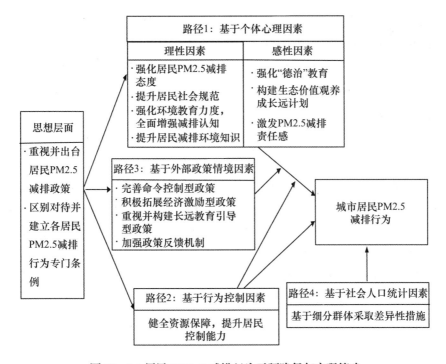

图 10—1　居民 PM2.5 减排行为干预路径与实现策略

一　基于个体心理因素的干预路径

个体心理变量在亲环境行为研究中日益得到重视，也在大多实证研
究中被证实确实能显著地影响个体的亲环境行为。本研究也主要基于社
会心理视角和经典的心理环境行为理论而展开分析。其中，环境态度、

社会规范、感知控制、价值观、环境关注和道德规范都隶属于心理变量的范畴，包络了理性思考与感性思考的两个层面，分别直接或间接地对城市居民的 PM2.5 减排意愿或行为产生影响。因此，基于这些"个体心理因素"的干预路径被确定为本研究第一条政策干预路径。

前文实证结果已经证实，居民的环境态度、社会规范、环境教育、环境知识甚至是自我效能、感知有用性，作为理性的心理变量，对城市居民的 PM2.5 减排意愿都有直接的正向促进作用。道德规范、环境关注、生态价值观作为感性变量，对居民的 PM2.5 减排意愿也有显著的影响。其中，道德规范直接影响居民的 PM2.5 减排意愿，价值观作为远端变量显著影响居民的环境关注，环境关注又依次影响道德规范，进而间接地影响居民的减排意愿和行为。因此，在这些心理变量的基础上，遵循变量间的影响机制进行政策干预，必是一个有效的途径。

无疑，对于个人亲环境行为来说，个体心理变量具有举足轻重的作用。在一定的条件下，居民强烈的 PM2.5 减排态度、感受到的强烈社会规范，抑或是强烈的道德感，都会促使其积极参与 PM2.5 减排行为之列。居民的心理影响因素是基于居民自身基础之上的，是居民对特定的环境行为的最直观的感受，也是对 PM2.5 排放行为相伴而生的评价。这些心理因素，有的是短期内对 PM2.5 减排行为的有感而生，也有的是长期以来对以特定 PM2.5 减排行为为核心的亲环境习惯的日积月累。基于心理变量建立亲环境行为的政策干预路径也得到许多研究的认同。如韩娜（2015）在实证的基础上提出建立基于心理变量的干预路径以引导消费者的绿色消费行为。陈凯（2012）也提出从心理因素出发建立低碳消费行为的干预路径。王建明（2011）对消费者的低碳消费行为率先进行了心理归因研究，然后同样提出了心理战略的干预路径。

二　基于行为控制因素的干预路径

行为控制因素主要指的是感知行为控制变量，源于计划行为理论。它是一个特殊的变量，可以作为心理变量，更被看作个体行为控制变量。它可以直接影响居民的 PM2.5 减排意愿，也可以通过调节效应间接地影响 PM2.5 减排意愿和行为的关系。根据其内涵，可将其细分为自我效能和感知控制两个变量，此处更着重强调的是感知控制，即个体参与某行为所需拥有的相应条件和资源。基于"感知行为控制"这一个体行为控制能力的干预路径被确定为本研究的第二条政策干预路径。

前文实证结果已经证实，一方面，感知行为控制变量显著地直接影响居民的 PM2.5 减排意愿；另一方面，感知行为控制发挥调节变量的功能，间接地调节减排意愿至实际行为的转化程度。且在感知行为控制处于高低两个不同的水平时，调节效应有高低强弱之分。这也意味着感知行为控制变量为其他变量作用的发挥提供了边界条件。同样地，遵循个体感知控制变量对居民 PM2.5 减排行为的影响机制进行政策干预，更是一个必要的途径。

感知行为控制不同于其他的心理变量，它为其他心理变量发挥作用提供必要的条件，在一定程度上是心理干预能否奏效的保障。因为心理变量尽管在很多时候显著地影响个体的亲环境行为，但心理变量的作用不稳定，即心理变量的作用发挥时需要一定的前提条件做保证。其中，最主要的条件就是相应的控制条件和资源，也正是感知行为控制变量的内涵所指。当居民拥有能力参与某特定行为时，其他心理因素对行为的影响才能发挥效用；反之，当居民的感知行为控制能力低或不具备时，其他影响因素的效用会降低，甚至是空谈。另外，如前文所述居民 PM2.5 减排行为是复合行为，涵盖了居民吃、穿、住、用、行等日常生活的诸多消费活动。不同消费行为的特点相互间差异较大，且都需要各自不同的控制条件与资源。这些条件和资源有可能成为 PM2.5 减排的实实在在的障碍。反之，一旦为各个行为的实施创造了良好的资源，就会很大程度上促进 PM2.5 减排行为的产生。并且我国近几年雾霾污染形势依然严峻，雾霾治理和生态文明建设任重道远，因此在本研究中着重提出此基于行为控制能力的政策干预路径，对感知行为控制进行重点分析，为居民 PM2.5 减排搭建良好实施平台。Shi 等（2017）在对交通 PM2.5 减排行为研究中对感知行为控制进行了讨论与强调。

三　基于外部政策情境因素的干预路径

情境变量是态度—行为—情境理论的重要变量之一。其中，外部政策作为代表性情境因素在亲环境行为中得到学者们的高度关注。对于环境保护这一公共物品性质显著的领域，外部政策干预对各个国家来说都是必要的途径，这已成为各界的共识。另外，考虑到我国又是高情境社会，政策调控普遍存在于社会各个领域，效果也得到各界认可。模拟分析结果也证实，外部政策情境因素确实可显著促进我国居民的减排行为。鉴于此，基于"外部政策情境因素"的干预路径被确定为本研究第三条政策干预路径。

实证结果显示，从静态分析来看，三类政策情境变量在一定水平下都能显著地调节居民 PM2.5 减排意愿和实际行为的关系；模拟仿真结果也显示，从长期趋势来看，三类政策情境变量的变化同样会对居民的 PM2.5 减排行为带来不同程度的影响。当然，不管从短期还是长期来看，三类政策情境变量对居民 PM2.5 减排行为的效用彼此间存在差异。因此，在三类政策情境变量的基础上，遵循其对居民 PM2.5 减排行为的影响机制进行政策干预，必定是一个事半功倍的干预途径。

居民 PM2.5 减排行为作为亲环境行为，自然具有其外部性和利他性特点。因此，政府参与就是必不可少的一环，而政策就是政府干预的最直接的手段。然而实际情况是，我国 PM2.5 减排行为的政策措施，尤其是居民层面的政策措施还未完全展开。相关研究结果显示，对于三类外部政策情境因素来说，不仅从长期来看，对 PM2.5 减排行为的动态影响彼此间有差异，而且静态上的调节效应对 PM2.5 减排行为的影响程度也不同。因此，如何更有效的发挥各类政策因素或是政策组合的作用，是政策制定者非常关注的问题。基于政策情境因素的政策干预路径，在许多研究中都被提及。如韩娜（2015）在对绿色消费行为进行研究时，就重点探讨了政策因素对居民绿色消费行为的影响，并提出了从加强个体心理、提升个体信任、推广新兴媒体应用以及提供外部便利条件等方面实施政府干预策略。岳婷（2014）在讨论居民节能行为影响因素时，也重点讨论了不同种类节能政策的调节效应，包括了经济型普及政策、引导型政策普及程度等几个方面。

四　基于社会人口统计因素的干预路径

社会人口统计因素是亲环境行为的重要组成变量，一般情况下包括个体的性别、年龄、受教育程度、收入水平、工作单位性质等。较多学者经常关注社会人口统计因素对亲环境行为的影响，并认为男、女群体，不同年龄层次群体，或不同受教育程度群体等对其环境行为的影响有差异。考虑到我国与西方发达国家不同的文化和价值观背景，且居民 PM2.5 减排又涉及京津冀、长三角和成渝等辽阔区域，社会文化、经济水平等在不同区域都有较大差异，鉴于此，基于"社会人口统计因素"的干预路径被确定为本研究第四条政策干预路径。

实证分析结果显示，社会人口统计因素也会显著影响居民的 PM2.5 减排行为。并且，居民的减排意愿和行为以及心理感知在各人口统计因素上也表现出差异性。因此，对我国居民层面城市雾霾治理来说，社会人口统计因素是不可缺少的影响因素。诸多研究都纷纷验证社会人口统计因素对个体行为的影响。Yang（2015）等就在家庭节能行为研究中重点探讨男性和女性群体的不同态度。

第二节　城市居民 PM2.5 减排行为支持政策

本研究主要聚焦于城市居民 PM2.5 减排行为的影响因素和影响机制分析，期望结合干预路径和影响因素，制定居民层面雾霾治理支持政策，促进居民 PM2.5 减排行为，既完善雾霾治理政策体系，又助力当前雾霾污染和生态文明建设。干预路径的提出实质是基于居民 PM2.5 减排行为的影响机制，阐述的是四类影响因素对减排行为的影响关系。接下来，基于各关键影响因素进一步制定居民 PM2.5 减排行为的具体支持政策。我国现有居民 PM2.5 减排政策并不健全，且可操作性有待加强。富有针对性的支持政策可很好地完善当前我国雾霾治理政策体系，在实践上更让居民领域雾霾治理"有法可依"，也将成为我国城市雾霾治理的必备助力。根据实证分析和模拟分析关于四类影响因素的研究结果，并结合干预路径的思考，将从以下七个方面提出引导城市居民 PM2.5 减排行为的支持政策。其中，基于四条路径的支持政策起点或是着重点会有所区别。心理类政策是通识性政策，行为控制类政策基于各个减排行为提出，最终将会以外部政策类形式呈现给居民大众，基于四大路径的支持政策体系将互相结合，相辅相成。

一　重视并出台居民层面 PM2.5 减排政策

1. 全方位高度重视居民层面 PM2.5 减排

随着需求侧改革推动，居民生活消费领域活跃度大幅增加，第五章统计数据梳理显示，居民生活能源消费也逐渐增长，受到亲环境行为研究者的关注。[1][2] 现阶段，雾霾治理的一大障碍就是居民层面 PM2.5 排放并未引起足够重视，居民 PM2.5 减排行为的必要性认识不充分。第四章政策梳理结果也显示，居民层面雾霾治理政策处于缺失状态。事实上，随着雾霾治理的深入，"打赢蓝天保卫战"进入攻坚阶段，居民 PM2.5 减排对于城市雾霾治理的重要性日渐凸显。不管是政府管理部门，还是学术研究层面，甚至公益组织和普通公众，都要对居民减排给予足够重视，并有意识地主动推进居民减排。此居民 PM2.5 减排视角，是雾霾治理视野的开拓，是亲环境思维的转变。为了打赢蓝天保卫战和长远生态文明建设，对于居民 PM2.5 减排，务必要思想上认识，法律上保障，行动上重视，城市雾霾治理必有突破。

2. 加强居民层面 PM2.5 减排立法机制

现有居民 PM2.5 减排大多都是在相关政策条例中偶有提及，不具备可操作性。为了精准助力居民层面减排，相关部门可尝试制定《居民 PM2.5 减排法》给予立法保障；加大宣传并更新《公众防护 PM2.5 宣传手册》，从思想指导上和具体行动上两个层面对居民 PM2.5 减排行为加以规制与引导。

3. 梳理居民层面 PM2.5 源排放清单，据此制定各居民 PM2.5 减排行为的具体干预措施

在社会各界充分意识到居民 PM2.5 污染的重要性后，最关键的环节就是帮助公众弄清楚具体的居民 PM2.5 减排行为有哪些，并明确如何引

---

① Greaves, M., Zibarras, L. D., Stride, C., "Using the Theory of Planned Behavior to Explore Environmental Behavioral Intentions in the Workplace", *Journal of Environmental Psychology*, Vol. 34, 2013, pp. 109 – 120.

② Pothitou, M. Hanna, R. F., Chalvatzis, K. J., "Environmental Knowledge, Pro-Environmental Behaviour and Energy Savings in Households: an Empirical Study", *Applied Energy*, Vol. 184, 2016, pp. 1217 – 1229.

导这些居民 PM2.5 减排行为。根据《PM2.5 源排放清单编制技术指南》结果，梳理和总结居民层面的 PM2.5 源排放清单，可帮助公众了解哪些日常行为是 PM2.5 的排放源；更重要的是，如何调整自己的日常消费行为可减少 PM2.5 排放。

二　区别对待并建立各居民 PM2.5 减排行为的专门条例

我国居民 PM2.5 减排行为是一个复合行为，包括常见的"积极参与公共交通出行和新能源汽车购买，调整冬季取暖方式，减少露天烧烤、燃放烟花爆竹和室内吸烟"等诸多日常消费行为，甚至更多。不同 PM2.5 减排行为的影响因素不同，尤其是"感知行为控制"变量，此变量特指各行为得以实施的具体资源和外部条件。上述五个减排行为会因为各位居民的性别、收入差异等而不同，也会因为南北方生活习惯的自然状况而不同。因此，区别对待各个 PM2.5 减排行为，并为之提供针对性的资源和条件是促进居民参与减排行为的必要措施。故对不同的居民 PM2.5 减排行为要做到如下三点：

1. 考虑根据不同行为的天然地域差异，采取不同的措施

各类行为由于地域原因，区域间会表现出明显的差异性，如北方冬季的燃煤取暖，南方的空调制冷和取暖，成渝地区的露天烧烤。在面对同一国家层面法律，各省应积极开动思维，寻找落地政策，拒绝直接"转发"，做到不同地区，因地制宜，精准制定适应当地的措施。

2. 考虑根据不同的减排行为自身的特点，采取针对性措施

五个行为自身特点各不相同。积极参与公共交通出行和新能源汽车购买都是交通减排行为，减排空间大，受到公众和政府管理部门认同与重视，相关措施逐步推进；调整冬季取暖方式包括北方暖气和南北方都涉及的空调，居民涉及面广且时间长，是能源消耗的重要部分，PM2.5 排放量也可观，但是针对日常舒适度的调整；减少露天烧烤各地都涉及，成渝地区更为广泛，但排放量相对有限，是饮食习惯的调整；燃放烟花爆竹是节假日这一固定时段常需涉及的，排放量相对有限，是对我国传统风俗文化的调整；室内吸烟更多仅涉及吸烟群体，密闭空间密度虽大，但总排放量相对有限，也是对个体习惯的调整。除了居民交通减排相对容易监管外，其他更多是居民日常生活习惯或传统文化的改变，是一个

挑战。可见，不同行为的自身差异是尤其需关注之处，其差异也决定了细节上措施的差异性。

3. 针对不同减排行为制定专门条例

对清单中的各个居民 PM2.5 减排行为，给予多方位论证与分析。据各行为自身或区域差异性，基于各个行为制定具有可操作性和针对性的专门条例和措施，有的放矢，有重点、分时段、分地区逐步推进。

三　强化居民个体心理类因素，提升居民 PM2.5 减排心理感知

基于社会心理视角促进个人亲环境行为是当前环境行为研究的趋势，① 心理的认同是促进居民个体参与减排行为的重要一环。一般情况下，社会心理因素包括理性和感性两大类变量，可分别对应"法治"和"德治"两类政策工具。第五、六、七和八章实证结果显示，居民的环境态度、社会规范、感知控制等都显著正向影响居民 PM2.5 减排行为和意愿。鉴于居民雾霾治理还处于初步探索阶段，各变量的实际值都未达到理想状态。另外，这些变量都是基于居民的理性思考视角，只要实际情况有所改善，居民相应的评价也会获得相应改观。故强化居民的态度、社会规范等对促进减排行为有很大实际价值。

同样，道德规范、环境关注、价值观作为感性变量，对居民 PM2.5 减排行为和意愿的影响相较于上述理性变量更加显著，且都为正向影响。这也意味着对于 PM2.5 减排行为来说，感性或说"德治"的培养效果更优（第六章）。考虑到这些感性变量对 PM2.5 减排的显著影响效果，应继续加大生态价值观、环境关注以及道德规范的满意度培养，获取最大的 PM2.5 减排效果，实现"德治"和"法治"的有效配合。

1. 继续强化积极的居民 PM2.5 减排态度

态度是对 PM2.5 减排行为的最直观的评价，是最直接的影响因素。尽管居民现有 PM2.5 减排态度较好，但仍需进一步强化，以为 PM2.5 减排提供长期的强有力的支撑，可从以下几方面着手：

第一，全方位普及 PM2.5 减排知识，助力居民形成正确的减排态度。

---

① 王建明、贺爱忠：《消费者低碳消费行为的心理归因和政策干预路径》，《南开管理评论》2011 年第 4 期。

对雾霾和相关减排知识的了解可直接帮助居民形成正确且客观的 PM2.5 减排行为评价。需明确的是，PM2.5 减排知识包括两个层面：雾霾污染后果和我国雾霾污染现有态势，此为居民的被动浅层次认知；居民层面具体的 PM2.5 排放源以及具有可操作性的居民 PM2.5 减排途径，此为居民的主动深层次认知。前者是雾霾治理初期宣传和关注的主要内容；后者更应是现今雾霾治理攻坚阶段的主要内容和着力点。如明确告知居民其日常消费活动也是重要的城市 PM2.5 排放源之一；通过居民自身的行为，如增加绿色交通出行、减少燃煤取暖时间段或期间选择合适的处置方式、减少燃放烟花爆竹等都可以减少 PM2.5 的排放。

第二，强化对居民 PM2.5 减排行为的正面评价与引导，发挥正向口碑相传的传播效用。第九章模拟结果显示，正面口碑相传的社会规范力量可强化居民的减排意愿和行为。在宣传与报道中，除了对居民的 PM2.5 行为进行处罚等负向激励规定外，更要将主要关注点置于对居民积极参与的 PM2.5 减排行为的正向激励。让普通居民认识到：日常的减排行为确实有助于雾霾治理，自己作为蓝天保卫战的践行者也在为雾霾治理而努力，强化其成就感和参与感。日益增强的个人荣誉感与主人翁精神，将有助于激发居民参与减排行为的主动性，主动地思考、探索参与减排行为的途径和方法，称为雾霾攻坚战的主力军之一。

第三，加强宣传手段的多样化与组合使用，以确保受众的全覆盖、居民的全员参与及宣传效果的最优。当然，所有涉及的宣传都有此要求。主要手段包括了现代媒体和传统媒体。现代媒体包括网络、QQ 和微信等社交平台；传统媒体包括电视、报纸、社区宣传等。

2. 提升居民 PM2.5 减排的社会规范

我国有着悠久历史文化传统，集体观和从众思想绵延至今。众口铄金的道理已成潜移默化态势，舆论的压力成为一种无形但强有力的督促。第六章和第九章研究证实，社会规范的压力对居民 PM2.5 减排行为会有促进作用。具体来讲，社会规范包含主观规范和描述性规范两层内涵。然而，调查结果显示，PM2.5 减排社会规范的现状并不容乐观，急需改善，尤其描述性规范仍存很大提升空间。

第一，继续强化政府对雾霾治理和居民 PM2.5 减排的规定和呼吁，提升官方组织的主观规范力量；但政府相关举措需有步骤地展开，除了常规呼吁之外，更要注重实施操作性强的举措，并给予公开。政府是 PM2.5 减排的重要领导者与参与者，现有"呼吁"式主观规范带来的居民层面 PM2.5 减排成效并不乐观。操作性强的举措以及居民看得见的成效的出现，必能更加提升政府对居民的社会规范力度。比如，为了增加绿色交通出行，积极制定"最后一公里"的跟进措施，如完善"共享单车"的运行机制，提供便利；为了增加消费者新能源汽车的购买，充电桩配套设施也应随之跟进，减少其后顾之忧，PM2.5 减排的成效必会明显。

第二，重视显著人群环保活动的榜样示范力量。有意识地挖掘显著人群或公众人物努力参与减排行为的事迹，塑造正面榜样和标杆形象并给予大力宣传，激发普通居民向榜样学习的热情。显著人群既可以是社会各界的精英人物，也可以是工作和学习中的领导和师长，家庭内的父母亲人。现在 PM2.5 减排的压力主要来自主观规范，即政府部门对公众提出减排的期望与要求，这种压力的影响有限。反而，描述性规范的压力却是缺失的。但实践中，对于居民 PM2.5 减排等个人亲环境行为来说，居民更倾向于相信或跟随周围显著人群的实际行为。身体力行的说服力更让居民群体信服和愿意追随，"追星"与"从众"的心理会让这种榜样的力量发扬光大。因此，现阶段要加大功夫提升"显著人群"的榜样力量。比如，针对企业和政府部门领导群体明确提出加强减排行为日常规范的要求；邀请环保专家、学者、师长们展示日常减排行为；也可在富有影响力的综艺节目设计公众人物或明星展示减排环保行为环节，如撒贝宁在《了不起的挑战》节目展示悬崖高空清理垃圾，呼吁"拜托各位不要再乱扔垃圾了"。《奔跑吧，兄弟》《极限挑战》和《快乐大本营》也纷纷制定关于垃圾分类回收的专题节目。

第三，强化企业 PM2.5 减排义务并督促其严格执行 PM2.5 减排任务。在某种程度上来说，企业也是居民关注的"榜样"的一部分。居民会抱怨在 PM2.5 减排中存在不公平，他们往往认为企业是主要的雾霾污染源，居民污染相对于企业排放是微乎其微，但反观企业并未为雾霾治理付出足够的努力，至少远远不能弥补其对社会带来的负面后果。这种不公平感也会阻碍居民主动参与 PM2.5 减排。故在打赢雾霾保卫战和生态文明建设全面实施的现阶段，企业的减排义务应被国家重视且明确，更重要的是督促其严格执行，加入淘汰机制，塑造一批典型节能环保企业。

3. 坚持法治，强化"德治"力量，追求"德治"和"法治"的大力结合

前述态度、社会规范等措施都是基于个体的理性思考视角，万事有章可循，可视为"法治"；另外，PM2.5 减排行为具备亲环境行为的利他性和外部性，基于感性思考的良好道德规范的培养和塑造效果凸显，在此可被视为"德治"。调查中发现，相对于很高的环境关注来说，道德规范作为高层次产物，仍有很大的提升空间。

第一，着力塑造和培养居民的环境道德规范，制定"德治"养成培养计划。"德治"在 PM2.5 减排等亲环境行为中至关重要，有时甚至迸发出难以估量的效果，第六章结果显示感性相对于理性对居民的减排影响更胜一筹。迄今为止，其潜能并未被充分挖掘。因此，国家管理部门协同教育部门，要从上到下加大"道德规范"培养的意识，逐步展开道德规范培养举措，努力激发道德规范在减排行为等个人亲环境行为中的潜能。随着居民生活水平和环境诉求的提高，居民的道德规范培养也处于关键阶段，让环保道德规范成为一种风气，一种潮流。

第二，强化居民雾霾环境后果认知，提升道德规范。根据道德规范激活理论（Schwartz，1977），道德规范源于环境后果与环境责任感，因此应双双提升居民对 PM2.5 污染后果感知与参与 PM2.5 减排行为的责任感。首先，对环境后果来说，十面"霾"伏是雾霾污染的最直观感知，每个居民都置身其中。借助各种宣传媒介和宣传渠道对雾霾及其后果大力宣传，甚至形成铺天盖地之势，可强化居民的环境关注，进而培养道德规范。比如专业的政府官方网站、普及度较高的社区宣传栏和电视公益广告等；然后，深入的环境感知应逐步加入，如雾霾颗粒对人体的深层危害，对胎儿的潜在影响，对农业生产的潜在和间接影响，细思极恐，引人深思，强化持久道德规范的产生。

第三，激发居民 PM2.5 减排环境责任感，提升道德规范。个体对环境后果的关注，会在很大程度上激发居民参与亲环境行为的环境责任感。但对于居民 PM2.5 排放，相当一部分居民从心底并不完全认同。他们依旧固执地认为，企业是 PM2.5 污染的主要排放源，政府是管理者，因此，

PM2.5 减排是企业的事，是政府的事。故今后的宣传重点应落实到重塑居民参与雾霾治理的责任感和主人翁精神上，公布 PM2.5 源排放清单，用科普知识和专家研究告知居民"个人的诸多日常消费行为都是 PM2.5 排放的源头"这一事实，居民 PM2.5 减排人人有责，进而增加居民对于参与 PM2.5 减排行为的责任感。

4. 构建正确环境价值观养成长远计划

价值观是道德规范的最远端的影响变量，虽然其对 PM2.5 减排行为的影响是间接的，但却是源于个体内心最深处，可以认为是个体行为产生的起点所在，对于居民雾霾治理和未来生态文明建设的长远意义重大。具体包含生态价值观、利他价值观和利己价值观三种，其中，居民的生态价值观对居民 PM2.5 减排环境行为影响更加显著，尤其需要关注。

第一，生态价值观，从近期来看，有助于我国当前雾霾攻坚战；从长远来看，对于我国生态文明建设实施同样意义重大。价值观的培养，我国政府要着眼于近期，更要立足于长远角度搭建生态价值观的养成计划。毕竟价值观的养成和改变是一个长期的、循序渐进的过程，这可能是近十年甚至近百年的长远蓝图，是前人栽树后人乘凉，但对于我国环境改善，对于资源可持续发展却是子孙万代受益。

第二，合理发挥三类价值观的功能。对居民的生态价值观继续强化，利己价值观要适当引导，同时探索利他价值观对环保的协同效应。生态价值观往往对 PM2.5 减排行为有促进作用，利己价值观则更多基于个人物质利益考量，会与环境保护初衷相悖。应鼓励居民在个人利益与国家利益发生冲突的时候考虑大局；利他价值观基于他人或社会利益考量，与生态价值观异曲同工，本质相同，积极搭建二者桥梁，共同助力雾霾治理。

第三，探索各类环境教育途径助力价值观养成。同道德规范培养类似，价值观是更深层次的内心驱动。根深蒂固的系统教育，潜移默化的价值熏陶有利于形成亲环境的生态价值观。建议共同开发各类教育途径，包括：系统的学校环境教育、家庭环境教育；以传统媒介为平台的报纸、书籍、社区宣传和以现代媒介为手段的专业网站、QQ 和微信等社交平台。

四　强化环境教育力度，全方位增强居民减排认知

环境教育对个人亲环境行为的作用逐渐受到重视。第六章和第八章结论也证实环境教育可以间接促进居民 PM2.5 减排行为。另外，环境教育内涵是一个全面的教育，除了直接提升环境知识，也可以全方位加强个体的减排态度、道德规范和生态价值观等的培养。我国雾霾治理和个人 PM2.5 减排的环境教育相对不足，且当前通识性环境教育又普遍存在"假大空"问题，环境教育的具体功能急需挖掘。

第一，重视学校和家庭双重环境教育的主渠道，并适当拓展社区、网络等渠道。首先，学校环境教育是主体。由教育部牵头合理规划学校环境教育体系，建议从小学到大学、研究生阶段都选择增设环境管理通识课程，以及适度的专题环境课程。我国学校教育相对系统化，从小学到大学是一个连贯的系统的教育过程，期间环境教育贯穿其中，知识储备会更加扎实，达到根深蒂固的效果。且同学间、师生间及学校的整体氛围，都有助于学生认同并接受环境教育理念。系统的环境教育对于亲环境价值观和道德规范养成至关重要，且可能相伴终生；其次，家庭环境教育是重要的途径。父母是孩子的领路人，在环境保护中的言传身教会潜移默化地影响孩子的环境道德规范，反过来，通过子女对父母、家人的环境道德规范进行影响也是一个事半功倍的途径。因为在中国家庭中，心怀舐犊之情的父母对孩子提出的建议会尽量采纳和满足；最后，社区和网络渠道的环境教育也应拓展。社区是居民的集中居住和生活区域，社区居民委员会或物业管理部门可设置雾霾知识宣传栏，详细告知 PM2.5 减排途径；网络平台是当今中国居民与外界接触的重要渠道，微信、QQ 等雾霾环境知识推送也是一个便捷且有效的环境教育渠道。

第二，加大学校环境教育力度，合理配置环境教育课程。首先，系统设置大学环境课程，做到显性课程和隐性课程有效结合。国际环境教育和中国 21 世纪议程明确要求：资源与环境类课程应纳入各高校的教学计划，即显性课程。故对于非环境类专业，应根据专业特点，选择开设《环境保护概论》《资源与环境》或《环境科学基础》等课程。另外，隐性课程不是正式的课堂教学，但可以潜移默化地引导学生的价值观、环境意识、道德规范和环境知识，潜在价值同样不可小觑。比如借助环境

保护日等开展"环保演讲、环保征文"等主题教育，同时，时时大力营造校园文化、文化墙宣传、教学楼布置、学风班风建设，以辅助实施环境教育。其次，强化环保实践课程的规划。课程设置是知识课程，侧重环保理论的学习。环境教育离不开实践检验和熏陶，从实践中积累经验，进而从经验中提升理论。故大学还应考虑将社会实践活动纳入大学教育体系，组织学生定时参与政府部门、环保企业和文明社区的环保实践活动。加入实例和现场教学，充分利用"暑期三下乡"活动带领大学生关注和感受生活中的环境污染和环境保护。

第三，借助环境教育直接提升 PM2.5 减排相关环境知识，进而增强其对减排行为的感知有用性和感知易用性。环境教育最直接的结果就是居民环境知识的增强。环境知识包括雾霾后果知识、减排途径知识以及环境保护通识。环境后果知识是对雾霾的初级认识，居民的主动了解意愿较高，在雾霾治理初期要借助各种媒体大量宣传，争取最大限度普及；PM2.5 减排途径知识是针对居民雾霾治理的专门知识，实践性强，居民更多为被动了解，所以，要借助电视、网络、社区等媒介加大对居民的主动推送力度，采取措施吸引居民关注和了解；环境保护通识是包括雾霾治理在内的环境知识的普及，可提高居民的综合环境素养，对此，面对生态文明建设长远构思，我国环境保护宣传也应持续推进。

第四，借助环境教育间接培养态度、环境后果认知、环境责任感、道德规范和价值观等，环境教育的内容涵盖度力争全面。环境教育内涵丰富，教育部门要将主要教育内容根据不同教育阶段逐步推动，借助不同的环境教育环节和形式有重点地实现个体态度、价值观等的教育提升，最终全面提高居民的态度、环境知识等理性心理类相关因素以及世界观、价值观和道德规范等感性心理类因素。这更是环境教育的根本价值所在，意义重大，潜力无限。

五　健全资源保障，提升居民行为控制能力

感知行为控制是亲环境行为能否得以实现的边界条件，其本质是衡量 PM2.5 减排行为发生的资源保障和外部控制条件。第六章结论显示，居民的感知行为控制能力对其减排意愿和行为有直接或间接的影响。描

述性分析也显示，居民对于 PM2.5 减排的感知行为控制并不容乐观。为了鼓励居民真正地参与 PM2.5 减排行为，对感知行为控制的改善是迫在眉睫，也是重中之重。我国的居民 PM2.5 减排行为是一个复合行为，包含积极参与公共交通出行，购买新能源汽车，调整冬季取暖方式，减少露天烧烤、燃放烟花爆竹和室内吸烟等几个居民日常消费行为，且各个行为间差异较大。对各个居民 PM2.5 减排行为进行针对性分析，分别为之提供切实可行的支持条件与资源是关键。对居民来说，这是实实在在的、看得见、摸得着的支持。管理部门只要坚守 PM2.5 减排目标，提供可行措施，广大居民也会乐意配合。故管理部门应结合各地实际情况，探索和提供基于各个行为的精准支持。

1. 对于交通 PM2.5 减排

绿色出行是交通减排的根本和出路。对此，需做到以下几点：第一，大力发展公交出行，建设足够且合理的公共交通设施，如公交车、地铁及其他轨道交通等，以满足巨大的居民出行需求（Nordfjærn 等，2014；Norman 和 Conner，2006）。第二，配套设施的建设、科学的运行线路以及时间管理也需跟进，比如做到各车站加设电子线路牌全覆盖，向等车人实时预报公交车运行现况；实现公交车加装空调的全覆盖，以减少公共交通的拥挤感，增加居民绿色出行的舒适感。第三，解决好"最后一公里"问题至关重要，可充分利用共享单车。同时，与共享单车运营商加强联合，改善共享单车的日常管理。第四，改善步行和骑车环境，短距离鼓励居民步行或骑车出行。

鼓励居民购买新能源汽车代替传统燃油汽车。对此，需做到以下几点：第一，继续丰富与完善新能源汽车补贴措施，推进公众领域新能源汽车购买。价格补贴有效降低消费者购买的经济压力限制，出行不受单双号限制给予消费者更多出行自由，设置专门停车区域提供更多停车便利。第二，加大研发力度与研发投入确保新能源汽车的高质量，解决充电电池续航能力这一关键技术，同时健全充电桩等配套设施，真正解决居民对新能源汽车购买的后顾之忧。[1]

---

① Sang, Y. N., Bekhet, H. A., "Modelling Electric Vehicle Usage Intentions: an Empirical Study in Malaysia", *Journal of Cleaner Production*, Vol. 92, 2015, pp. 75 – 83.

2. 对于冬季取暖

冬季燃煤取暖是北方地区雾霾污染的主力。国家继续加大资金投入与合理规划实施对新建区域集中供暖，对老旧小区改造燃煤锅炉；长远来看，目标在于用新能源代替燃煤，但对居民来说，国家要在改造、定价等环节视实际情况出台让广大居民能够接受的定价政策，并对低收入群体给予适度扶持，如调整阶梯气价和阶梯电价的低端价格和用量。

助力调整空调制冷制热使用方式。南北方居民在冬季和夏季都涉及空调使用，受众面更广，时间更长，国家应给予重视。第一，国家可给予适当补贴，鼓励空调制造商加大研发投入，提供节能空调产品。第二，面对居民，探索监督或提醒居民调整空调日常使用习惯的方法，鼓励适度使用空调，确保夏天温度设置不低于 24 摄氏度，冬天不高于 20 摄氏度。

3. 对于厨房餐饮

减少烹饪油烟是厨房餐饮最主要的目标。第一，加大厨房家电价格补贴，鼓励更多家庭购买相关设施（如高效净化型家用吸油烟机），最大程度上减少厨房 PM2.5 颗粒物的排放，减少室内雾霾污染。第二，采取加大技术研发补贴等措施，鼓励企业积极投入家电节能设施研发与销售，从源头减排。第三，烧烤是部分居民偏爱的食品，除对露天烧烤加以规制外，可从烧烤经营者源头入手，强制要求其增加排油烟设备，并为室内烧烤提供便利的经营条件。第四，长远来看，着力宣传和引导居民形成科学和健康的饮食习惯，减少烧烤类不健康食品的消费潮流。

4. 对于燃放烟花爆竹

短期内，在重雾霾天气可考虑制定空气污染防治应急预案，包括禁燃烟花爆竹。但长期来讲，以及中国居民风俗习惯的传承，相关部门要采取疏导、管理的态度，不能简单地一"禁"了之。第一，相关部门可集中精力制定严格的烟花爆竹质量管理体系，界定烟花爆竹烟尘的多少、爆竹的药量，从技术水平上减少烟花爆竹的污染。第二，增加宣传力度，在长期内全方位倡导公众改变消费习惯，引导居民逐步践行绿色、低碳、环保的消费方式度过传统节日。

5. 对于室内吸烟

室内吸烟主要在于密闭空间 PM2.5 颗粒的高密度聚集，因此，可探索以下做法。第一，在立法上给予积极保障，借鉴北京、上海等地的经验，在全国范围内实施"室内公共环境全面禁烟的控烟条例"。第二，对于私人领域的控烟条例可逐渐给予关注，现阶段全方位的教育引导仍是可行的主要手段。第三，配套的跟进措施要逐步加强，比如设置专门的吸烟区域，并结合吸烟危害加强宣讲以引导居民养成不吸烟或减少吸烟习惯。

六　完善外部政策因素，发挥政策干预力量

模拟分析结果显示，三类外部政策对居民 PM2.5 减排行为都有不同程度的显著促进作用。结果也显示，三类政策情境变量相对不容乐观，仍有很大提升空间。事实上，这与我国现有居民层面 PM2.5 减排政策不足的现状相吻合。现阶段，雾霾治理依旧任重道远，居民 PM2.5 减排政策是雾霾治理体系的重要组成部分，也是居民减排行为得以履行的重要保障。故应探索和充分发挥命令控制型、教育引导型和经济激励型三类政策的引领和督促作用。

1. 完善命令控制型政策

命令控制型政策的特点就是见效快，对于政府强制型命令不管居民乐意与否都要求必须遵守，在短期内就可初见成效。当前，雾霾治理迫在眉睫，由于 PM2.5 减排行为的利他和公共物品特征，命令控制型政策在雾霾治理中必不可少，且须贯穿始终。模拟结果也证实命令控制型政策效果很好。针对居民 PM2.5 减排行为，可重点基于以下考虑：

第一，在雾霾严重时段，坚持私家车"限行""限号"条例，减少不必要的车辆出行与道路在存车辆，直接减少交通 PM2.5 排放。

第二，执行"减少私家车出行总量"的禁令，借鉴其他国家做法，对传统燃油汽车每月出行天数进行强制要求，建议以 20 天为限，当然可承诺允许居民自由选择具体出行时间。

第三，明确规定车用汽油添加高品质燃油，逐步扩展到新能源的使用。

第四，确定绿色出行的战略地位，公交先行，为共享单车、滴滴、顺风车等有效运行提供政策保障。

第五，在雾霾严重时段，城市尤其是中心区域禁止露天烧烤。

第六，在雾霾严重时段，城市尤其是中心区域禁止燃放烟花爆竹。

第七，参考《北京市控制吸烟条例》，明确规定室内全面禁烟。

2. 积极拓展经济激励型政策

经济激励型政策的特点是见效快，但持久性差。围绕雾霾治理特定目标，借助经济刺激可快速吸引居民加入减排行为，短期内迅速达到降低 PM2.5 排放的目的。但模拟分析结果显示，长期来看，经济激励型政策是一个需谨慎对待的变量，其经济刺激效果并不稳定，甚至效果最低；另外，经济激励型政策的实施应注意分群体区别对待，其对低意愿居民群体的促进效果优于高意愿的居民。实践中，补贴、奖惩等经济激励措施或手段也要视不同行为而定。比如：

第一，对居民 PM2.5 减排行为及相关支持行为进行补贴。比如，对新能源汽车购买、厨房高效净化型吸油烟机等 PM2.5 减排家用设备进行必要的补贴；对滴滴、顺风车、拼车等绿色出行方式实施补贴，减少私家车出行；对于骑车或步行上班行为进行补贴。

第二，针对居民 PM2.5 减排行为设置专门的政府奖励。这些奖励包括精神表扬方面的奖励，如可在全国范围内评选年度"环保贡献奖"；也可给予一定程度的金钱奖励，如政府财政收入可划拨专项经费，设置"政府 PM2.5 减排基金"奖励和促进居民减排行为；还可采用返还环保积分等形式，用于再次购买 PM2.5 减排产品，起到正向激励的作用。

第三，鼓励居民对生活中的 PM2.5 污染行为进行举报，并设置"有奖举报"奖励。"有奖举报"是对公众的认可，也是政府授予的一种监督职能。公众的力量最强大，天网恢恢，疏而不漏，又与己息息相关，可积极发挥公众对 PM2.5 减排的监督职能。

第四，为 PM2.5 减排提供便利条件来变相奖励居民的 PM2.5 减排行为。比如，对于购买新能源汽车开展"直接上牌""不限号"、停车费用减免和停车场地优先等措施；延长对厨房通风设备的售后服务年限。

第五，对 PM2.5 减排行为不作为者进行惩罚规制，可以增加税收或罚款的形式进行。对传统大排量燃油汽车的购买者增收"雾霾处置税费"、增收公共区域停车费以及高速路来往行驶费。对未安装通风设备的餐饮业以及烧烤店增加"雾霾处置费"，对屡教不改者直接处以若干倍罚款，加大经济处罚力度。

第六，改革税收政策体系，细化能源税类别。针对私家车购买量大幅增加，对汽车实施传统的购置税外，借鉴国外经验加入"保有税"和"使用税"。同时，调整汽车税率和征税范围，通过税收优惠鼓励小排量汽车和新能源汽车。

3. 重视并从长远视角构建教育引导型政策

教育引导型政策与其他政策相比，虽然见效慢，但从长期来看其效果最稳定。因为通过教育引导过程，改变的是居民内心最深处的感观与对 PM2.5 减排行为的深深认同。所以，长期来看，教育引导型政策是雾霾治理政策体系的重要构成，且需立足长远，积极探索。

第一，教育部门牵头系统设置各级学校的环境教育课程体系，在中小学教育，乃至大学教育中增设"环境保护"类普识课程和环保专题报告（如雾霾治理和 PM2.5 减排）。从小开始且长期培养孩子的环保理念和生态价值观，使其根深蒂固，并反过来对父母家人的环保行为进行正面反哺影响。

第二，生态环保局/厅牵头积极组织针对政府工作部门到居民群体的多种生态环境宣传活动，塑造全员 PM2.5 减排氛围。比如，组织政府工作人员的"环保系统理想信念、素质提升专题教育培训"、组建生态环境保护志愿服务队伍、开展生态文明宣传进"青年之家、城乡社区、市民、学校"活动、组织绿色发展方式和绿色生活方式"双绿"典型案例征集、在地方卫视开办"生态环境大讲堂"节目、组织中小学生"我为 PM2.5 减排做贡献"环保征文比赛。

第三，加大 PM2.5 减排的多渠道宣传，针对不同的居民受众选择不同的媒介方式。电视、报纸等传统媒体易于被老年居民接受，电脑、微信和 QQ 等网络平台易于被青年群体接受，社区广告栏宣传、路边广告栏宣传也是有益的宣传渠道，开展"PM2.5 减排社区"等公益活动。

第四，宣传的内容立足于雾霾污染，更要着眼于居民 PM2.5 如何减排，更新并加大对《公众防护 PM2.5 宣传手册》的学习和宣传。现有宣传中雾霾污染现状、后果居民都有所了解，但与己相关的具体的 PM2.5 排放行为有哪些？如何做才能身体力行为 PM2.5 的减排出一份力？更是宣传的重点。

第五，着重对居民的 PM2.5 减排行为进行正面宣传，树立主人翁精神。让普通居民认识到：自身的日常消费行为调整对雾霾治理确实有效，自己作为社会的一员也在为雾霾改善做贡献，我们都是环保的践行者。

第六，某些因传统习惯而难以调整的 PM2.5 排放行为，更要借助教育引导手段，使其在潜移默化中实现缓慢改变，比如节假日的燃放烟花爆竹、日常露天烧烤和室内吸烟等。

4. 注意政策组合策略的运用

三类外部政策彼此有各自的特点和侧重点，各类政策的组合使用是雾霾污染治理的必然选择；第九章模拟结果显示，政策组合策略可大幅促进居民减排行为，但组合效果会有差异，政策制定者要尝试寻找最佳的政策组合。如居民交通 PM2.5 减排行为，具备污染大、减排任务重的特点，命令控制型、经济激励型以及教育引导型政策要三管齐下；对于燃放烟花爆竹、室内吸烟等行为，因为都是历史文化或日常习惯长期积累的结果，建议采取命令控制型和教育引导型双重政策，既要严词拒绝，又要循循善诱，逐步引导。

5. 针对居民行为结果感知，加强政策反馈机制

当前雾霾治理政策更倾向于单向信息传播，国家相关部门制定政策，居民按政策要求执行。居民的行为结果感知可反过来进一步影响其减排意愿。我国居民 PM2.5 减排政策体系正处于完善阶段，有效利用居民的行为参与和政策感知，及时收集居民反馈信息，对后续政策制定提供参考。居民 PM2.5 减排针对居民展开，结合居民自身的反馈，适时调整管理措施的具体实施情况，必能提高减排政策的适用性。比如，有效利用"12369 网络举报平台""市长信箱"和"居民雾霾治理热线"等，建议相关部门对居民反馈热情答复，并认真归类总结，提供解决方案。

七　探索基于社会人口统计因素的群体细分政策

社会人口统计因素对个人亲环境行为会施加影响，尽管效果并不一致。第五章和第七章结果显示，不同性别、年龄、受教育程度、工作单位性质等居民群体在 PM2.5 减排意愿和行为上会呈现出差异性。因此，尝试依据社会人口特征进行居民群体细分，针对性采取差异性措施引导不同细分人群的减排行为。

第一，继续普及全民环境教育，但注意强化硕士及博士生在校教育，

针对性加强硕士以上人群的生态文明教育，尤其是与雾霾治理和居民减排行为相关的环境教育。

第二，鉴于当前居民的平均支付意愿普遍偏低现状，相关部门需通过榜样示范、集中组织教育等力量加大对高收入居民群体的减排行为参与和支付费用投入热情。

第三，相对于学生群体，其他居民群体支付意愿普遍偏低。广泛借鉴学校环境教育的经验，借助社区、电视、网络以及专业网站等多种媒介渠道加强其他工作单位性质群体的 PM2.5 减排教育，提升其减排行为参与意愿。

第十一章

结论与展望

第一节　主要研究结论

雾霾污染是亟待解决的重要大气污染问题。对城市区域来说，居民PM2.5排放是雾霾污染的重要来源。剖析我国城市居民PM2.5减排行为的影响因素，进而鼓励与引导居民的PM2.5减排行为使之更加亲环境，是当前城市雾霾治理和建设美丽中国的重要手段。本书以京津冀、长三角和成渝三大雾霾严重区域的城市居民为调研对象，基于不同视角建立若干居民PM2.5减排行为模型，剖析心理类因素、行为控制类因素、外部政策因素和社会人口统计因素等对我国居民PM2.5减排行为的影响及深层影响机制，为居民PM2.5减排和打赢蓝天保卫战献计献策，得到以下主要结论。

1. 关于PM2.5减排政策梳理与分析的结论

第一，对2010—2019年的96份政策进行文本分析发现，我国包括雾霾治理在内的大气污染治理政策体系逐步搭建并稳步推进，雾霾治理政策体系粗具雏形。从政策发文时间来看，2013—2014年和2017—2018年的两个时间段政策发布密集，与我国雾霾污染现状以及国家生态文明战略思想整体布局相吻合。从政策分布区域上看，国家和三大雾霾严重区域发文量都大致相当，相对均衡。

第二，但基于政策工具分析框架发现，当前法律构架尚不足以为彻底治理雾霾污染提供强有力的支持与保障，主要表现在：当前PM2.5减排相关法律更重在规制燃煤、移动源、建筑扬尘等工业企业，忽视居民层面日常消费活动的PM2.5减排；除了通用的涵盖各种类型的大气污染治理政策，直接以"雾霾治理或 PM2.5 减排"为规制对象的雾霾治理专门政策屈指可数；雾霾治理初期，起指引方向作用的实体政策为主，但随着雾霾治理的深入，起提供具体方案作用的程序政策捉襟见肘；在"金字塔"式锥形政策框架结构中，基层的法律法规显得并不充足，尤其是各省（直辖市）的生态厅（局）、发改委等机构发布的 RX 等级法规表现最为突出。

第三，进一步对居民层面相关 PM2.5 减排政策进行扎根理论分析。通过对 46 份政策文本进行开放式编码、主轴编码和选择性编码发现，居民 PM2.5 减排政策可初步提炼为禁令、便利型优惠措施、媒体宣传渠道等 12 个副范畴，并最终确定为命令控制型、经济激励型和教育引导型三类主范畴，且初步探索了三类政策对居民 PM2.5 减排行为的影响机制，即居民 PM2.5 减排政策作为外部政策情境因素对居民的 PM2.5 减排行为有促进作用，与态度—行为—情境理论相呼应。

2. 关于三大区域雾霾现状及居民感知的空间差异分析结论

我国幅员辽阔，由于地理位置、经济、文化等众多原因，不同区域的经济发展水平存在着差异，故着重对京津冀、长三角、成渝三大雾霾严重区域的经济社会发展统计指标与居民感知调查指标的空间差异进行分析。结果发现：

第一，特定区域或特定城市的雾霾污染程度和当地的人口规模、经济发展、交通、城镇化程度、产业结构和能源结构调整呈现出一致的关系。

三个区域横向对比发现：京津冀区域三个省市的雾霾污染状况明显高于长三角和成渝区域城市；京津冀和长三角区域的北京、天津和上海以及南京人口密度远远高于其他城市；京津冀和长三角区域的北京、上海、南京和杭州的城镇人均 GDP 和人均可支配收入均远远高于其他城市；京津冀和成渝区域的北京、成都和重庆的私家车拥有量远远大于其他区域城市，上海也较多。另外，北京和成都的公路里程数也最为突出；北京、天津、上海和南京四大历史悠久城市城镇化程度最高；仍受限于传统经济发展原因，石家庄、天津、合肥、成都和重庆的第二产业比重较其他城市偏大。天津、上海和重庆三个直辖市的能源消耗强度也较多。总之，人口规模越大，经济发展水平越高，交通越发达，城镇化程度越高，第二产业结构比重越大，能源消耗强度越大的区域，雾霾污染程度也往往越高。京津冀和长三角地区的人口规模、经济发展水平、交通和城镇化程度都较高，第二产业比重和能源消耗强度也普遍较大。成渝区域的交通、产业结构和能源消耗强度相对较高。

北京、合肥和成都三个代表性城市纵向对比发现：2013—2017 年，北京、合肥和成都的人口规模都呈增长趋势，生活水平也都稳步增长；交通也都呈现增长态势；城镇化程度也都在提高；产业结构和能源消耗强度都得到改善，第二产业比重稳步下调，能源消耗强度也有所下降；当然，三个城市的 PM2.5 浓度和空气质量不达标天数也在相应减少。

第二，居民 PM2.5 减排意愿和实际行为空间差异结果显示：综合对比居民的 PM2.5 减排行为和意愿结果，发现京津冀地区城市居民的 PM2.5 减排实际行为和意愿都明显高于成渝和长三角地区，且相对于意愿来说，居民的实际行为差距更大。这意味着在当前环境教育下，三大区域居民均形成了较为乐观的减排意愿，但由于外部条件等因素的影响，居民的实际行为落实上有较大差距，京津冀地区明显更胜一筹。当然，成渝和长三角地区居民的减排行为和意愿二者均相差不大。

对五大类 PM2.5 减排行为分析显示，京津冀地区相对于成渝和长三角地区居民都表现出明显更好的参与积极性和参与热情。这主要是因为京津冀地区雾霾更为严重，居民对雾霾的自身感知更强，参与意愿也更强烈。但对减少室内吸烟行为来说，相对于其他行为结果有较大区别。三大区域居民对室内吸烟的感知均值几乎相等。这主要是因为，居民对室内吸烟带来的室内 PM2.5 污染的认识度不够，事实上，我国政策和管理层面也未对室内吸烟带来的雾霾危害给予重视，其研究更多停留在学术探讨层面。

居民 PM2.5 减排行为的心理影响因素空间差异结果显示：三大区域居民的生态价值观、社会规范和道德规范等心理因素在三大区域间表现出显著的差异性，此三类心理因素在京津冀地区相对于成渝和长三角地区表现出更高的水平。这意味着京津冀地区为了改善雾霾污染，对于居民的环境教育，价值观、社会规范和道德规范培养取得了很好的成效。但环境信念、态度和感知行为控制等心理因素在三大区域间的差异性并不显著。此时，除了态度以外，居民的环境信念和感知行为控制在三大区域间都显示出较低的水平。这意味着三大区域都应加强环境信念和感知行为控制的提升。

基于社会人口统计变量的 PM2.5 减排行为差异分析，结果发现：不论是男性还是女性，京津冀地区居民的 PM2.5 减排意愿都高于成渝和长三角地区。对三个区域来说，女性城市居民的减排意愿都明显高于男性居民；对于青年群体和老年群体，长三角地区城市居民 PM2.5 减排意愿最高。对于努力奋斗的年轻群体，京津冀地区居民减排意愿最高；在各受教育水平上，京津冀地区居民的 PM2.5 减排意愿都要高于其他两个地区，不过三个区域普遍表现出随着受教育程度的提高，居民的减排意愿也显著提升；在不同月收入水平上，京津冀地区居民的 PM2.5 减排意愿都要高于其他两个地区，且尽管稍有差异，但三个区域基本上符合随着月收入增高居民的减排意愿也增高的趋势；对于有 12 岁以下儿童或与 60 岁以上老人同住的家庭，居民的 PM2.5 减排意愿往往会更高，且京津冀地区居民表现出最高的减排意愿；在不同的工作单位性质上，京津冀地区居民的 PM2.5 减排意愿都要高于其他两个地区。对京津冀地区在企事业单位和商业企业单位工作的居民表现出更高的减排意愿，成渝地区不同工作单位性质的居民减排意愿差异不大，长三角地区企事业单位工作的居民减排意愿明显高于其他居民。

3. 关于城市居民 PM2.5 减排行为影响因素研究结论

本书基于 TPB、VBN、ABC 等亲环境行为理论，构建了城市居民 PM2.5 减排行为概念模型，并运用结构方程模型和分层回归分析，对居民 PM2.5 减排行为的影响因素及影响机制进行分析。结果发现：

第一，着重提出居民 PM2.5 减排行为概念，并基于 TPB、VBN 和 ABC 等亲环境行为理论建立城市居民 PM2.5 减排行为概念模型，且通过实证研究证实了模型在个人 PM2.5 减排行为研究中的适用性。城市居民的 PM2.5 减排行为影响因素涵盖了个体心理类、行为控制类、外部政策情境等，大部分变量通过 PM2.5 减排意愿作用于实际行为。

第二，环境态度、社会规范、感知行为控制、（生态、利己）价值观、环境关注、道德规范等个体心理特征变量都能直接或间接地影响居民的 PM2.5 减排意愿和行为，这些变量是理性和感性变量的组合，"德治"的力量不可小觑。除此之外，感知行为控制和三类政策情境变量作为内外部情境变量对居民 PM2.5 减排意愿到行为的转化有调节作用。

第三，对于感知行为控制的调节效应。无论居民的感知行为控制能力高还是低，都会始终促进居民 PM2.5 意愿向实际行为的转化。但当居民的感知行为控制能力处于高水平时，其减排意愿对减排行为的影响，相比低水平感知行为控制能力，反而稍弱一些。

第四，对于政策情境变量的调节效应。在一定程度上，三类政策情境变量对居民 PM2.5 减排意愿和减排行为的关系都有调节作用，经济激励型政策相对最弱；在调节效应的具体作用模式上，对任何类型的政策来说，当该政策处于高低不同的水平时，都是强化居民 PM2.5 减排意愿向 PM2.5 减排行为的转化；但对每个政策来说，处于高低不同的水平时，其影响强度有区别。

4. 关于不同居民 PM2.5 减排行为的影响因素差异分析结论

城市居民 PM2.5 减排行为是集合了若干个行为的复合概念，各个居民 PM2.5 减排行为的具体影响因素也不尽相同。在雾霾污染治理中，既要有全局观，统一行动，又要注意对不同行为区别对待。本书以公共交通出行和新能源汽车购买两种居民交通 PM2.5 减排行为为例，基于计划行为理论和规范激活理论建立居民交通 PM2.5 减排意愿模型，对不同居民 PM2.5 减排行为影响因素的差异性进行探索。结果发现：

第一，不同的居民交通 PM2.5 减排行为都会受到个体心理特征变量的显著影响，包括态度、社会规范等理性感知变量和道德规范等感性感知变量。其中，态度、社会规范、道德规范对两种 PM2.5 减排意愿的影响在不同的理论模型中都显著且稳定，且态度是唯一一个仅直接对行为意愿施加影响却不被 PBC 构成成分调节的变量。

第二，对于不同居民交通 PM2.5 减排行为来说，尤其要关注 PBC 变量的影响。PBC 变量作为其他影响因素发挥作用的边界条件，包含"自我效能"和"感知控制"两方面的内涵，分别或直接或间接地影响 PM2.5 减排行为的发生。但其处于不同的水平时，对不同的行为影响结果也会有所差异。

5. 关于双重环境教育对大学生 PM2.5 减排行为影响机制研究结论

鉴于大学生群体对于雾霾治理的特殊价值，以大学生 PM2.5 减排行为为研究对象，从学校和家庭双重环境教育视角出发，引入社会规范中间因素，通过结构方程模型深入剖析双重环境教育和社会规范对大学生PM2.5减排行为的影响机制，结果发现：

第一，鉴于雾霾治理的公共服务性质，基于规范激活理论建立的大学生PM2.5减排行为理论模型具有很好的适用性。

第二，基于双重环境教育的大学生PM2.5减排行为影响机制得到证实，包括两条主要作用路径："学校环境教育→环境后果＋环境责任感→大学生道德规范→减排意愿（行为）"和"家庭环境教育（父母主观规范＋父母描述性规范）→大学生主观规范→减排意愿（行为）"，为促进大学生PM2.5减排行为提供了理论指导。

第三，道德规范和主观规范均能显著促进大学生PM2.5减排意愿，道德规范可从心理内部激发大学生的环境责任感，主观规范是外部驱动力。道德规范的影响相对更强，但主观规范能在很大程度上促进道德规范。

第四，双重环境教育对于大学生PM2.5减排行为意义重大，二者影响路径有差异。学校环境教育作为教育的主体，能够系统地通过增加环境后果和环境责任感的认知，进而间接地增强大学生PM2.5减排行为。家庭环境教育以父母的主观规范和描述性规范两种形式对大学生自身的主观规范和减排行为施加影响，此言传身教和身体力行同样重要。

6. 关于政策因素对城市居民PM2.5减排行为的动态干预研究结论

政策因素是居民PM2.5减排行为的重要外部影响因素。借助ABMS技术基于Matlab仿真平台和人工神经网络，构建了城市居民PM2.5减排行为仿真模型，重点分析命令控制、经济激励和教育引导型三类政策对居民PM2.5减排行为的影响，并从长远角度判断其动态干预效果。结果发现：

第一，核心居民主体的PM2.5减排意愿受其周围居民的社会规范（交互效应）影响，并最终长期稳定在一个较高水平。

第二，在无政策激励情形下，外部政策激励作用缺失，居民Agent的PM2.5行为非常不容乐观。这意味着政府部门的政策干预对个人PM2.5减排是必要的。在政策最优情形下，居民Agent PM2.5减排行为均值显著增加，验证了三类政策情境因素确实对居民PM2.5减排行为有很好的促进作用。此结论与实证结果也相符。

第三，从长期来看，单个 PM2.5 减排政策都能促进 PM2.5 减排意愿向实际行为的转化。但各个政策对 PM2.5 减排行为的促进效果有所差异。其中，命令控制型政策相对来说效果最好，其次为教育引导型政策，经济激励型政策相对来说效果最差。

第四，政策组合对于 PM2.5 减排政策调控来说是一个有益的途径。模拟结果显示，设定的最优情形是三类政策的强强联合，对 PM2.5 减排行为的促进效果也毋庸置疑，其均值最高，效果最好。当政策两两组合时，相对于无政策状态，对 PM2.5 减排意愿向实际行为的转化都有明显的促进作用，但命令控制型和教育引导型政策组合以及命令控制型和经济激励型政策组合两种对 PM2.5 减排行为效果相对更好。

第二节　研究局限与展望

城市居民 PM2.5 减排行为属于一个较新的研究领域，尚处于摸索阶段。尽管本书借助实证研究和模拟分析进行了翔实的论述，力求科学严谨，但由于研究时间以及诸多因素的限制，仍存在着一些不足之处，未来的居民 PM2.5 减排行为还存在着很大的研究空间，需要在后续研究中加以充实与完善。

第一，心理影响因素和相关研究模型的进一步探索。基于社会心理学视角，挖掘亲环境行为的心理影响因素是重要的研究方向。本研究基于计划行为理论、规范激活理论和价值—信念—规范三大经典理论建立整合的居民 PM2.5 减排行为心理因素模型，分析和对比了理性和感性因素的不同效果与关键因素，并基于研究结论进一步探索了环境教育通过社会规范对减排行为的影响。但广为接受的亲环境行为理论模型还有很多，相关影响因素也往往会聚焦于不同的侧重点，比如负责任的环境行为模型等。居民 PM2.5 减排行为研究本身具有复杂性，居民心理变化也是错综复杂，后续研究可尝试基于其他理论进一步挖掘其他心理影响因素的功能。比如，价值观培养和环境教育、居民减排行为的具体关系。

第二，城市居民 PM2.5 减排行为属于复合行为，由若干个具体的居民日常消费行为构成。由于是对居民 PM2.5 减排行为的初步研究，以往可参考文献较少，因此本书重点对整合的居民 PM2.5 减排行为从共性的视角展开分析。事实上，除了共性特征外，各个行为彼此间存在差异；不同行为的影响因素，甚至影响机制都可能有所差别。由于精力所限，本书仅选取了"公共交通出行"和"新能源汽车购买"两种交通 PM2.5 减排行为作为代表进行了单独分析，试图从中摸索一二。在以后的研究中有必要针对不同行为结合区域特点进行逐一分析，如北方地区的燃煤取暖，成渝地区的露天烧烤。相对来说，这些行为区域性特点表现相对比较突出，居民减排的影响因素尤其不能一概而论。

第三，环境教育可大力提升居民的环境知识与生态价值观等，成为促进居民 PM2.5 减排行为的重要途径。考虑到大学生群体是未来生态文明建设的主力军，对于雾霾治理具有特殊价值，本书聚焦于大学生的 PM2.5 减排行为，通过问卷调研探索学校和家庭双重环境教育的影响机制，对普通居民同样有借鉴价值。再结合教育引导型政策的研究结论，环境教育的投入和环境知识的提升可能是居民行为转向亲环境方式的关键。故基于此研究结论，在后续研究中有必要尝试以普通居民为研究对象，寻求合适的调研方法，探索环境教育对普通居民减排行为的具体内涵与影响机制，从更加广泛的视角开发环境教育对包括 PM2.5 减排行为在内的个人亲环境行为的潜在价值。

第四，考虑到数据收集难度较大，本书采用的横向数据调研法，即所有的数据都是在同一时间获取。尽管这一静态数据收集方法得到国内外研究的认可，但受限于横剖性数据特点，不能进行纵向动态分析。在后续研究中，尝试对同一调查样本群体进行较长时间的追踪研究，从而获得一批更有说服力的纵向调研数据，以更为科学地揭示一定时间段内各个影响因素和居民 PM2.5 减排行为的关系。比如，雾霾污染现状的变化、新的 PM2.5 减排政策的实施对居民的 PM2.5 减排行为产生的影响。如此，对于居民减排行为影响因素的把握会更加精准。

第五，在模拟研究部分，仅针对外部政策因素展开基于 Agent 的 PM2.5 减排行为的仿真建模分析。实证研究认为居民的 PM2.5 减排意愿由诸多心理变量决定，而这些心理变量短期内相对稳定，因此，模拟中将居民的 PM2.5 减排意愿看作相对稳定的数值。事实上，影响居民意愿的各个心理变量是复杂的，影响机制也是复杂的，较长时间段内也会互相影响。因此，在后续研究中尝试从动态模拟的视角，对包括心理变量在内的主要影响因素基于人工神经网络对 PM2.5 减排行为进行综合模拟分析。

附　　录

附录1　雾霾背景下城市居民PM2.5 减排行为影响因素调查

尊敬的女士/先生：

您好！感谢您参与这次问卷调查，本问卷主要了解城市居民参与 PM2.5减排行为的意愿及影响因素。请根据您的理解填写题项，所有问 题仅为了解您对相关事项的看法，不存在对错之分，且采取匿名制。问 卷结果仅供学术研究使用，不会对您的工作产生影响，请放心填写。

背景信息：PM2.5（可入肺细颗粒物，动力学直径小于2.5微米）是 影响雾霾天气的首要污染颗粒物。对城市区域来说，个人因素是除企业 排放之外的重要PM2.5排放源。"市内交通、燃煤取暖、厨房餐饮（包 括露天烧烤）、燃放烟花爆竹、室内吸烟"等都是基于居民行为基础上的 PM2.5排放行为。清洁空气，需要你我的参与。

请您仔细阅读以下各部分问题，在相应的数字上打√即可。（1—5表 示不同的程度）

一、请您勾选对雾霾相关知识的了解情况？	完全不了解↔非常了解				
1. PM2.5是形成雾霾天气的首要污染颗粒物。	1	2	3	4	5
2. PM2.5严重危害人体健康，且会跨区域影响气候、经济及环境。	1	2	3	4	5
3. 我了解PM2.5的主要污染源，有交通、燃煤取暖、企业排放等。	1	2	3	4	5
4. 我了解日常生活中应如何应对雾霾天气。	1	2	3	4	5
5. 我了解普通居民如何做能减缓雾霾污染。	1	2	3	4	5

二、您对雾霾环境后果的看法?	完全不同意↔完全同意				
1. 我非常担心中国的雾霾大气污染状况，及它对我将来的影响。	1	2	3	4	5
2. 雾霾天气是人类严重滥用环境的结果。	1	2	3	4	5
3. 当人类干扰到大自然，它通常会产生灾难性的后果，如雾霾污染。	1	2	3	4	5
4. 为了生存，人类必须与大气环境和谐相处。	1	2	3	4	5

三、请根据您过去一个月时间里的实际行为进行选择。	从没做到↔经常做到				
1. 我经常选择乘坐公共交通来代替私家车出行。	1	2	3	4	5
2. 冬季燃煤取暖期间，我尽量做到关窗、关门来减少热损耗，以减缓燃煤取暖带来的雾霾污染。	1	2	3	4	5
3. 我减少了到外面吃烧烤的次数。	1	2	3	4	5
4. 逢年过节的时候，我会减少燃放烟花爆竹。	1	2	3	4	5
5. 我会减少在室内或其他封闭空间吸烟。	1	2	3	4	5

四、您是否同意以下列"名词"为关键词的说法?	完全不同意↔完全同意				
1. 我所拥有的"权力"能够表明我在生活中有多成功。	1	2	3	4	5
2. 我所拥有的"物质财富"能够表明我在生活中有多成功。	1	2	3	4	5
3. 我所拥有的"社会地位"能够表明我在生活中有多成功。	1	2	3	4	5
4. 我希望在日常行为中能维护"社会正义"。	1	2	3	4	5
5. 我希望在日常行为中能维护"他人利益"。	1	2	3	4	5
6. 我希望在日常行为中能维护"社会公平"。	1	2	3	4	5
7. 我希望在日常行为中能做到"保护环境"。	1	2	3	4	5
8. 我希望在日常行为中能做到"防止污染"。	1	2	3	4	5
9. 我希望在日常行为中能做到"与自然界和谐相处"。	1	2	3	4	5

五、面对雾霾天气，您对 PM2.5 减排行为持何种态度?	完全不同意↔完全同意				
1. 我觉得积极参与 PM2.5 减排行为对改善雾霾天气是有益的。	1	2	3	4	5
2. 我觉得通过参与 PM2.5 减排行为来改善雾霾天气是一个好主意。	1	2	3	4	5
3. 我觉得通过参与 PM2.5 减排行为来改善雾霾是令人愉快的事情。	1	2	3	4	5
4. 我认为城市居民积极参与 PM2.5 减排行为对改善雾霾作用很大。	1	2	3	4	5

六、面对雾霾天气，您对参与 PM2.5 减排行为的可控程度？	完全不同意↔完全同意				
1. 如果我想，我就能很容易地参与 PM2.5 减排行为，我有此自信。	1	2	3	4	5
2. 我有相应的资源、时间和机会参与 PM2.5 减排行为。	1	2	3	4	5
3. 如果不考虑收入问题，我会积极参与 PM2.5 减排行为。	1	2	3	4	5
4. 考虑到生活的舒适度、便利度以及已有习惯，我不太乐意参与这些 PM2.5 减排行为。	1	2	3	4	5

七、那些 "对你来说很重要的人" 对参与 PM2.5 减排行为的期望。	完全不同意↔完全同意				
1. 他们多数认为我应该参与 PM2.5 减排行为以改善雾霾污染。	1	2	3	4	5
2. 我觉得有一种社会压力促使我参与 PM2.5 减排行为以共同改善雾霾污染。	1	2	3	4	5
3. 你认为他们中有多大的比例能参与 PM2.5 减排行为？	1	2	3	4	5
4. 他们大多参与了 PM2.5 减排行为。	1	2	3	4	5

八、从道德角度出发，您对参与 PM2.5 减排行为的看法？	完全不同意↔完全同意				
1. 面对严重的雾霾天气，我就是那种愿意参与 PM2.5 减排行为中的人。	1	2	3	4	5
2. 如果我没有参与 PM2.5 减排行为，我会感到内疚。	1	2	3	4	5
3. 我相信从道德上来讲我有义务参与 PM2.5 减排行为。	1	2	3	4	5
4. 参与 PM2.5 减排行为更符合我的环保理念。	1	2	3	4	5

九、请描述在不久的将来，您对 PM2.5 减排行为的参与意愿。	完全不同意↔完全同意				
1. 我愿意参与 PM2.5 减排行为。	1	2	3	4	5
2. 我计划参与 PM2.5 减排行为。	1	2	3	4	5
3. 我会努力参与 PM2.5 减排行为。	1	2	3	4	5

十、您对居民 PM2.5 减排行为有关政策的看法？	完全不同意↔完全同意				
1. 有政府补贴的 PM2.5 减排行为，我更愿意参与。	1	2	3	4	5
2. 如果政府开征 "雾霾费"，我会比以前更积极参与 PM2.5 减排行为。	1	2	3	4	5

续表

十、您对居民 PM2.5 减排行为有关政策的看法?	完全不同意↔完全同意				
3. 为了避免一些部门的罚款,我不得不参与一些 PM2.5 减排行为。	1	2	3	4	5
4. 直接上牌、财政补贴、不限号等措施在一定程度上促使我购买新能源汽车。	1	2	3	4	5
5. 政府的强制性规定,对促进居民参与 PM2.5 减排行为效果会更好。	1	2	3	4	5
6. 我会积极响应政府的规定,车用汽油添加高品质燃油。	1	2	3	4	5
7. 城区禁止燃放烟花爆竹、禁止路边烧烤的规定,会促使我减少这些行为。	1	2	3	4	5
8. "有奖举报"等措施,让我主动参与雾霾治理的监督行动中。	1	2	3	4	5
9. 好的媒体宣传活动,会吸引我积极参与 PM2.5 减排行为。	1	2	3	4	5
10. 知道哪些行为以及如何做能促使 PM2.5 减排,对我是否参与相关 PM2.5 减排行为很重要。	1	2	3	4	5
11. 如果开展 "PM2.5 减排社区" 创建活动,我愿意尽一份力。	1	2	3	4	5
12. 《公众防护 PM2.5 宣传手册》,让我明白普通居民的减排行为,能有效缓解城市雾霾污染。	1	2	3	4	5

个人基本信息

1. 您的性别:

A. 男　　　　　　　B. 女

2. 您的年龄:

A. 22 岁及以下　　　B. 23—35 岁　　　C. 36—55 岁　　　D. 56 岁及以上

3. 您所居住的城市名称:

4. 您的受教育程度:

A. 初中及以下　　　B. 高中、中专或技校　　C. 大学或大专　　　D. 硕士及以上

5. 您的家庭月收入水平:

A. 2000 元以下　　　B. 2001—4000 元　　C. 4001—8000 元　　D. 8001—12000 元

E. 12000 元以上

6. 您的工作单位性质:

A. 政府部门　　　　B. 事业单位　　　C. 企业　　　　D. 个体从业者

E. 学生　　　　　　F. 其他

问卷到此结束,请检查有无漏填,再次感谢您的支持和参与!

附录2 雾霾背景下城市居民交通 PM2.5 减排行为调查

尊敬的女士/先生：

您好！感谢您参与这次问卷调查，本问卷主要了解居民在"公共交通出行"和"购买新能源汽车"两种行为上的意愿。请您认真阅读题目，并根据您的理解填写题项。您的回答对我们的研究非常重要，所有问题仅为了解您对相关事项的看法，不存在对错之分，且采取匿名制。您所填资料仅供科学研究使用，不会对您的工作产生影响，请放心填写。

背景信息：对雾霾天气来说，交通是除企业排放之外的重要 PM2.5 排放源。居民在交通领域的不同消费行为必会影响 PM2.5 的排放。根据 2013 年颁布的《大气十条》的规定，选取了"公共交通出行"和"购买新能源汽车"两种行为，从减少 PM2.5 总排放量和提高能源使用效率两个角度进行调查，以寻求降低 PM2.5 排放的途径。

请回答下列题目，根据您同意的程度，在相应的数字上打√。（完全不同意1—7 完全同意）

行为1 公共交通出行

公共交通是指提倡选择公共汽车、地铁等出行方式，同私家车出行方式相比，可有效减少汽车尾气排放总量，减少雾霾大气污染。

（一）面对雾霾天气，您对公共交通出行持何种态度？	完全不同意↔完全同意
1. 我觉得选择公共交通出行是一个明智的想法。	1 2 3 4 5 6 7
2. 我觉得选择公共交通出行是一个好主意。	1 2 3 4 5 6 7
3. 我喜欢乘坐公共交通出行。	1 2 3 4 5 6 7
4. 我觉得选择公共交通出行对减少 PM2.5 排放是一个有用的主意。	1 2 3 4 5 6 7

（二）那些"对你来说很重要的人"对您选择公共交通出行方式的看法？	完全不同意↔完全同意
1. 他们多数认为我应该选择公共交通出行。	1　2　3　4　5　6　7
2. 他们期望我出行时选择公共交通以减少雾霾污染。	1　2　3　4　5　6　7
3. 他们给我很大的社会压力，促使我选择公共交通出行。	1　2　3　4　5　6　7
4. 他们自己大多会选择公共交通出行。	1　2　3　4　5　6　7

（三）从道德角度上，您对公共交通出行方式的看法？	完全不同意↔完全同意
1. 面对严重的雾霾天气，我就是愿意选择公共交通出行的那种人。	1　2　3　4　5　6　7
2. 如果我外出时没有选择乘坐公共交通，我会感到内疚。	1　2　3　4　5　6　7
3. 对我来说，乘坐公共交通出行从道德上来讲是正确的。	1　2　3　4　5　6　7
4. 外出时乘坐公共交通符合我的环保理念。	1　2　3　4　5　6　7

（四）您对选择公共交通出行的可控程度？	完全不同意↔完全同意
1. 我相信我有能力选择公共交通出行。	1　2　3　4　5　6　7
2. 如果我想，我就有信心选择公共交通出行。	1　2　3　4　5　6　7
3. 对我来说，选择公共交通出行是件很容易的事。	1　2　3　4　5　6　7
4. 我有相应的资源、时间和机会选择公共交通出行。	1　2　3　4　5　6　7
5. 是否选择公共交通出行完全取决于我。	1　2　3　4　5　6　7

（五）您对公共交通出行方式的意愿？	完全不同意↔完全同意
1. 在不久的将来，我打算乘坐公共交通出行。	1　2　3　4　5　6　7
2. 在不久的将来，我会尽量乘坐公共交通出行。	1　2　3　4　5　6　7
3. 在不久的将来，我会努力乘坐公共交通出行。	1　2　3　4　5　6　7

行为2　新能源汽车购买

新能源汽车是指以清洁能源（汽油、柴油除外）为动力的所有其他能源汽车，如混合动力电动汽车和纯电动汽车等。与传统燃油汽车相比，其 PM2.5 排放量低，具有低污染、低排放的特点。

（一）您对购买新能源汽车持何种态度？	完全不同意↔完全同意
1. 我觉得选择购买新能源汽车是一个明智的想法。	1　2　3　4　5　6　7
2. 我觉得选择购买新能源汽车是一个好主意。	1　2　3　4　5　6　7
3. 在未来的几年，我愿意购买新能源汽车。	1　2　3　4　5　6　7
4. 我觉得选择购买新能源汽车对减少 PM2.5 排放是一个有用的主意。	1　2　3　4　5　6　7

（二）那些"对你来说很重要的人"对您购买新能源汽车的看法？	完全不同意↔完全同意
1. 他们多数认为当我买车时应该选择新能源汽车。	1　2　3　4　5　6　7
2. 他们期望我买车时选择新能源汽车以减少雾霾污染。	1　2　3　4　5　6　7
3. 他们给了我很大的社会压力，促使我买车时选择新能源汽车。	1　2　3　4　5　6　7
4. 他们自己大多会选择购买新能源汽车。	1　2　3　4　5　6　7

（三）从道德角度上，您对购买新能源汽车的看法？	完全不同意↔完全同意
1. 面对严重的雾霾天气，我就是愿意购买新能源汽车的那种人。	1　2　3　4　5　6　7
2. 如果我买车时没有选择新能源汽车，我会感到内疚。	1　2　3　4　5　6　7
3. 对我来说，购买新能源汽车从道德上来讲是正确的。	1　2　3　4　5　6　7
4. 买车时选择新能源汽车符合我的环保理念。	1　2　3　4　5　6　7

（四）您对购买新能源汽车的可控程度？	完全不同意↔完全同意
1. 我相信我有能力购买新能源汽车。	1　2　3　4　5　6　7
2. 如果我想，我就有信心购买新能源汽车。	1　2　3　4　5　6　7
3. 对我来说，购买新能源汽车是件很容易的事。	1　2　3　4　5　6　7
4. 我有相应的资源、金钱和机会选择购买新能源汽车。	1　2　3　4　5　6　7
5. 是否选择购买新能源汽车完全取决于我。	1　2　3　4　5　6　7

（五）您对新能源汽车的购买意愿？	完全不同意↔完全同意
1. 在不久的将来购买车辆时，我打算购买新能源汽车。	1　2　3　4　5　6　7
2. 在不久的将来购买车辆时，我会尽量购买新能源汽车。	1　2　3　4　5　6　7
3. 在不久的将来购买车辆时，我会努力购买新能源汽车。	1　2　3　4　5　6　7

个人基本信息

1. 您的性别：

A. 男　　　　　　　B. 女

2. 您的年龄：

A. 20 岁及以下　　B. 21—30 岁　　　C. 31—40 岁　　　D. 41—50 岁

E. 51 岁及以上

3. 您的受教育程度：

A. 初中及以下　　B. 高中　　　　　C. 大专　　　　　D. 大学

E. 硕士及以上

4. 您的个人月收入水平：

A. 4000 元以下　　B. 4001—8000 元　　C. 8001—12000 元　　D. 12000 元以上

问卷到此结束，请检查有无漏填，再次感谢您的支持和参与！

附录3　雾霾背景下大学生 PM2.5
减排行为影响因素调查

亲爱的同学：

　　您好！感谢您参与这次问卷调查，本问卷主要了解大学生参与 PM2.5 减排行为的意愿及影响因素。请根据您的理解填写题项，所有问题仅为了解您对相关事项的看法，不存在对错之分，且采取匿名制填写。问卷结果仅供学术研究使用，不会对您产生任何影响，请放心填写。

　　背景信息：PM2.5（可入肺细颗粒物，动力学直径小于2.5微米）是影响雾霾天气的首要污染颗粒物。对城市区域来说，个人因素是除企业排放之外的重要 PM2.5 排放源。"公共交通出行，冬季取暖，减少露天烧烤、燃放烟花爆竹和室内吸烟"等行为都是基于居民行为基础上的有效的 PM2.5 减排手段。清洁空气，需要你我的参与！

　　请您仔细阅读以下各部分问题，在相应的数字上打√即可。（1—5表示不同程度）

一、您对下列环境描述的认同程度？	完全不同意↔完全同意
1. 居民的上述日常消费行为会加速化石能源耗竭，如私家车出行、冬季取暖。	1　2　3　4　5
2. 居民的上述日常消费行为是城市雾霾污染的重要来源之一。	1　2　3　4　5
3. 居民的上述日常消费行为会加重雾霾污染。	1　2　3　4　5

二、您对雾霾污染可能所负担的责任？	完全不同意↔完全同意
1. 对于人类日常消费行为带来的雾霾污染，我觉得自己负有责任。	1　2　3　4　5
2. 我的日常消费行为在一定程度上加重了雾霾污染。	1　2　3　4　5
3. 由于我的日常消费行为，我对雾霾大气污染也负有共同的责任。	1　2　3　4　5

三、请描述您对雾霾相关知识的受教育程度？	完全不同意↔完全同意
1. 在一些专业课上，老师会就雾霾污染进行讲解，如危害、形成原因和应对措施。	1　2　3　4　5
2. 在相关课程上，老师们会就雾霾污染后果及个人如何参与 PM2.5 减排行为进行普及。	1　2　3　4　5
3 在课堂上，我对如何减少居民 PM2.5 排放行为有了基本的了解，如公交出行，减少燃放烟花爆竹。	1　2　3　4　5
4. 在学校举办的专家报告或讲座上，我了解了雾霾污染相关知识。	1　2　3　4　5

四、您的父母对您参与 PM2.5 减排行为的期望。	完全不同意↔完全同意
1. 我的父母希望我参与 PM2.5 减排行为以共同改善雾霾污染。	1　2　3　4　5
2. 我的父母会提醒我参与 PM2.5 减排行为以共同改善雾霾污染。	1　2　3　4　5
3. 我的父母会告诉并帮助我参与 PM2.5 减排行为。	1　2　3　4　5

五、您的父母是否参与 PM2.5 减排行为？	完全不同意↔完全同意
1. 我的父母已参与 PM2.5 减排行为中。	1　2　3　4　5
2. 我的父母对加入 PM2.5 减排行为很感兴趣。	1　2　3　4　5
3. 我的父母会就 PM2.5 减排行为进行交流，如公交出行，减少燃放烟花爆竹等。	1　2　3　4　5

六、那些"对你来说很重要的人或组织"对您参与 PM2.5 减排行为的期望。	完全不同意↔完全同意
1. 他们多数认为我应该参与 PM2.5 减排行为。	1　2　3　4　5
2. 他们都期望我参与 PM2.5 减排行为以改善雾霾污染。	1　2　3　4　5
3. 如果我没有参与 PM2.5 减排行为，他们会对我很失望。	1　2　3　4　5

七、从道德角度出发，您对参与 PM2.5 减排行为的看法？	完全不同意↔完全同意
1. 面对严重的雾霾天气，我就是那种愿意参与 PM2.5 减排行为中的人。	1　2　3　4　5
2. 如果我没有参与 PM2.5 减排行为，我会感到内疚。	1　2　3　4　5
3. 我相信从道德上来讲我有义务参与 PM2.5 减排行为。	1　2　3　4　5

八、请描述在不久的将来，您对 PM2.5 减排行为的参与意愿。	完全不同意↔完全同意
1. 我计划参与 PM2.5 减排行为。	1　2　3　4　5
2. 我会努力参与 PM2.5 减排行为。	1　2　3　4　5
3. 我想推荐我的家人参与 PM2.5 减排行为。	1　2　3　4　5

九、请根据您过去的实际行为进行选择。	从没做到↔经常做到
1. 我经常选择乘坐公共交通来代替私家车出行。	1　2　3　4　5
2. 在冬季取暖时，我会尽量将空调或暖气温度设置为不高于 24 摄氏度。	1　2　3　4　5
3. 我减少了到外面吃烧烤的次数。	1　2　3　4　5
4. 逢年过节的时候，我会减少燃放烟花爆竹。	1　2　3　4　5
5. 我会减少在室内或其他封闭空间吸烟。	1　2　3　4　5

个人基本信息

1. 您的性别：

A. 男　　　　　　　　B. 女

2. 您的受教育程度：

A. 高中及以下　　　　B. 大一　　　　　C. 大二　　　　　　D. 大三

E. 大四　　　　　　　F. 硕士及以上

3. 您的家庭月收入水平：

A. 4000 元以下　　　B. 4001—8000 元　C. 8001—12000 元　D. 12000 元以上

4. 您的学科：

A. 人文社会科学　　　B. 工科　　　　　C. 理科

5. 您所居住的城市名称：

问卷到此结束，请检查有无漏填，再次感谢您的支持和参与！

参考文献

中文文献

一 中文期刊

陈凯、李华晶：《低碳消费行为影响因素及干预策略分析》，《中国科技论坛》2012 年第 19 期。

戴小文、唐宏、朱琳：《城市雾霾治理实证研究——以成都市为例》，《财经科学》2016 年第 2 期。

郭清卉、李昊、李世平等：《个人规范对农户亲环境行为的影响分析——基于拓展的规范激活理论框架》，《长江流域资源与环境》2019 年第 5 期。

胡兵、傅云新、熊元斌：《旅游者参与低碳旅游意愿的驱动因素与形成机制：基于计划行为理论的解释》，《商业经济与管理》2014 年第 8 期。

李文博、龙如银、杨彤：《个人碳交易对消费者电动汽车选择行为的影响研究》，《软科学》2017 年第 7 期。

刘鸿志：《雾霾影响及其近期治理措施分析》，《环境保护》2013 年第 15 期。

刘宇伟：《可持续交通中的汽车出行减量意愿研究：一个整合的模型》，《管理评论》2017 年第 6 期。

盛光华、岳蓓蓓、解芳：《环境共治视角下中国居民绿色消费行为的驱动机制研究》，《统计与信息论坛》2019 年第 1 期。

童玉芬、王莹莹：《中国城市人口与雾霾：相互作用机制路径分析》，《北京社会科学》2014 年第 5 期。

王国猛、黎建新、廖水香：《个人价值观、环境态度与消费者绿色购买行为关系的实证研究》,《软科学》2010 年第 4 期。

王建明、贺爱忠:《消费者低碳消费行为的心理归因和政策干预路径》,《南开管理评论》2011 年第 4 期。

王建明、王俊豪: 《公众低碳消费模式的影响因素模型与政府管制政策——基于扎根理论的一个探索性研究》, 《管理世界》2011 年第 4 期。

王建明:《环境情感的维度结构及其对消费碳减排行为的影响——情感—行为的双因素理论假说及其验证》,《管理世界》2015 年第 12 期。

薛嘉欣、刘满芝、赵忠春等:《亲环境行为的概念与形成机制:基于拓展的 MOA 模型》,《心理研究》2019 年第 2 期。

徐林、凌卯亮:《居民垃圾分类行为干预政策的溢出效应分析——一个田野准实验研究》,《浙江社会科学》2019 年第 11 期。

二　中文图书

陈晓萍、徐淑英、樊景立:《组织与管理研究的实证方法》,北京大学出版社 2012 年版。

朱凯、王正林:《精通 MATLAT 神经网络》,电子工业出版社 2010 年版。

三　硕博士学位论文

韩娜:《消费者绿色消费行为的影响因素和政策干预路径研究》,博士学位论文,北京理工大学,2015 年。

李雅楠:《上海消费者对标识水产品支付意愿研究》,硕士学位论文,上海海洋大学,2018 年。

芈凌云:《城市居民低碳化能源消费行为及政策引导研究》,博士学位论文,中国矿业大学,2011 年。

杨树:《中国城市居民节能行为及节能消费激励政策影响研究》,博士学位论文,中国科学技术大学,2015 年。

岳婷:《城市居民节能行为影响因素及引导政策研究》,博士学位论文,中国矿业大学,2014 年。

英文文献

一 英文期刊

Abrahamse, W., Steg, L., "How Do Socio-Demographic and Psychological Factors Relate to Households' Direct and Indirect Energy Use and Savings?", *Journal of Economic Psychology*, Vol. 30, No. 5, 2009.

Abrahamse, W., Steg, L., Gifford, R., et al., "Factors Influencing Car Use for Commuting and the Intention to Reduce It: A Question of Self-Interest or Morality?", *Transportation Research Part F: Traffic Psychology and Behaviour*, Vol. 12, No. 4, 2009.

Aguilar Luzón, M. C., García Martínez, J. M. Á., et al., "Comparative Study Between the Theory of Planned Behavior and the Value-Belief-Norm Model Regarding the Environment, on Spanish Housewives' Recycling Behavior", *Journal of Applied Social Psychology*, Vol. 42, No. 11, 2012.

Ajzen, I., "The Theory of Planned Behavior", *Organizational Behavior and Human Decision Processes*, Vol. 50, No. 2, 1991.

Alam, M. S., Hyde, B., Duffy, P., et al., "Analysing the Co-Benefits of Transport Fleet and Fuel Policies in Reducing PM2.5 and CO_2 Emissions", *Journal of Cleaner Production*, Vol. 172, 2018.

Amaro, S., Duarte, P., "An Integrative Model of Consumers' Intentions to Purchase Travel Online", *Tourism Management*, Vol. 46, 2015.

Bamberg, S., Hunecke, M., Blöbaum, A., "Social Context, Personal Norms and the Use of Public Transportation: Two Field Studies", *Journal of Environmental Psychology*, Vol. 27, No. 3, 2007.

Bang, H., A., Odio, M., Reio, T., "The Moderating Role of Brand Reputation and Moral Obligation: An Application of the Theory of Planned Behavior", *Journal of Management Development*, Vol. 33, No. 4, 2014.

Blok, V., Wesselink, R., Studynka, O., et al., "Encouraging Sustainability in the Workplace: A Survey on the Pro-Environmental Behaviour of University Employees", *Journal of Cleaner Production*, Vol. 106, 2015.

Boldo, E., Linares, C., Aragonés, N., et al., "Air Quality Modeling and Mortality Impact of Fine Particles Reduction Policies in Spain", *Environmental Research*, Vol. 128, 2014.

Botetzagias, I., Dima, A. F., Malesios, C., "Extending the Theory of Planned Behavior in the Context of Recycling: The Role of Moral Norms and of Demographic Predictors", *Resources, Conservation and Recycling*, Vol. 95, 2015.

Castanier, C., Deroche, T., Woodman, T., "Theory of Planned Behaviour and Road Violations: the Moderating Influence of Perceived Behavioural Control", *Transportation Research Part: Traffic Psychology and Behaviour*, Vol. 18, 2013.

Chen, M. F., Tung, P. J., "Developing an Extended Theory of Planned Behavior Model to Predict Consumers' Intention to Visit Green Hotels", *International Journal of Hospitality Management*, Vol. 36, 2014.

Clougherty, J. E., Houseman, E. A., Levy, J. I., "Source Apportionment of Indoor Residential Fine Particulate Matter Using Land Use Regression and Constrained Factor Analysis", *Indoor Air*, Vol. 21, No. 1, 2011.

Cristea, M., Paran, F., Delhomme, P., "Extending the Theory of Planned Behavior: The Role of Behavioral Options and Additional Factors in Predicting Speed Behavior", *Transportation Research Part F: Traffic Psychology and Behaviour*, Vol. 21, 2013.

De Groot, J. I. M., Steg, L., "Relationships between Value Orientations, Self-Determined Motivational Types and Pro-Environmental Behavioural Intentions", *Journal of Environmental Psychology*, Vol. 30, No. 4, 2010.

De Leeuw, A., Valois, P., Ajzen, I., et al., "Using the Theory of Planned Behavior to Identify Key Beliefs Underlying Pro-Environmental Behavior in High-School Students: Implications for Educational Interventions", *Journal of Environmental Psychology*, Vol. 42, 2015.

Donald, I. J., Cooper, S. R., Conchie, S. M., "An Extended Theory of Planned Behaviour Model of the Psychological Factors Affecting Commuters' Transport Mode Use", *Journal of Environmental Psychology*,

Vol. 40, 2014.

Fornara, F., Pattitoni, P., Mura, M., et al., "Predicting Intention to Improve Household Energy Efficiency: The Role of Value-Belief-Norm Theory, Normative and Informational Influence, And Specific Attitude", *Journal of Environmental Psychology*, Vol. 45, 2016.

Fornell, C., Larcker, D. F., "Evaluating Structural Equation Models with Unobservable Variables and Measurement Error", *Journal of Marketing Research*, Vol. 18, No. 1, 1981.

Fu, Q., Zhuang, G., Wang, J., et al., "Mechanism of Formation of the Heaviest Pollution Episode Ever Recorded in the Yangtze River Delta, China", *Atmospheric Environment*, Vol. 42, No. 9, 2008.

Gatersleben, B., Steg, L., Vlek, C., "Measurement and Determinants of Environmentally Significant Consumer Behavior", *Environment and Behavior*, Vol. 34, No. 3, 2002.

Geelen, L. M. J., Huijbregts, M. A. J., Jans, H. W. A., et al., "Comparing the Impact of Fine Particulate Matter Emissions from Industrial Facilities and Transport on the Real Age of a Local Community", *Atmospheric Environment*, Vol. 73, 2013.

Greaves, M., Zibarras, L. D., Stride, C., "Using the Theory of Planned Behavior to Explore Environmental Behavioral Intentions in the Workplace", *Journal of Environmental Psychology*, Vol. 34, 2013.

Guagnano, G. A., Stern, P. C., Dietz, T., "Influences on Attitude-Behavior Relationships: A Natural Experiment with Curbside Recycling", *Environment and Behavior*, Vol. 27, No. 5, 1995.

Han, H., "Travelers' Pro-Environmental Behavior in a Green Lodging Context: Converging Value-Belief-Norm Theory and the Theory of Planned Behavior", *Tourism Management*, Vol. 47, 2015.

Han, H., Hsu, L. T. J., Sheu, C., "Application of the Theory of Planned Behavior to Green Hotel Choice: Testing the Effect of Environmental Friendly Activities", *Tourism Management*, Vol. 31, No. 3, 2010.

Hasheminassab, S., Daher, N., Ostro, B. D., et al., "Long-term Source

Apportionment of Ambient Fine Particulate Matter (PM 2. 5) in the Los Angeles Basin: A Focus on Emissions Reduction from Vehicular Sources", *Environmental Pollution*, Vol. 193, 2014.

He, X. , Zhan, W. , "How to Activate Moral Norm to Adopt Electric Vehicles in China? An Empirical Study Based on Extended Norm Activation Theory", *Journal of Cleaner Production*, Vol. 172, 2018.

Heath, Y. , Gifford, R. , "Extending the Theory of Planned Behavior: Predicting the Use of Public Transportation", *Journal of Applied Social Psychology*, Vol. 32, No. 10, 2002.

Hildingsson, R. , Johansson, B. , "Governing Low-Carbon Energy Transitions in Sustainable Ways: Potential Synergies and Conflicts Between Climate and Environmental Policy Objectives", *Energy Policy*, Vol. 88, 2016.

Hines, J. M. , Hungerford, H. R. , Tomera, A. N. , "Analysis and Synthesis of Research on Responsible Environmental Behavior: A Meta-analysis", *The Journal of Environmental Education*, Vol. 18, No. 2, 1987.

Huang, R. J. , Zhang, Y. , Bozzetti, C. , et al. , "High Secondary Aerosol Contribution to Particulate Pollution during Haze Events in China", *Nature*, Vol. 514, No. 7521, 2014.

Jakovcevic, A. , Steg, L. , "Sustainable Transportation in Argentina: Values, Beliefs, Norms and Car Use Reduction", *Transportation Research Part F: Traffic Psychology and Behaviour*, Vol. 20, 2013.

Juvan, E. , Dolnicar, S. , "Drivers of Pro-Environmental Tourist Behaviours Are Not Universal", *Journal of Cleaner Production*, Vol. 166, 2017.

Kaur, S. , Nieuwenhuijsen, M. J. , Colvile, R. N. , "Fine Particulate Matter and Carbon Monoxide Exposure Concentrations in Urban Street Transport Microenvironments", *Atmospheric Environment*, Vol. 41, No. 23, 2007.

Kempton, W. , Letendre, S. E. , "Electric Vehicles as a New Power Source for Electric Utilities", *Transportation Research Part D: Transport and Environment*, Vol. 2, No. 3, 1997.

Kiatkawsin, K. , Han, H. , "Young Travelers' Intention to Behave Pro-Environmentally: Merging the Value-Belief-Norm Theory and the Expectancy Theory", *Tourism Management*, Vol. 59, 2017.

Kim, Y., Choi, S. M., "Antecedents of Green Purchase Behavior: an Examination of Collectivism, Environmental Concern, and PCE", *Advances in Consumer Research*, Vol. 32, 2005.

Kuo, N. W., Dai, Y. Y., "Applying the Theory of Planned Behavior Tto Predict Low-Carbon Tourism Behavior: A Modified Model from Taiwan", *International Journal of Technology and Human Interaction*, Vol. 8, No. 4, 2012.

Liobikienė, G., Juknys, R., "The Role of Values, Environmental Risk Perception, Awareness of Consequences, and Willingness to Assume Responsibility for Environmentally-Friendly Behaviour: The Lithuanian Case", *Journal of Cleaner Production*, Vol. 112, 2016.

Lizin, S., Van Dael, M., Van Passel, S., "Battery Pack Recycling: Behaviour Change Interventions Derived from an Integrative Theory of Planned Behaviour Study", *Resources, Conservation and Recycling*, Vol. 122, 2017.

Matthies, E., Selge, S., Klöckner, C. A., "The Role of Parental Behaviour for the Development of Behaviour Specific Environmental Norms-The Example of Recycling and Re-Use Behaviour", *Journal of Environmental Psychology*, Vol. 32, No. 3, 2012.

Meyer, A., "Does Education Increase Pro-Environmental Behavior? Evidence from Europe", *Ecological Economics*, Vol. 116, 2015.

Moan, I. S., Rise, J., "Predicting Intentions Not to 'Drink And Drive' Using an Extended Version of the Theory of Planned Behaviour", *Accident Analysis & Prevention*, Vol. 43, No. 4, 2011.

Nguyen, T. N., Lobo, A., Greenland, S., "Pro-environmental Purchase Behaviour: the Role of Consumers' Biospheric Values", *Journal of Retailing and Consumer Services*, Vol. 33, 2016.

Nordfjærn, T., Şimşekoǧlu, Ö., Rundmo, T., "The Role of Deliberate Planning, Car Habit and Resistance to Change in Public Transportation Mode Use", *Transportation Research Part F: Traffic Psychology and Behaviour*, Vol. 27, 2014.

Nordlund, A. , Jansson, J. , Westin, K. , "New Transportation Technology: Norm Activation Processes and the Intention to Switch to an Electric/Hybrid Vehicle", *Transportation Research Procedia*, Vol. 14, 2016.

Norman, P. , Conner, M. , "The Theory of Planned Behaviour and Binge Drinking: Assessing the Moderating Role of Past Behaviour Within the Theory of Planned Behaviour", *British Journal of Health Psychology*, Vol. 11, No. 1, 2006.

Odman, M. T. , Hu, Y. , Russell, A. G. , et al. , "Quantifying the Sources of Ozone, Fine Particulate Matter, and Regional Haze in the Southeastern United States ", *Journal of Environmental Management*, Vol. 90, No. 10, 2009.

Okuda, T. , Matsuura, S. , Yamaguchi, D. , "The Impact of the Pollution Control Measures for the 2008 Beijing Olympic Games on the Chemical Composition of Aerosols", *Atmospheric Environment*, Vol. 45, No. 16, 2011.

Onwezen, M. C. , Antonides, G. , Bartels, J. , "The Norm Activation Model: An Exploration of the Functions of Anticipated Pride and Guilt in Pro-Environmental Behaviour", *Journal of Economic Psychology*, Vol. 39, 2013.

Park, S. K. , O'Neill, M. S. Vokonas, P. S. , et al. , "Effects of Air Pollution on Heart Rate Variability: The VA Normative Aging Study", *Environmental Health Perspectives*, Vol. 113, No. 3, 2005.

Pekey, H. , Pekey, B. , Arslanbaş, D. , et al. , "Source Apportionment of Personal Exposure to Fine Particulate Matter and Volatile Organic Compounds using Positive Matrix Factorization ", *Water, Air, & Soil Pollution*, Vol. 224, No. 1, 2013.

Peters, A. , Gutscher, H. , Scholz, R. W. , "Psychological Determinants of Fuel Consumption of Purchased New Cars", *Transportation Research Part: Traffic Psychology and Behaviour*, Vol. 14, No. 3, 2011.

Pothitou, M. Hanna, R. F. , Chalvatzis, K. J. , "Environmental Knowledge, Pro-Environmental Behaviour and Energy Savings in Households: An Empirical Study", *Applied Energy*, Vol. 184, 2016.

Ru, X. , Qin, H. , Wang, S. , "Young People's Behaviour Intentions towards Reducing PM2.5 in China: Extending the Theory of Planned Behaviour", *Resources, Conservation and Recycling*, Vol. 141, 2019.

Saphores, J. D. M., Ogunseitan, O. A., Shapiro, A. A., "Willingness to Engage in a Pro-Environmental Behavior: An Analysis of E-Waste Recycling Based on a National Survey of US Households", *Resources, Conservation and Recycling*, Vol. 60, 2012.

Sawyer, R. F., "Vehicle Emissions: Progress and Challenges", *Journal of Exposure Science and Environmental Epidemiology*, Vol. 20, No. 6, 2010.

Schwartz, S. H., "Normative in Fluences on Altruism", *Advances in Experimental Social Psychology*, Vol. 10, 1977.

Shi, H., Wang, S., Zhao, D., "Exploring Urban Resident's Vehicular PM2.5 Reduction Behavior Intention: An Application of the Extended Theory of Planned Behavior", *Journal of Cleaner Production*, Vol. 147, 2017.

Smith, J. R., McSweeney, A., "Charitable Giving: The Effectiveness of A Revised Theory of Planned Behaviour Model in Predicting Donating Intentions and Behaviour", *Journal of Community & Applied Social Psychology*, Vol. 17, No. 5, 2007.

Steg, L., Dreijerink, L., Abrahamse, W., "Factors Influencing the Acceptability of Energy Policies: A Test of VBN Theory", *Journal of Environmental Psychology*, Vol. 25, No. 4, 2005.

Steg, L., Vlek, C., "Encouraging Pro-Environmental Behaviour: an Integrative Review and Research Agenda", *Journal of Environmental Psychology*, Vol. 29, No. 3, 2009.

Stern, P. C., "Towards a Coherent Theory of Environmentally Significant Behavior", *Journal of Social Issues*, Vol. 56, No. 3, 2000.

Wan, C., Shen, G. Q., Yu, A., "The Role of Perceived Effectiveness of Policy Measures in Predicting Recycling Behaviour in Hong Kong", *Resources, Conservation and Recycling*, Vol. 83, 2014.

Wang, Y., Li, L., Chen, C., et al., "Source Apportionment of Fine Particulate Matter During Autumn Haze Episodes in Shanghai, China", *Journal of Geophysical Research: Atmospheres*, Vol. 119, No. 4, 2014.

Yang, S. , Shipworth, M. , Huebner, G. , "His, Hers or Both's? The Role of Male and Female's Attitudes in Explaining Their Home Energy Use Behaviours", *Energy and Buildings*, Vol. 96, 2015.

Yazdanpanah, M. , Forouzani, M. , "Application of the Theory of Planned Behaviour to Predict Iranian Students' Intention to Purchase Organic Food", *Journal of Cleaner Production*, Vol. 107, 2015.

Zareie, B. , Navimipour, N. J. , "The Impact of Electronic Environmental Knowledge on the Environmental Behaviors of People", *Computers in Human Behavior*, Vol. 59, 2016.

Zhang, Y. , Wang, Z. , Zhou, G. , "Antecedents of Employee Electricity Saving Behavior in Organizations: An Empirical Study Based on Norm Activation Model", *Energy Policy*, Vol. 62, 2013.

Zhang, Y. , Wang, Z. , Zhou, G. , "Determinants of Employee Electricity Saving: The Role of Social Benefits, Personal Benefits and Organizational Electricity Saving Climate", *Journal of Cleaner Production*, Vol. 66, 2014.

Francis, J. , Eccles, M. P. , Johnston, M. , et al. , "Constructing Questionnaires Based on the Theory of Planned Behaviour: A Manual for Health Services Researchers" (https://openaccess. city. ac. uk/id/eprint/1735/1/) .